内燃机关键技术研究与开发丛书

U0174219

柴油机喷雾燃烧光学诊断技术及应用

玄铁民　何志霞　王谦　编著

机 械 工 业 出 版 社

本书按照柴油机喷雾燃烧测试技术的发展过程，以不同阶段重要的测试参数为目标，分章节对各种光学测试技术进行了介绍。书中综合了传统经典光学诊断技术，以及最新发展的一些新测试技术，分别从原理、光路布置、图像处理和不确定性等方面进行了详细讨论。然后，对光学技术在静态环境和非静态环境下喷雾燃烧的应用进行了研究，特别是对燃烧工况下的喷雾动力学和碳烟光学诊断测试的研究进行了详尽的阐述。

　　本书适合内燃机专业研究生系统学习，也适合柴油机行业研究人员及内燃机专业教师参考阅读。

图书在版编目（CIP）数据

柴油机喷雾燃烧光学诊断技术及应用/玄铁民，何志霞，王谦编著．
—北京：机械工业出版社，2021.7
（内燃机关键技术研究与开发丛书）
ISBN 978-7-111-68123-6

Ⅰ. ①柴… Ⅱ. ①玄…②何…③王… Ⅲ. ①柴油机－喷雾燃烧

Ⅳ. ①TK421

中国版本图书馆 CIP 数据核字（2021）第 080261 号

机械工业出版社（北京市百万庄大街 22 号　邮政编码 100037）
策划编辑：孙　鹏　责任编辑：孙　鹏　刘　煊
责任校对：张　征　封面设计：鞠　杨
责任印制：李　昂
北京联兴盛业印刷股份有限公司印刷
2021 年 8 月第 1 版第 1 次印刷
169mm×239mm・16.5 印张・245 千字
0 001—1 500 册
标准书号：ISBN 978-7-111-68123-6
定价：139.00 元

电话服务　　　　　　　　　网络服务
客服电话：010 - 88361066　　机 工 官 网：www.cmpbook.com
　　　　　010 - 88379833　　机 工 官 博：weibo.com/cmp1952
　　　　　010 - 68326294　　金 书 网：www.golden - book.com
封底无防伪标均为盗版　　机工教育服务网：www.cmpedu.com

前　言

柴油机以其强劲的动力性将在相当长的一段时期内，在商用车、工程机械、船舶等领域保持主要的动力地位。特别是随着生物柴油等可再生燃料在柴油机上的应用，以及各种新型燃烧模式的大力推进，为柴油机的发展创造了新的活力。为了应对能源危机、满足日益严格的排放法规和降低温室气体排放，我们必须为生产高效、超低排放的柴油机不断努力。

应用先进光学诊断技术测量柴油机在喷雾燃烧过程中的各种参数，加深对柴油机燃烧排放过程的理解，解决发动机燃烧过程的基础问题，可以为提高柴油机的燃烧效率、降低排放、实现可再生燃料和新型燃烧模式的应用等，提供理论指导和解决策略。国际上，欧美发达国家很早就开始了内燃机喷雾燃烧光学诊断方面的研究，在发展燃烧理论、开发计算模型，以及推动新型内燃机的研发等方面发挥了巨大的作用。我国相关高校、研究院所和企业在内燃机燃烧光学诊断方面的研究起步较晚，但近些年来获得逐步重视，得到了快速发展。

本书从柴油机喷雾燃烧发展过程的角度，结合作者在相关领域多年的科研经验，以及国际上最新的研究和应用成果，分阶段介绍了经典光学诊断技术和一些近些年发展的新技术，并对作者在相关领域近些年的应用成果进行了详细介绍，旨在为柴油机相关领域的学生和科研人员在实际工作过程中提供一些参考。

全书共分为8章。第1章为绪论部分，对本书内容背景、意义等做了简要说明。第2章阐述了直喷式柴油机喷雾燃烧过程中涉及的物理化学过程，旨在为后续诊断技术测试目标提供基础认识。第3章对光学诊断技术的特点、分类和光学设备等进行了初步介绍。第4章到第7章，围绕柴油机喷雾燃烧过程的几个阶段，对非燃烧工况和燃烧工况下应用的各种光学诊断技术的原理、光路布置、优缺点等展开了全面介绍。第8章以作者近年的科研成果为基础，对光学诊断技术在燃烧工况下的喷雾动力学和火焰中碳烟测试方面的应用进行了详细总结。

本书在编写过程中得到了江苏大学司占博博士、杨康博士，瓦伦西亚理工大学博士研究生曹嘉伟，江苏大学硕士研究生孙中成和米永刚的支持和帮助，在此表示致谢。此外，瓦伦西亚理工大学 José Vicente Pastor 教授、José Maria García-Oliver 教授和 Carlos Micó 博士在本书撰写中也提供了指导和宝贵意见，作者一并表示感谢。限于作者水平，书中难免存在疏漏和不足之处，敬请读者批评指正。

作　者

目　录

第1章

绪　论

柴油机以其优良的经济性、动力性和二氧化碳低排放性，广泛应用于汽车、工程机械、农业机械、船舶、国防装备等领域，对国民经济的发展具有重要的支撑作用。越来越严格的排放法规和对燃油经济性越来越高的要求，推动科研人员为持续研发高效低排放的柴油机而不懈努力。为了满足排放法规和节约能源，我们必须对内燃机燃烧过程中发生的基础物理化学现象形成更清晰的理解。

传统柴油机的设计主要依赖于样品开发，但是研发过程耗时太久且成本过高。计算流体力学（CFD）数值模型的发展为设计高效率、低排放的发动机提供了快速有效的途径。但是，整个喷雾燃烧过程的复杂性，使我们对基础理化过程的理解还存在较大的局限性和不确定性。因此，需要建立大量的、详细的试验数据来创建并验证这些 CFD 模型。随着光学仪器和数码相机的高速发展，当前应用各种先进的光学测试技术可对内燃机燃烧过程中的化学组分以及各种喷雾燃烧参数进行定量测量，这成为数值模型验证和进一步完善的有效手段。图 1.1 中展示了 CFD 辅助内燃机研发的过程。

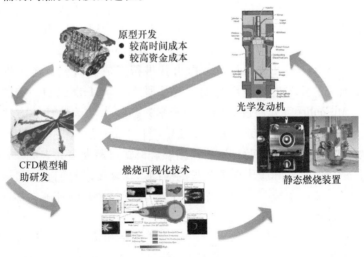

图 1.1　CFD 辅助内燃机研发的过程

汽缸内瞬态的热力学条件、燃油碰壁现象、复杂的燃烧室形状和由活塞运动导致的气流运动影响等，使内燃机的燃烧过程十分复杂，这给 CFD 模型计算整个燃烧循环带来了巨大挑战。因此，作为第一步，可以先在边界条件高度可控的特殊试验燃烧室内对燃油的喷雾过程进行研究。这种燃烧室内通常没有强烈的气流运动，接近静态环境，内部充气特性是已知并高度可控的，没有燃烧碰壁现象发生，或者喷雾与壁面的相互影响也是可以控制的。另外，高温高压的燃烧试验设备通常设计有多个较大的可视化窗口，便于同步应用各种光学诊断技术。目前，这种燃烧试验装置主要有两种类型：定容燃烧弹和定压燃烧弹，关于此类设备的详细信息将在第 3 章中阐述。

当 CFD 模型能够较为准确地捕捉相对简单的静态环境下较大工况范围内的喷雾燃烧过程之后，则可以进一步提高环境工况的复杂程度。例如，进行光学发动机的试验，进一步拓展和改进 CFD 模型的适用范围。光学发动机相较高温高压燃烧弹更接近真实发动机的运行工况，创造了瞬态变化的热力学环境，但是可视化窗口的个数和范围也相对减小，增加了测试难度。接下来，就可以参照经燃烧弹和光学发动机验证后的数值计算模型，进行真实发动机的开发过程。

20 世纪 90 年代，美国桑迪亚国家实验室通过对传统柴油机喷雾燃烧过程的一系列光学诊断研究，获得了喷雾燃烧过程中的各种定量、定性参数，通过环境变量和喷油参数对各个喷雾燃烧特性的影响进行了全面系统的研究，并于 1997 年提出了著名的传统柴油喷雾燃烧概念模型，极大地丰富和改进了人们对传统柴油机燃烧过程的认识和理解，促进了内燃机喷雾燃烧模型的发展，为新一代内燃机的燃烧优化和新型燃烧模式的提出提供了理论基础。

科研人员通过对尾气后处理技术数年的研发，目前可以把这些技术应用在传统柴油机上，以满足日益严格的排放法规要求。然而，这些后处理设备的应用往往伴随着高成本、高油耗、高空间需求等问题。为了从燃烧上根本解决燃油利用率和排放问题，减小后处理系统的压力，近年来多种低温燃烧模式（LTC，如 HCCI、RCCI、PPC、GCI 等）被学者提出并进行了广泛研究。而先进的光学诊断技术则是研究这些先进燃烧模式的主要手段之一。21 世纪初，美国桑迪亚国家实验室的 Musculus 等人通过应用多种光学诊断技术和数值计算方法对低温燃烧模式进行了系统的基础研究，并于 2013 年针对部分预混低温燃烧模式提出了新的低温燃烧概念模型。然而，这些新型燃烧模式目前大多尚未成熟，处于基础研究阶段，距离产品实际应用还需较长的时间。这就要求我们必须进一步研发和应用先进的光学测试手段，全面加深对这些新型燃烧模式的理解，加快推进它们的产品化应用进程。

此外，随着传统化石燃料的大量消耗，能源危机问题日益突出，以及实现"碳中和"的迫切需求，醇类、生物柴油等可再生替代燃料在柴油机上的应用也成为我国及全球关注的热点问题之一。然而，这些燃料特性与传统柴油存在显著差异，我们对其喷雾燃烧特性的理解尚不清楚，这也需要我们通过光学诊断的方法对其燃烧过程进行全方面研究，为它们在内燃机上的应用提供理论基础。

随着光学诊断技术的飞速发展，目前可以对发动机整个喷雾燃烧以及污染物排放过程，从几何形态、组分浓度、流场分布和温度分布等各个方面实现定性或定量测量。然而，由于整个燃烧过程在高温、高压下进行，时间尺度非常小，可视化窗口有限，且涉及的物理化学过程十分复杂，这给很多光学测试技术的应用都带来了巨大的挑战，需要我们不断研发和改进新的诊断方法，进而获得定量可靠的实验结果。

本书首先按照发动机喷雾燃烧的发展过程，以不同阶段重要的测试参数为目标，分章节对各种光学测试技术进行介绍。其中，综合了传统经典光学诊断技术以及作者在实际工作中最新发展的一些新技术，分别从原理、光路布置、图像处理和不确定性等方面进行了详细介绍，并对获得相同目标参数的不同技术的优缺点进行了对比分析。接下来，对光学诊断技术在静态环境和非静态环境下，在喷雾燃烧的应用研究方面进行了详尽的阐述。由于燃烧过程的复杂性和实验技术的局限性，之前的文献、著作在燃烧对喷雾动力学的影响，以及火焰中碳烟的生成氧化过程的理解尚不清晰。本书介绍的光学诊断技术的应用，主要集中在燃烧工况下的喷雾动力学和碳烟光学诊断测试方面的研究。

第2章

直喷式柴油机喷雾燃烧过程

2.1 引言

　　本章将对直喷式柴油机传统燃烧模式下的喷雾燃烧和一些有关的重要物理参数做简单介绍，旨在为后续光学诊断对象提供基础认识。柴油喷雾燃烧过程的几个阶段可以简单总结如下：通过燃油喷射系统，燃油高速进入高温、高压的燃烧室中，由于空气动力学、湍流和空化效应，连续的液相燃油破碎成小液滴，随着卷吸环境高温气体和热传递，油滴蒸发并以气相继续向下游贯穿。在高温、高压下油气混合物达到恰当的当量比和温度后发生自燃现象，之后气相喷雾开始膨胀并继续向下游贯穿。虽然整个燃烧过程持续时间仅为毫秒级，但是涉及大量复杂的物理化学相互作用过程，很多现象还未能得到很好的理解[1-3]。本章将主要针对静态喷雾燃烧过程（燃烧弹环境）每个阶段的具体参数和组分进行详细介绍。对于各个参数和组分对应的光学测试技术则会在后续章节中详细阐述。

2.2 柴油机喷雾燃烧过程简介

　　本节将通过一个二冲程单缸发动机的放热率曲线（Apparent Heat Release Rate, AHRR）对传统柴油机燃烧过程给出简单介绍，如图2.1所示，此发动机安装有一个单孔喷油器。图2.2展示的为与图2.1相对应的燃烧状态下的高速纹影图像，提供了不同燃烧阶段的喷雾宏观形状。放热率曲线是应用缸压曲线根据热力学第一定律获得的[1]。如文献［4］中所述，一般将柴油机燃烧过程从喷油开始（Start of Injection, SOI）到燃烧结束（End of Combustion, EOC）划分为着火延迟期、预混燃烧和扩散燃烧三个阶段，如图2.1中竖直虚线所示。下面对这三个阶段做简要介绍。

　　• 着火延迟期：此阶段定义为从开始喷油时刻（SOI）到高温燃烧开始时刻

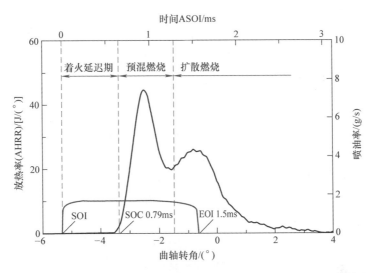

图 2.1　二冲程单缸发动机放热率曲线（黑色）和喷油率曲线（蓝色）。喷油持续期为 1.5ms
$\left[T_g = 870\mathrm{K},\ \rho_g = 22.8\mathrm{kg/m^3},\ O_2 = 21\%\ （体积分数）\right]$

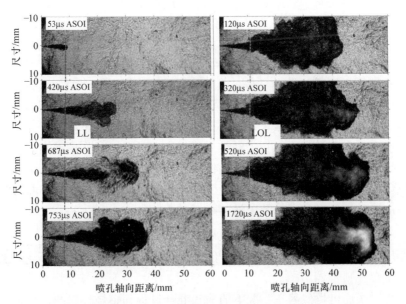

图 2.2　工况与图 2.1 一致条件下的纹影图像。竖直蓝色线和红色线
分别表示液相长度和火焰浮起长度

（Start of Combustion，SOC）的时间间隔。高温燃烧发生后伴随自发的高温着火和
明显的放热现象。此阶段开始时，液相燃料喷入到高温环境中经历了一系列的物

理过程。首先，连续的液体燃料破碎成小液滴，缸内高温环境气体被卷入到油束中，整个喷雾呈锥形发展[5]。卷吸统计[6,7]表明，喷雾轴线上的当量比与距喷孔出口距离成反比。卷吸气体带来的热能对液相燃油进行加热促使其蒸发，使得在距离喷嘴的某一位置后，所有液相燃油全部变成了气相状态[6,8]，我们把此位置距离喷嘴的长度定义为液相长度（Liquid Length，LL），如图2.2中竖直蓝色虚线所示。图2.2所述工况在喷油开始420μs ASOI（After Start of Injection）后，液相长度下游的燃油就变成了气相状态。随着混合气持续向下游贯穿，喷雾持续卷吸周围环境高温气体，导致有关低温着火的一系列化学变化[9-11]。进而冷焰燃烧的放热导致喷雾前端局部温度接近环境气体温度，使得密度接近环境气体，密度梯度减小，纹影效应减弱，喷雾前端开始变得透明[12-14]，如图2.2中687μs ASOI时刻图片所示。

- 预混燃烧阶段：在第一阶段着火后很短时间内，就会进入高温燃烧阶段，导致放热率曲线的快速上升。此高温燃烧使得喷雾形状出现迅速膨胀，如图2.2中753μs ASOI时刻图片所示。在此阶段，生成了一些最终燃烧产物（二氧化碳和水）。与此同时，由于高温燃烧，在一些富油贫氧区域快速生成了大量碳烟的前驱物（如多环芳香烃），进而在喷雾下游形成碳烟[5,15]。

- 扩散燃烧阶段：在着火延迟期预混的燃油和空气被消耗完后，喷雾下游的油高温区域开始形成扩散燃烧火焰。此时放热率主要由可燃混合气的混合速率决定[1-5]。扩散火焰并没有扩展到喷嘴附近，而是和喷嘴保持了一定的距离，这段距离被称为火焰浮起长度（flame lift-off length，LOL）[16-17]，如图2.2中竖直红色虚线所示。如果喷油时间足够长，火焰前端将稳定在某一距离。在初始喷雾和着火过程之后，喷油截止之前，柴油喷雾进入到准稳态阶段，此时燃烧喷雾的状态不会发生明显变化。在喷油结束后，由于卷吸波的作用继续卷吸大量环境气体，导致喷雾动量迅速减小，进而使得一些未燃碳氢停滞在喷嘴附近，形成不完全燃烧或者发生回火现象[18-22]。是否可形成回火主要取决于环境的热力学状态、喷油器参数，以及喷油结束后的瞬态过程[23]。

2.3 静态环境下柴油机喷雾燃烧过程

本节将对柴油机类似静态工况下的油气混合过程和燃烧过程的各个阶段进行详细讨论。

2.3.1 雾化过程

柴油喷雾的雾化过程主要是指连续性的液态燃油从喷孔喷入到燃烧室中，破碎成液滴云的过程。雾化过程导致燃油和空气接触面增加，会对后续燃油蒸发和燃烧过程产生重要影响。在喷嘴内部，液相燃油的湍流波动以及空化现象诱发了高压燃油脱离喷嘴后初始的雾化，这就是所谓的初次雾化。随后，空气动力、表面剪切力和离心力等外力作用超过液滴表面张力引起液滴表面变形，进一步导致破碎。初次雾化产生的较大液滴由于不稳定，当它们超过一定的临界尺寸后会破碎成更小液滴，称为二次雾化[24]。雾化过程的示意图如图 2.3 所示。通常，喷雾区域可以分为稠密区和稀疏区，如图 2.4 所示。

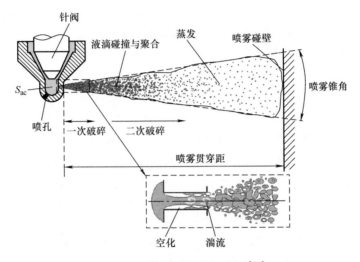

图 2.3　柴油喷雾雾化示意图[24]

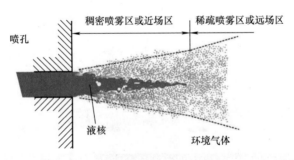

图 2.4　喷雾区域示意图[25]

1. 稠密区

　　在喷油器喷孔附近一般存在一个完整的液核区，此液核区通过初次破碎机理形成初次雾化液滴，此部分区域被称为"稠密喷雾区"或者"近场区"。这些由初次雾化形成的液滴拥有特定的尺寸分布、位置分布和动量分布，这些都决定着喷雾的发展[25]。

　　目前，为了研究这部分喷雾区域，已经研发应用了大量的光学技术。根据文献［26－27］所述，可以通过"分子示踪测速法"（Molecular Tagging Velocimetry）重建较浓喷雾区域的速度场。初次雾化过程和喷雾结构，则可通过"弹道成像法"（Ballistic imaging）[28－29]、"X光成像法"（X－ray imaging）[30－31]和"扩散背景光成像法"（Diffused background illumination）[32－34]技术再现。然而，在真实稠密喷雾区域应用的光学技术还是十分有限的，仍然有待于进一步发展[35]。另一方面，目前已经研发出初次破碎计算模型，并应用到CFD数值计算中。早期的模型根据流体的雷诺数和奥内佐格数，把单一流体压力雾化划分为三个区域[36]。后来，考虑到空化效应对雾化的影响，更多的研究人员把空化效应也带到初次破碎模型中[37－38]。

2. 稀疏区

在此区域，由于空气动力学作用的增强，两相相对速度导致的不稳定性使得液滴进一步破碎。这个过程就是上述的二次破碎[39]。韦伯[40]根据韦伯数定义了破碎的标准，并被广泛接受。此机理根据韦伯数和破碎时间尺度，可以把二次破碎分为袋状破碎（bag breakup）、剥离破碎（stripping breakup）和毁灭性破碎（catastrophic breakup），如图2.5所示。袋状破碎通常发生在韦伯数处于11～25，由于空气动力学，液滴形成相对扁平的圆盘，进而演变成薄膜，这些薄膜最终破裂形成大量小液滴；当韦伯数处于80～350时，发生剥离破碎，扁平圆盘向内发展导致形成的薄膜在边缘破碎成小液滴；当韦伯数超过850时，形成毁灭性破碎，气液面上超强剪切力导致液滴延长并最终由于瑞利不稳定性发生破碎[41]。

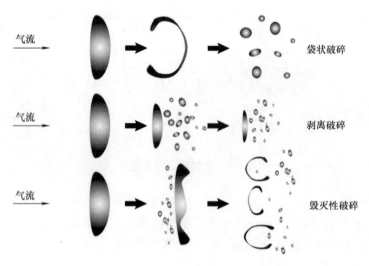

气流　　　　　　　　　　　　　　　　　　　袋状破碎

气流　　　　　　　　　　　　　　　　　　　剥离破碎

气流　　　　　　　　　　　　　　　　　　　毁灭性破碎

图2.5　不同种类的二次破碎示意图[39]

2.3.2　油气混合和蒸发过程

当喷雾持续卷吸周围环境高温气体时，环境气体带来的热量会传递到燃油的小液滴上，这些液滴由于将动量传递给气体，相对速度减小而温度上升。上升的温度导致液滴表面蒸气压力升高并开始蒸发，局部混合物逐步接近绝热饱和条件[42]。当液相贯穿到某一点，此时的全部燃油蒸发速率等于喷油率时，液相区域停止贯穿并在某一固定位置波动[43]。当燃油完全蒸发后，动量带动油气混合物持续向下游贯穿并卷吸入更多环境高温气体。此过程中涉及的一些重要的宏观、微观参数，将在此小节中详细阐述。

1. 液相长度（Liquid length）

液相和气相的贯穿距在直喷式柴油机燃烧过程中都是重要的物理参数。燃油贯穿可以促使油气混合。然而，过度的液相贯穿会使液相撞击到活塞壁面，进而引发湿壁现象，导致污染物排放升高[42]。如前所述，液相长度（Liquid Length，LL）定义为液相贯穿稳定的最远距离。根据球形颗粒物米散射原理[44-45]，米散射成像法（Mie - scattering imaging）和扩散背景光成像法（Diffused background - illumination extinction imaging，DBI）是比较常用的测量液相长度的两种方法[43,46-52]。这两种方法不确定性分析参见文献［53］。由 DBI 测得的瞬态液相长度发展和纹影法测得的对应喷雾贯穿距（Spray penetration，S）的示意图如图 2.6 所示。环境变量、喷油压力和喷孔尺寸等各种参数对液相长度的影响，已经进行了大量研究。Siebers 等人的研究表明，液相长度随环境温度和密度的升高而降低，然而敏感度随着两个参数的升高而降低[43]。燃油热力学特性的变化，在给定工况下也能带来液相长度的明显变化[54]。此外，Siebers 等人还发现液相长度随喷孔直径呈线性增长，然而喷油压力并未对液相长度产生明显影响，如图 2.7 所示。

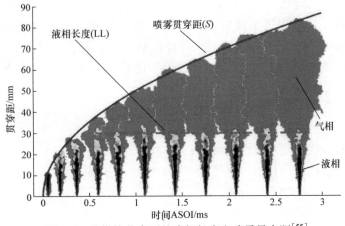

图 2.6　非燃烧状态下的液相长度和喷雾贯穿距[55]

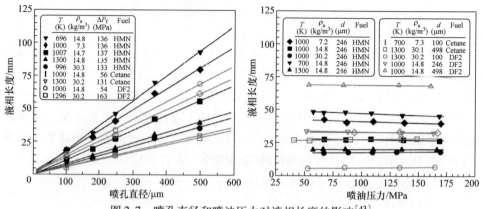

图 2.7　喷孔直径和喷油压力对液相长度的影响[43]

根据气相喷雾理论，喷入燃油质量$\dot{m}_f$与卷吸空气质量$\dot{m}_a$，在喷雾轴线任一位置呈现如下关系：

$$\dot{m}_f \propto \rho_f \cdot d^2 \cdot U_f \tag{2-1}$$

$$\dot{m}_a \propto \sqrt{\rho_a \rho_f} \cdot d \cdot x \cdot U_f \cdot \tan(\theta/2) \tag{2-2}$$

式中　ρ_a、ρ_f——分别表示环境气体密度、燃油密度；

　　　　d——喷孔直径；

　　　　U_f——喷入燃油速度；

　　　　x——喷孔 x 轴向距离；

　　　　θ——喷雾锥角。

根据以上两公式可以看出，喷油速度的增加将导致任意轴向位置同等的燃油质量流量和卷吸气体质量的增加。因此喷油压力不会对液相长度产生影响。Siebers 等人根据此结论认为柴油机传统工况条件下的蒸发过程主要由湍流混合过程所控制[8]。通过此假设关系可以寻找喷雾中卷吸空气的热能足够使燃油完全蒸发的位置的当量比，来预测液相长度[8,55]。这些成功的预测结果表明高压柴油喷雾的蒸发过程取决于油气混合过程，而不是液滴的雾化和蒸发过程[5]。Pastor、Musculus 等人[19,56-58]遵循"混合控制"的假设把柴油喷雾等同气相喷雾应用到了一维喷雾模型中。例如，通过一维模型在空间上状态参数的分析，Pastor 等人[56]得到 LL 的关系式：

$$LL = \frac{K_u \cdot d_{eq}}{Y_{f,evap} \cdot \tan(\theta/2)} \tag{2-3}$$

式中　K_u——取决于环境工况的常数；

　　　　d_{eq}——喷孔的当量出口直径；

　　　　$Y_{f,evap}$——混合气的蒸发分数；

　　　　θ——喷雾锥角。

2. 喷雾贯穿距（Spray penetration）**和喷雾锥角**（Spray Angle）

　　油气的喷雾贯穿距和对应的空气卷吸，可以促使直喷式柴油机有效利用缸内空气，对优化发动机性能十分重要。喷雾贯穿距定义为喷孔出口到喷雾最前端的距离，如图 2.6 中蓝色曲线所示。由图 2.6 可以看出，在液相贯穿距达到稳定的液相长度之前，喷雾贯穿距等于液相贯穿距。之后，在燃烧之前喷雾贯穿距等于气相贯穿距。另一方面，一般用喷雾的外围边界形成的锥形角来表征喷雾的扩散程度。高速纹影法为测量喷雾贯穿距和喷雾锥角[59-62]最常用的光学技术，如图 2.8 所示。后续章节将对此技术展开详细说明。

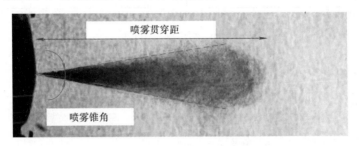

图 2.8　喷雾贯穿距和喷雾锥角定义

　　基于试验数据和湍流气相喷雾理论，对于计算喷雾贯穿距已经得到了很多经验公式。Hiroyasu 等人[63]发现初始喷雾贯穿距与时间的平方根 $\sqrt{t}$ 呈线性增长关系。在破碎前，喷油压力对初始动能有更重要的影响，破碎后环境气体密度则会产生重要影响。Dent[64]基于气体混合模型提出另外一个公式，此公式在喷雾贯穿距与环境气体密度关系上与 Hiroyasu 的公式一致，都是与 $\rho_g^{-0.25}$ 成正相关关系。他们检测的环境气体密度达到 30kg/m³，喷油压力达到 80MPa。Naber 和 Sieber[6]基于非蒸发和蒸发工况下测得的大量试验数据，也提出了一个经验公式，他们发现在低密度工况下蒸发喷雾和非蒸发喷雾的贯穿距差别达到 20%，推测蒸发工况下喷雾贯穿距减小是由于燃油蒸发导致冷却，使得局部混合气密度上升所致。在文献 [58，65] 中，作者基于轴线上的动量守恒和试验数据验证提出了分析求解方法。Kook 和 Pickett[46]对密度不同、沸点不同的六种燃油进行了纹影测量。他们认为燃油混合与燃油挥发性没有直接关系，不同燃油展现了相似的贯穿距和喷雾锥角。除了定常量，近些年的研究认为喷雾贯穿距与参数关系主要表现为如下形式[66-67]：

$$S \propto \rho_g^{-0.25} \cdot \dot{M}^{0.25} \cdot \tan^{-0.25}(\theta/2) \cdot t^{0.5} \tag{2-4}$$

　　喷雾锥角通常定义为喷雾两侧拟合的两条直线的夹角，如图 2.8 所示，通常用以表征喷雾在径向方向上的扩散能力。但是，不同学者对于喷雾锥角的具体定义并不总是一致的。Naber 和 Siebers[6]应用的拟合范围为喷嘴到喷雾贯穿距一半的距离，他们把此喷雾上游区域边界拟合成一个三角形，使三角形面积与喷雾区域相等，三角形的夹角定义为瞬态喷雾锥角。Pastor 等人[68]则是基于对喷雾边界上到喷雾贯穿距60%线性拟合的夹角来定义喷雾锥角。在其他参考文献[69-72]中可以查看有关喷雾锥角不同的拟合关系式。一般来说喷雾锥角主要与如下参数相关：燃油/环境密度比、喷油器几何形状和喷孔内的空化效应。然而，定量测量这些参数对喷雾锥角的影响仍然十分困难：首先是由于融合了湍流和气体动力学不稳定性，喷雾过程本身就比较复杂；其次，测试过程中喷雾锥角的度量与实验光学设备的布置、图片处理方式等都有直接的关系[53,73]。另外，Pickett[53]通过一维模型和试验数据验证，发现喷雾锥角在距离喷油器附近发生了改变，在距离喷油器附近一定位置由一个较小的锥角向远处一个较大锥角进行过渡。

3. 燃油混合分数

燃料和氧化剂的混合程度决定着燃烧质量。在内燃机中，混合气的分布影响着火焰温度、污染物排放、未燃碳氢和燃烧效率。定量测量燃料和氧化剂的混合程度可以使我们对不同的燃烧策略，以及它们对污染物排放的影响有着更好的理解[74]。多数光学诊断技术无法测量液相稠密区的分布。在稠密区下游区域，很多学者已经通过拉曼散射技术（Raman scattering）[75-76]、激光诱导荧光法/激光诱导复合荧光法技术（laser-induced fluorescence/exciplex fluorescence，LIF/LIEF）[77-78]、米散射技术[60,79]和瑞利散射技术（Rayleigh scattering）[74,80]等对蒸发态的柴油喷雾浓度进行了研究。每种技术都有它们的优缺点。例如，米散射和瑞利散射这种弹性散射会受到目标物之外的其他散射体的干扰，而拉曼散射会受到信号强度低和空间分辨率差（通常为一维或者二维）的限制。对于LIF/LIEF技术，虽然弹性散射干扰较小，但是荧光通常受到环境温度、压力、气体组分的影响，使得对瞬态过程的混合分数变化的定量测量十分困难。除了上述技术外，紫外-可见光吸收散射技术（UV-VIS LAS）可以同时得到液相和气相的燃油浓度[81]。

2.3.3 着火过程

如前面章节所述，液相燃油和环境气体混合带来的热能会促使燃油蒸发。因此燃油蒸发过程会减少环境气体热能，进而使得缸内压力较未喷雾蒸发时降低。因此，在着火延迟期燃油蒸发过程会导致放热率的减小。当油气混合物卷吸更多热量后，化学反应放热速率最后超过了蒸发能量速率。此时，放热率开始迅速增长，并定义此时刻为着火延迟期的结束和燃烧阶段的开始[5]。可以看出，着火过程在极短的时间内包含了大量复杂的物理化学过程。依靠多种光学诊断技术，研究人员在主燃烧项之前检测到一个低强度的反应阶段[10,11,14,82-85]。此阶段的燃烧放热率非常低，甚至有些时候不能被检测到。另一方面，通过光学实验台架，能够检测到此阶段的化学荧光，通常这些荧光非常弱，只能通过增强器相机进行检测。由于此阶段对后续高温燃烧具有重要影响，学者们对此阶段荧光的发展过程也进行了大量研究。

Higgins 等人[82]在静态定容燃烧弹中进行了一系列测试，他们将着火过程划分为三个阶段：燃油蒸发和油气混合阶段（物理延迟期），低温放热阶段（着火第一阶段）和高温放热（着火第二阶段）阶段。下面对这三个阶段进行详细阐述。

物理延迟期：这一阶段涉及从喷油开始到同时出现压力升高和化学荧光。此阶段主要涉及燃油雾化、空气卷吸和燃油蒸发等物理过程。燃油蒸发导致喷雾区域的温度降低，而随着喷雾贯穿和高温气体卷吸，油气混合物的温度持续升高，弥补并超过了蒸发导致的温度下降的影响。当温度达到某一固定值，第一着火阶段开始，也同时意味着物理延迟过程的结束。当然，这一着火初始时刻的准确性与诊断技术的敏感度和时间分辨率也存在很大关系。

第一着火阶段：这一阶段涉及初次检测到压力升高和化学荧光到快速放热开始。在这一阶段开始时，连锁反应由于消耗燃油产生自由基而释放的少量热能导致压力升高。一些研究团队通过应用高速纹影法观测到了柴油喷雾的低温着火过程[12,14,61,68]。这些实验中，低温着火现象是通过喷雾头部局部折射率梯度的退化过程观测到的。这主要是由于燃油气相的消耗产生燃烧中间产物并释放部分热量，进而使得局部温度接近环境气体温度。进一步，局部的折射率与环境气体折射率变得接近，因此纹影效应降低[14,86]，如图 2.9 中 240μs ASOI 时刻图像所示。图 2.9 表明，所研究的工况条件下，低温化学反应在喷雾头部后部的油束边缘发生。Higgins 等人[82]研究说明第一着火阶段的化学反应发生在液相长度和喷雾贯穿距之间。在此区域，化学荧光分布相对均匀。通过光学诊断技术可以轻易捕捉甲醛，以深入理解第一着火阶段空间和时间的发展过程[83,87]。Kosaka[83,87]通过应用激光诱导荧光技术成功捕捉到着火阶段甲醛的存在。Skeen 等人[14]同时应用高速纹影法和 PLIF 技术检测了着火过程。他们发现，PLIF 能比纹影更早捕捉到低温着火的存在。

第二着火阶段：此阶段以大量放热导致迅速的预混燃烧热力升高为起始标志。第一着火阶段的放热和空气卷吸，使得温度达到一定值后，过氧化氢分解反应主导了化学反应过程，释放出大量热量，此过程触发了预混燃烧[82]。与此同时，燃烧传播到在着火延迟期内积累的蒸发混合物区域，这些区域还未能实现自燃。这些区域附近温度升高后也导致这些混合物达到燃烧条件进而释放大量热量[2]。这些热量会导致喷雾内部密度降低和更高的折射率梯度。因此，纹影图像中喷雾头部再次变暗并开始膨胀，如图 2.9 中 390μs ASOI 时刻图像所示。此

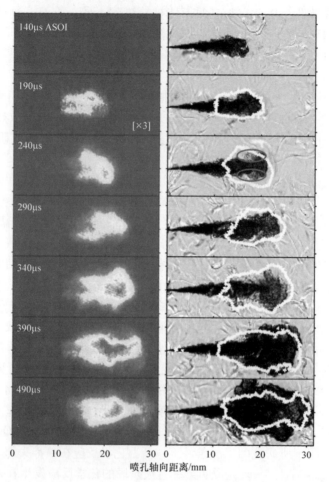

图 2.9　着火过程中的甲醛 PLIF（左侧）和纹影图像（右侧）[14]

外，在 390μs ASOI 之后的图像中可以看出，甲醛一直存在于喷嘴附近（与其他文献结果一致[9,88]），说明低温着火在一定程度上也影响着准稳态火焰的位置。

如前所述，喷油开始时刻到高温燃烧这一时间间隔，定义为柴油燃烧的着火延迟期（Ignition Delay，ID），这一时间内包含了物理过程和第一着火阶段。柴油喷雾的着火延迟期对发动机性能起着关键作用，两者存在如下几个方面的关系：着火延迟期与预混燃烧放热率峰值相关，决定着发动机的燃烧噪声；与预混燃烧达到的高温相关，决定着氮氧化物的排放；着火的位置也强烈影响着后续燃烧的发展[55]。

影响燃油和充气状态的物理因素会对着火延迟期产生重要影响。这就取决于燃油喷射系统的设计、燃烧室设计和工况条件[1]。另一方面，燃油的物化属性也对着火延迟期产生重要影响。之前学者已经对这些参数对着火延迟期的影响做了大量研究[89-92]。Pickett 等人[91]通过在一个定容燃烧弹中的大量试验，提出一个基于 Arrhenius 形式的方程：

$$\tau_{ig} = A \cdot \exp(E/R\,T_g) \cdot \rho_g^n \cdot Z_{st}^m \tag{2-5}$$

式中　τ_{ig}——着火延迟期；

　　　E——反应的总体活化能；

　　　R——气体常数；

　　　Z_{st}——化学当量比的混合分数。

2.3.4　混合控制燃烧过程

当上述所有物理过程和化学反应过程完成后，燃烧开始进入混合控制燃烧或者扩散燃烧阶段，此阶段一直延续到喷入燃油被完全消耗。扩散燃烧阶段，油气未提前混合，因此，此过程中混合和燃烧同时发生。在此阶段，火焰前锋发展，并受燃料和氧气对流扩散作用稳定在某一最大自然长度。在喷雾过程中，由于喷雾动量作用，对火焰燃烧起主导作用的是对流。当喷油结束后，扩散作用决定了后续的反应过程。

1. 概念模型

以往文献中已提出多种概念模型[5,9,15,93,94]来描述直喷式柴油机喷雾燃烧过程。其中，Dec 提出的模型[15]被广泛接受，并且后续被 Flynn 等人进一步拓展[93]。图 2.10 所示为混合控制燃烧阶段的概念模型的示意图。

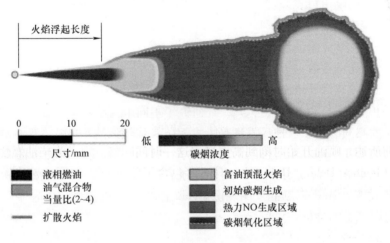

图 2.10　直喷式柴油机混合控制燃烧阶段概念模型[15]

从图 2.10 中可以看出，从喷嘴到开始出现放热率这一区间，和未燃烧工况下的喷雾特性一样。此外，由于较高的局部速度、低温和高当量比，可以观测到浮起的火焰[95]。从喷嘴位置到扩散火焰最上游的起始位置之间的距离，被称为火焰浮起长度（flame lift – off length，LOL）。LOL 处燃油当量比较高，此处卷入的氧气在初始位置的预混燃烧阶段发生反应。然而，由于燃油浓度太高，反应产物包含典型的富油燃烧成分：无氧、富一氧化碳，以及部分已燃烃类，这些形成了后续的碳烟。在 LOL 下游就是典型的扩散火焰结构，内部充满燃烧的中间产物，外部被火焰反应面包裹阻止氧气的进入。Dec 和 Coy[96] 的实验研究表明，反应面的厚度小于 120μm，LIF 试验结果说明此反应面就是氮氧化物的生成区域[97]。

2. 火焰浮起长度

着火过程结束后，喷油结束前，在静态条件下，柴油火焰会在扩散火焰阶段稳定在距喷嘴某一固定位置。虽然会因为湍流产生波动，LOL 会呈现一个准稳态的值[17,98,99]。LOL 把燃烧喷雾分成两个部分，未燃烧部分（LOL 上游）和燃烧部分（LOL 下游）。OH^* 在高温放热处会产生化学荧光，一般用来表征 LOL 的位置[16,98]。

大量研究表明 LOL 在柴油机燃烧和排放过程起着重要作用，对柴油机是一个非常重要的参数。研究人员通过不同工况环境、不同喷嘴结构和不同燃油特性对 LOL 的影响进行了大量研究[86,99,100-103]。Siebers 和 Higgins 提供了一个经验公式，如式（2-6）所示：

$$LOL = C \cdot d^{0.34} \cdot U \cdot \rho_a^{-0.85} \cdot T_a^{3.74} \cdot Z_{st}^{-1} \tag{2-6}$$

式中　d——喷嘴出口直径；

　　　U——为喷油速率；

　　　Z_{st}——化学计量的混合分数；

　　　C——比例常数；

　　　T_a 和 ρ_a——分别为环境温度和密度。

Pickett 等人[91] 和 Payri 等人[104] 还研究了不同十六烷值柴油着火延迟期和火焰浮起长度之间的关系。他们发现高十六烷值柴油较低的着火延迟期，通常也会导致更短的 LOL。Pickett 还推断 LOL 与冷焰燃烧的位置更加相关，且 LOL 的稳定并不是火焰向上游贯穿所致。此外，随着光学诊断技术的发展，通过高速 OH^* 化学发光，还可以获得 LOL 和火焰瞬态的发展过程[105]，这样就可以对 LOL 进行时域上的分析。

3. 碳烟生成

发动机碳烟排放反映了不完全燃烧和较低的热效率，这就促使人们研究如何减少碳烟生成和增加碳烟氧化。虽然碳烟的生成过程没有被充分理解，但是被人熟知的是它对环境和人类健康都会产生不良影响。因此，环境中颗粒物的流行病学和毒性学成为研究热点[106]。

Tree 和 Sensson 对碳烟的形成机理进行了研究[107]，燃油从液相/气相演变成碳烟固体颗粒物主要分为以下几个过程：高温热解、成核、合并、表面生长、团聚和氧化过程。图 2.11 列出了五个过程的示意图。高温热解指的是燃料在高温环境下不经过明显的氧化反应而改变分子结构的过程。这个过程通常会生成碳烟的一些前驱物，如不饱和碳氢化合物（C_2H_2、C_2H_4、C_3H_6）和多环芳香烃（PAH）等。碳烟的成核过程为前驱物——这些气相的反应物初始形成颗粒物的过程，这些可探测到的初始碳烟颗粒直径在 1.5 ~ 2nm，颗粒物开始脱氢并形成石墨状的碳原子结构。此过程发生在温度区间为 1300 ~ 1600K 的富自由基区域。接下来，大多数碳烟形成于"表面生长"过程。碳烟由于核心的碰撞合并形成初始球形颗粒（15 ~ 20nm）。因此，颗粒数减少但是质量保持恒定。这个阶段表面驻留时间对总体碳烟质量和碳烟体积分数具有重大影响。总之，碳烟生成过程取决于当量比、混合过程温度路径和碳烟的驻留时间[108 - 109]。

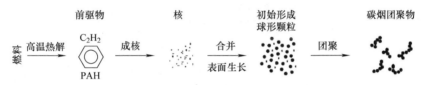

图 2.11　碳烟生成过程示意图[107]

通过 LIF 技术可以检测到柴油喷雾燃烧过程中的 OH 自由基、碳烟前驱物（PAH）和碳烟颗粒。除了上文提到的 Dec 的概念模型，Kosaka 等人[87]和 Bruneaux[9]根据 LIF 检测结果分别提出了类似的碳烟生成模型，如图 2.12 所示。由于富油燃烧，碳烟前驱物（PAH）在扩散火焰初始区域的喷雾中心迅速生成。Kosaka 等人指出火焰边缘的碳烟前驱物也会形成初始碳烟。当达到准稳态扩散火焰阶段，碳烟前驱物和新生碳烟持续在喷雾中间的富油区域生成，并被 OH 区域包围。碳烟颗粒被头部涡旋传送到上游，进而被重新卷吸到富氧火焰区域，又被大量 OH 自由基迅速氧化。

随着光学诊断技术的发展，大量技术开始应用于研究不同变量对柴油喷雾碳烟生成特性的影响。Pickett 和 Siebers[110]应用 LEM 技术在高温、高压定容燃烧弹中研究了环境温度、密度和喷油压力对碳烟生成特性的影响。他们的结果显示火焰中碳烟峰值随环境温度和环境密度的增加而增加，随喷油压力的增加而减小。他们还发现碳烟的生成与火焰浮起长度处横截面平均当量比密切相关。文献[108，111]研究了氧含量对碳烟生成特性的影响。Idicheria 和 Pickett 提到碳烟净生成率是碳烟生成速率和氧化速率相互竞争的结果。较低的氧含量由于较低的温度有可能降低碳烟生成，但是低氧含量下火焰更宽，贯穿更远，这使得碳烟在低氧环境中的驻留时间更长，需要更多的时间卷吸环境气体对其进行氧化。此外，一些学者[112-117]还研究了燃料对碳烟生成的影响。较高的碳氢比、高硫含量和高芳烃含量有可能增加碳烟的生成，而如果燃料里含氧则会降低碳烟的生成。

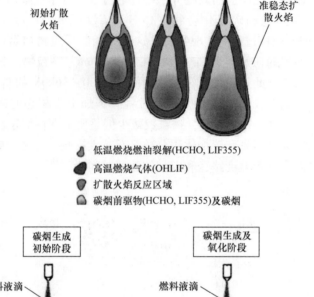

初始扩散
火焰

准稳态扩
散火焰

低温燃烧燃油裂解(HCHO, LIF355)
高温燃烧气体(OHLIF)
扩散火焰反应区域
碳烟前驱物(HCHO, LIF355)及碳烟

碳烟生成
初始阶段

碳烟生成及
氧化阶段

燃料液滴

气相燃料

碳烟前驱物
(PAH)

初始碳烟

燃料液滴

燃料蒸发

OH^*形成
区域

卷吸空气

碳烟生长区域
(粒径大、密度小
T=2000~2100K
Φ=0.7~1.0)

碳烟前驱物
(PAH)

初始碳烟区域
(粒径小、密度大)

碳烟氧化区域
(T=2200~2400K
OH^*密度高)

头部涡旋

图2.12　柴油机火焰中碳烟生成、氧化过程的概念模型[87,9]

4. 回火过程

　　最近的研究发现，低温燃烧工况条件下的未燃碳氢排放与喷油结束后喷嘴附近混合物的燃烧瞬态过程相关。喷油结束后，浮起火焰下游持续燃烧，而其上游形成了大量未燃或者部分燃烧区域[18,118]。然而，传统燃烧中浮起火焰在喷油结束后会向喷嘴附近传播[13]，如图2.13所示。理解和控制回火过程可以为控制发动机未燃碳氢排放提供一种有效途径。

　　Genzale 等人对环境工况，以及燃油结束后的瞬态过程对回火的影响做了大量研究[21,23,119]。他们发现燃烧回火现象发生的概率随环境温度和氧含量的降低而降低。如果喷油压力增加，燃烧回火到喷嘴需要的时间略微增加。在不利于发生回火的工况条件下，增加喷油结束的瞬态持续过程可以促进回火现象发生。在高温或者高氧浓度条件下，发生回火现象同时还可以观测到碳烟的回火现象。在相对稀油燃烧工况条件下，回火可以减少未燃碳氢化合物，但是如果混合物太浓，回火也能增加碳烟生成。

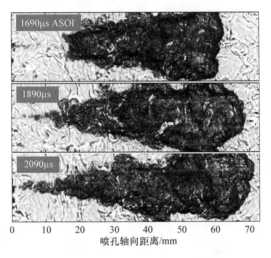

图 2.13　回火过程的纹影图像[13]

2.4　本章小结

　　本章对直喷式柴油机传统燃烧模式下的喷雾燃烧过程进行了详尽描述，并对各个过程应用的光学诊断技术进行了列举。图 2.14 对整个喷雾燃烧过程的不同阶段进行了总结。图 2.14 从上到下可以分为四个部分：最上面的第一部分列出了喷油率曲线（$\dot{m}_f$）和放热率曲线（$\dot{Q}$）；下面一部分列举了两个曲线对应的喷雾燃烧涉及的几个重要的物理化学过程；第三部分列出了几个不同阶段对应的喷雾火焰的示意图和发展过程；最后一个部分给出了为了研究各个阶段物理化学过程常用的光学诊断技术。

　　整个过程起始于液相燃油开始进入高温燃烧室，连续的液相燃油由于与高密度环境的相互作用迅速破碎成小液滴。此外，随着喷雾过程的进行不断卷吸高温环境气体，这些都促进了油气混合过程，并且导致液相燃油的蒸发。随着喷雾的贯穿，液相燃油开始消失，被气相油气混合物代替。随着喷雾过程继续进行，开始发生自燃现象。此过程分两个阶段，第一个阶段为低温反应，会产生 CH^* 和甲醛等活性介质并释放少许热量。随后，化学反应进入到高温燃烧阶段，燃油迅速消耗并释放大量热量，开始形成最终产物和碳烟前驱物。后续火焰中的光辐射主要被碳烟辐射主导。之后，随着喷油的结束，燃烧过程逐渐消退，生成的碳烟颗粒也大部分被氧化。

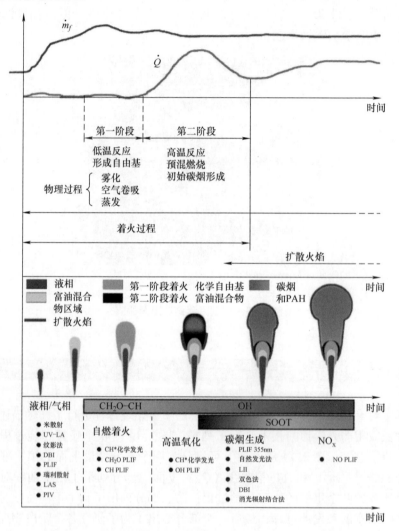

图 2.14　直喷式柴油机喷雾燃烧过程和对应的光学诊断技术

参 考 文 献

[1] HEYWOOD J B. Internal combustion engine fundamentals [M]. New York：McGraw - Hill

Publishing, 1988.

[2] NERVA J. An assessment of fuel physical and chemical properties in the combustion of a Diesel spray [D]. Valencia: Universitat Politecnica de Valencia, 2013.

[3] VERA – TUDELAW M. An experimental study of the effects of fuel properties on diesel spray processes using blends of single – component fuels [D]. Valencia: Universitat Politecnica de Valencia, 2015.

[4] KAMIMOTO T, KOBAYASHI H. Combustion processes in diesel engines [J]. Progress in Energy and Combustion Science, 1991, 17 (2): 163 – 189.

[5] MUSCULUS M P B, MILES P C, PICKETT L M. Conceptual models for partially premixed low – temperature diesel combustion [J]. Progress in Energy and Combustion Science, 2013, 39: 246 – 283.

[6] NABER J D, SIEBERS D L. Effects of gas density and vaporization on penetration and dispersion of diesel sprays [J]. SAE Paper, 1996, 105 (412): 82 – 111.

[7] RICOU FP, SPALDING DB. Measurements of entrainment by axisymmetrical turbulent jets [J]. Journal of Fluid Mechanics, 1961, 11: 21 – 32.

[8] SIEBERS D L. Scaling liquid – phase fuel penetration in diesel sprays based on mixing – limited vaporization [J]. SAE Technical Papers, 1999, 108 (3): 703 – 728.

[9] BRUNEAUX G. Combustion structure of free and wall – impinging diesel jets bysimultaneous laser – induced fluorescence of formaldehyde, poly – aromatic hydrocarbons, and hydroxides [J]. International Journal of Engine Research, 2008, 9 (3): 249 – 265.

[10] DEC J E, ESPEY C. Ignition and early soot formation in a DI diesel engine using multiple 2 – D imaging diagnostics [J]. SAE Technical Papers, 1995, 104 (3): 853 – 875.

[11] DEC J E, ESPEY C. Chemiluminescence imaging of autoignition in a DI diesel engine [J]. SAE Technical Papers, 1998, 724.

[12] PICKETT L M, KOOK S, WILLIAMS T C. Visualization of diesel spray penetration, cool – flame, ignition, gigh – temperature combustion, and soot formation using high – speed imaging [J]. SAE Int. J. Engines, 2009, 2 (1): 439 – 459.

[13] SKEEN S, MANIN J, PICKETT L M. Visualization of ignition processes in high – pressure sprays with multiple injections of n – dodecane [J]. SAE Int. J. Engines, 2015, 8 (2): 696 – 715.

[14] SKEEN S, MANIN J, PICKETT L M. Simultaneous formaldehyde PLIF and high – speed schlieren imaging for ignition visualization in high – pressure spray flames [J]. Proceedings of the Combustion Institute, 2015, 35 (3): 3167 – 3174.

[15] DEC J. A conceptual model of DI diesel combustion based on laser – sheet imaging [J]. SAE, 1997, 412: 970873.

[16] HIGGINS B, SIBERS D. Measurement of the flame lift – off location on Dl diesel sprays using OH chemiluminescence [J]. SAE Technical Papers, 2001, 724.

[17] SIBERS D, HIGGINS B. Flame lift – off on direct – injection diesel sprays under quiescent con-

ditions [J]. SAE Transactions, 2001, 110 (3): 400 – 421.

[18] MUSCULUS MP B, LACHAUX T, PICKETT L M, et al. End – of – injection over – mixing and unburned hydrocarbon emissions in low temperature – combustion diesel engines [J]. SAE Technical Papers, 2007, 724: 776 – 790.

[19] MUSCULUS MP B. Entrainment waves in decelerating transient turbulent jets [J]. Journal of Fluid Mechanics, 2009, 638 (1): 117 – 140.

[20] KOOK S, PICKETT L M, MUSCULUS MP B. Influence of diesel injection parameters on end – of – injection liquid length recession [J]. SAE Int. J. Engines, 2009, 2 (1): 1194 – 1210.

[21] KNOX B W, GENZALE C L, PICKETT L M, et al. Combustion recession after end of injection in diesel sprays [J]. SAE Int. J. Engines, 2015, 8 (2): 679 – 695.

[22] KNOX B W, GENZALE C L. Effects of end – of – injection transients on combustion recession in diesel sprays [J]. SAE Int. J. Engines, 2016, 9 (2): 932 – 949.

[23] KNOX B W, GENZALE C L. Scaling combustion recession after end of injection in diesel sprays [J]. Combustion and Flame, 2017, 177: 24 – 36.

[24] BRAVO L, KWEON C. A Review on liquid spray models for diesel engine computational analysis [R]. [S. l.]: Army Research Laboratory, 2014.

[25] LINNE M. Imaging in the optically dense regions of a spray: a review of developing techniques [J]. Progress in Energy and Combustion Science, 2013, 39 (5): 403 – 440.

[26] KRŸGER S, GRŸNEFELD G. Droplet velocity and acceleration measurements in dense sprays by laser flow tagging [J]. Applied Physics B, 2000, 71 (4): 611 – 615.

[27] KRŸGER S, GRŸNEFELD G. Gas – phase velocity field measurements in dense spraysby laser – based flow tagging [J]. Applied Physics B, 2000, 70 (3): 463 – 466.

[28] SEDARSKY D, BERROCAL E, LINNE M. Numerical analysis of ballistic imaging for revealing liquid breakup in dense sprays [J]. Atomization & Sprays, 2010, 20 (5): 407 – 413.

[29] LINNE M A, PACIARONI M, BERROCAL E, et al. Ballistic imaging of liquid breakup processes in dense sprays [J]. Proceedings of the Combustion Institute, 2009, 32 (2): 2147 – 2161.

[30] LIU Z, IM K S, XIE X, et al. Ultra – fast phase – contrast x – ray imaging of near – nozzle velocity field of high – speed diesel fuel sprays [C]. Ilass. [Sl: sn] 2010.

[31] OSTA A R, LEE J, SALLAM K A. Investigating the effect of the injector length/diameter ratio on the primary breakup of liquid jets using x – ray diagnostics [C]. Iclass. [Sl: sn] 2009.

[32] PAYRI R, BRACHO G, GOMEZ – ALDARAVI P M, et al. Near field visualization of diesel spray for different nozzle inclination angles in non – vaporizing conditions [J]. Atomization and Sprays, 2017, 27 (3), 251 – 267.

[33] DAHMS R N, MANIN J, PICKETT L M, et al. Understanding high – pressure gas – liquid interface phenomena in Diesel engines [J]. Proceedings of the Combustion Institute, 2013, 34 (1): 1667 – 1675.

［34］MANIN J, BARDI M, PICKET L M, et al. Microscopic investigation of the atomization and mixing processes of diesel sprays injected into high pressure and temperature environments ［J］. Fuel, 2014, 134: 531 – 543.

［35］COGHE A, COSSALI G E. Quantitative optical techniques for dense sprays investigation: a survey ［J］. Optics & Lasers in Engineering, 2012, 50 (1): 46 – 56.

［36］REITZ R D. Atomization and other breakup regimes of a liquid jet ［D］. Princeton: Princeton University, 1978.

［37］BAUMGARTEN C, STEGEMANN J, MERKER G. A new model for cavitation induced primary break – up of diesel sprays ［C］. Zaragoza. ［Sl: sn］ 2002.

［38］SOM S, AGGARWAL S K. Effects of primary breakup modeling on spray and combustion characteristics of compression ignition engines ［J］. Combustion and Flame, 2015, 157 (6): 1179 – 1193.

［39］JENNY P, ROEKAERTS D, BE ISHUIZEN N. Modeling of turbulent dilute spray combustion ［J］. Progress in Energy & Combustion Science, 2012, 38 (6) . 846 – 887.

［40］WEBER C. Zum zerfall eine sfl vssigkeitsstrahles ［J］. ZAMM – Journal of Applied Mathematics and Mechanics / Zeitschrift f vr Angewandte Mathematik und Mechanik, 1931, 11 (2): 136 – 154.

［41］ZEOLI N, GU S. Numerical modelling of droplet break – up for gas atomization ［J］. Computational Materials Science, 2007, 38 (2): 282 – 292.

［42］ARCOUMANIS C, KAMIMOTO T. Flow and combustion in reciprocating engines ［M］. Berlin: Springer Berlin Heidelberg, 2009.

［43］SIEBERS D L. Liquid – phase fuel penetration in diesel sprays ［C］. International Congress & Exposition. ［Sl: sn］ 1998.

［44］HULST H. Light scattering by small particles ［J］. Physics Today, 1957, 10 (12) .

［45］BOHREN C F, HUFFMAN D R. Absorption and scattering of light by small particles ［M］. Philadelphia: The pennsylvania State University, 1983.

［46］KOOK S, PICKETT L M. Liquid length and vapor penetration of conventional, fischer – tropsch, coal – derived, and surrogate fuel sprays at high – temperature and high – pressure ambient conditions ［J］. Fuel, 2012, 93 (1): 539 – 548.

［47］PASTOR J V, GARCIA – OLIVER J M, NERVA J G, et al. Fuel effect on the liquid – phase penetration of an evaporating spray under transient diesel – like conditions ［J］. Fuel, 2011, 90 (11): 3369 – 3381.

［48］PASTOR J V, JOSÉ M, GARCIA – OLIVER, et al. Spray characterization for pure fuel and binary blends under non – reacting conditions ［J］. SAE Technical Papers, 2014, 1.

［49］PAYRI R, GIMENO J, BARDI M, et al. Study liquid length penetration results obtained with a direct acting piezo electric injector ［J］. Applied Energy, 2013, 106: 152 – 162.

［50］BARDI M, PAYRI R, MALBEC LM, et al. Engine combustion network: comparison of spray development, vaporization, and combustion in different combustion vessels ［J］. atomization and sprays, 2012, 22 (04): 807 – 842.

[51] JUNG Y, MANIN J, SKEEN S, et al. Measurement of liquid and vapor penetration of diesel sprays with a variation in spreading angle [J]. SAE Technical Papers, 2014, 2015 (6): 375 – 80.

[52] BARDI M, BRUNEAUX G, MALBEC L M. Study of ECN injectors behavior repeatability with focus on aging effect and soot fluctuations [C]. SAE 2016 World Congress and Exhibition. New York: SAE, 2016.

[53] PICKETT L M, JULIEN M, GENZALE C L, et al. Relationship between diesel fuel spray vapor penetration/dispersion and local fuel mixture fraction [J]. SAE International Journal of Engines, 2011, 4 (1): 764 – 799.

[54] HIGGINS B S, MUELLER C J, SIEBERS D L. Measurements of fuel effects on liquid – phase penetration in DI sprays [J]. SAE transactions, 1999, 108 (724): 630 – 643.

[55] BARDI M. Partial needle lift and injection rate shape effect on the formation and combustion of the diesel spray [J]. Physics, 2014, 563 (3): 242 – 251.

[56] DESANTES J M, LOPEZ J J, GARCIA J M, et al. Evaporative diesel spray modeling [J]. atomization and sprays, 2007, 17 (3): 193 – 231.

[57] GARCÍA J M. Aportaciones al estudio del proceso de combustion turbulenta de chorros en motores Diesel de inyeccion directa [D]. Valencia: Universitat Politecnica de Valencia, 2004.

[58] PASTOR J V, LÓPEZ J J, GARCÍA J M, et al. A 1D model for the description of mixing – controlled inert diesel sprays [J]. Fuel, 2009, 87 (13): 2871 – 2885.

[59] PASTOR J V, PAYRI R, GARCIA – OLIVER J M, et al. Analysis of transient liquid and vapor phase penetration for diesel sprays under variable injection conditions [J]. Atomization and Sprays, 2011, 21 (6): 503 – 520.

[60] BRUNEAUX G. Liquid and vapor spray structure in high – pressure common rail diesel injection [J]. Atomization and Sprays, 2001, 11 (5): 533 – 556.

[61] PASTOR J V, PAYRI R, GARCIA – OLIVER J M, et al. Schlieren measurements of the ECN – spray a penetration under Inert and Reacting Conditions [C]. SAE Technical Paper. New York: SAE, 2012.

[62] PAYRI F, PAYRI R, BARDI M, et al. Engine combustion network: Influence of the gas properties on the spray penetration and spreading angle [J]. Experimental Thermal & Fluid Science, 2014, 53: 236 – 243.

[63] HIROYASU H, ARAI M. Structures of fuel sprays in diesel engines [C]. International Congress &Exposition. New York: SAE, 1990.

[64] DENT J C. A basis for the comparison of various experimental methods for studying spray penetration [C]. International Mid – Year Meeting. [S. l. : s. n.], 1971.

[65] DESANTES J M, PAYRI R, SALVADOR F J. Development and validation of a theoretical model for diesel spray penetration [J]. Fuel, 2006, 85 (7/8): 910 – 917.

[66] WAN Y, PETERS N. Scaling of spray penetration with evaporation [J]. Atomization and

Sprays, 1999, 9 (2): 111 – 132.

[67] PAYRI F, BERMÁDEZ V, PAYRI R, et al. The influence of cavitation on the internal flow and the spray characteristics in diesel injection nozzles [J]. Fuel, 2004, 83: 419 – 431.

[68] PASTOR J V, J ARRÈGLE, PALOMARES A. Diesel spray images segmentation using a likelihood ratio test [J]. Applied Optics, 2001, 40 (17): 2876 – 2885.

[69] RANZ W E. Some experiments on orifice sprays [J]. The Canadian Journal of Chemical Engineering, 1958, 36 (4): 175 – 181.

[70] REITZ R D, BRACCO F B. On the dependence of spray angle and other spray parameters on nozzle design and operating conditions [C]. SAE International. New York: SAE, 1979.

[71] DESANTES J M, PASTOR J V, PAYRI R, et al. Experimental characterization of internal nozzle flow and diesel spray behavior. Part II: evaporative conditions [J]. Atomization and Sprays, 2005, 15 (5): 517 – 544.

[72] DELACOURT E, DESMET B, BESSON B. Characterization of very high pressure diesel sprays using digital imaging techniques [J]. Fuel, 2005, 84 (7/8): 859 – 867.

[73] MACIAN V, PAYRI R, GARCIA A, et al. Experimental evaluation of the best approach for diesel spray images segmentation [J]. Experimental Techniques, 2012, 36 (6): 26 – 34.

[74] IDICHERIA C A, PICKETT L M. Quantitative mixing measurements in a vaporizing diesel spray by rayleigh imaging [J]. SAE Technical Paper, 2007, 2007 (724): 776 – 790.

[75] EGERMANN J, GÖTTLER A, LEIPERTZ A. Application of spontaneous raman scattering for studying the diesel mixture formation process under near – wall conditions [C]. SAE International Fall Fuels & Lubricants Meeting & Exhibition. New York: SAE, 2001.

[76] HOFFMANN T, HOTTENBACH P, KOSS H J, et al. Investigation of mixture formation in diesel sprays under quiescent conditions using raman, mie and LIF diagnostics [J]. SAE Technical Paper, 2008, 2008 (724): 776 – 790.

[77] BRUNEAUX G. Mixing process in high pressure diesel jets by normalized laser induced exciplex fluorescence part I: Free Jet [C]. SAE Brasil Fuels & Lubricants Meeting. New York: SAE, 2005.

[78] PAYRI F, PASTOR J V, PASTOR J M, et al. Diesel spray analysis by means of planar laser – induced exciplex fluorescence [J]. International Journal of Engine Research, 2006, 7 (1): 77 – 89.

[79] KOSAKA H, KAMIMOTO T. Quantitative measurement of fuel vapor concentration in an unsteady evaporating spray via a 2 – D mie – scattering imaging technique [C]. SAE Technical Paper. New York: SAE 1993.

[80] CHRISTOPH E, JOHN E D, LITZINGER T A, et al. Planar laser rayleigh scattering for quantitative vapor – fuel imaging in a diesel jet [J]. Combustion and Flame, 1997, 109 (1): 65 – 86.

[81] RECHE C M. Development of measurement and visualization techniques for characterization of mixing and combustion processes with surrogate fuel [D]. Valencia: Universitat Politecnica de

Valencia, 2015.

[82] HIGGINS B, SIEBERS D L, ARADI A. Diesel – spray ignition and premixed burn behavior [C]. SAE 2000 World Congress. New York: SAF, 2000.

[83] KOSAKA H, DREWES V H, CATALFAMO L, et al. Two – dimensional imaging of formaldehyde formed during the ignition process of a diesel fuel spray [C]. SAE Technical Paper. New York: SAE, 2000.

[84] JANSONS M, BRAR A, ESTEFANOUS F, et al. Experimental investigation of single and two – stage ignition in a diesel engine [J]. SAE Technical Papers, 2008, 724: 776 – 790.

[85] LILLO P M, PICKETT L M, PERSSON H, et al. Diesel spray ignition detection and spatial/temporal correction [J]. SAE International Journal of Engines, 2012, 5 (3): 1330 – 1346.

[86] BENAJES J, PAYRI R, BARDI M, et al. experimental characterization of diesel ignition and lift – off length using a single – hole ECN injector [J]. Applied Thermal Engineering, 2013, 58 (1 – 2): 554 – 563.

[87] KOSAKA H, AIZAWA T, KAMIMOTO T. Two – dimensional imaging of ignition and soot formation processes in a diesel flame [J]. International Journal of Engine Research, 2005, 6 (1):21 – 42.

[88] IDICHERIA C A, PICKETT L M. Formaldehyde visualization near lift – off location in a diesel jet [M]. New York: SAE International, 2006.

[89] AGGARWAL S K. A review of spray ignition phenomena: present status and future research [J]. Progress in Energy and Combustion science, 1998, 24 (6): 565 – 600.

[90] DEC J E. Advanced compression – ignition engines – understanding the in – cylinder processes [J]. Proceedings of the Combustion Institute, 2009, 32 (2): 2727 – 2742.

[91] PICKETT L M, SIEBERS DENNIS L, IDICHERIA C A. Relationship between ignition processes and the lift – off length of diesel fuel jets [C]. Powertrain & Fluid Systems Conference & Exhibition. [Sl: sn], 2005.

[92] MALBEC L M, EAGLE W E, MUSCULUS M, et al. Influence of injection duration and ambient temperature on the ignition delay in a 2. 34L Optical Diesel Engine [J]. SAE International Journal of Engines, 2015, 9 (1): 47 – 70.

[93] FLYNN P F, DURRETT R P, HUNTER G L, et al. Diesel combustion: an integrated view combining laser diagnostics, chemical kinetics, and empirical validation [J]. SAE Technical Papers, 1999, 108: 587 – 600.

[94] WEI J, ROBERTS W L, FANG T. Spray combustion of jet – a and diesel fuels in a constant volume combustion chamber [J]. Energy Conversion & Management, 2015, 89: 525 – 540.

[95] VENUGOPAL R, ABRAHAM J. A review of fundamental studies relevant to flame lift – off in diesel jets [J]. SAE International Journal of Engines, 2007, 116: 132 – 151.

[96] DEC J E, COY E B. OH radical imaging in a DI diesel engine and the structure of the early diffusion flame [J]. SAE Technical Papers, 1996, 105 (3): 1127 – 1148.

[97] DEC J E, CANAAN R E. PLIF imaging of NO formation in a DI diesel engine [J]. SAE In-

ternational Journal of Engines, 1998, 107: 132 – 151.

[98] PETERS N. turbulent combustion [J]. Cambridge Monographs on Mechanics. Cambridge University Press, 2000, 125 (3).

[99] SIEBERS D L, HIGGINS B, PICKETT L. Flame lift – off on direct – Injection diesel fuel jets: oxygen concentration effects in – cylinder diesel particulates and NOx control [J]. SAE Technical Papers, 2002, 01: 0890.

[100] SIEBERS D L, HIGGINS B S. Effects of injector conditions on the flame lift – off length of DI diesel sprays [J]. In Thermalfluidynamic Processes in Diesel Engines, 2000 (9): 253 – 277.

[101] MUSCULUS M P B. Effects of the in – cylinder environment on diffusion flame lift – off in a DI diesel engine [J]. SAE Technical Papers, 2003, 112 (3): 314 – 337.

[102] PAYRI R, VIERA J P, PEI Y, et al. Experimental and numerical study of lift – off length and ignition delay of a two – component diesel surrogate [J]. Fuel, 2015, 158: 957 – 967.

[103] PAYRI R, VIERA J P, GOPALAKRISHNAN V, et al. The effect of nozzle geometry over ignition delay and flame lift – off of reacting direct – injection sprays for three different fuels [J]. Fuel, 2017, 199: 76 – 90.

[104] FRANCISCO P, PASTOR J V, JEAN – GUILLAUME N, et al. Lift – off Length and KL extinction measurements of biodiesel and fischer – tropsch fuels under quasi – steady diesel engine conditions [J]. SAE International Journal of Engines, 2011, 4 (2): 2278 – 2297.

[105] MAES N, MEIJER M, DAM N, et al. Characterization of spray a flame structure for parametric variations in ECN constant – volume vessels using chemiluminescence and laser – induced fluorescence [J]. Combustion and Flame, 2016, 174: 138 – 151.

[106] MENKIEL B. investigation of soot process in an optical diesel engine [D]. Brunel: Brunel University, 2012.

[107] TREE D R, SVENSSON K I. soot processes in compression ignition engines [J]. Progress in Energy and Combustion Science, 2007, 33 (3): 272 – 309.

[108] IDICHERIA C A, PICKETT L M. Soot formation in diesel combustion under high – EGR conditions [J]. SAE Technical Paper, 2005 (01): 3834.

[109] PICKETT L M, CATON J A, MUSCULUS M, et al. Evaluation of the equivalence ratio – temperature region of diesel soot precursor formation using a two – stage lagrangian model [J]. International Journal of Engine Research, 2006, 7 (5): 349 – 370.

[110] PICKETT L M, SIEBERS D L. Non – sooting, low flame temperature mixing – controlled di diesel combustion [R]. Office of Scientific & Technical Information Technical Reports, 2009, 113: 614 – 630.

[111] CENKER E, BRUNEAUX G, PICKETT L, et al. Study of soot formation and oxidation in the engine combustion network (ECN), spray a: effects of ambient temperature and oxygen concentration [J]. Journal of Physical Chemistry A, 2013, 6 (1): 352 – 365.

[112] MIYAMOTO N, OGAWA H, SHIBUYA M, et al. Influence of the molecular structure of hy-

drocarbon fuels on diesel exhaust emissions [J]. Nihon Kikai Gakkai Ronbunshu B Hen/ transactions of the Japan Society of Mechanical Engineers Part B, 1994, 60 (571): 1087 – 1092.

[113] ULLMAN T, SPREEN K, MASON R. Effects of cetane number on emissions from a prototype 1998 heavy – duty diesel Engine [C]. SAE Technical Paper. New York: SAE, 1995.

[114] PICKETT L M, SIEBERS D L. Fuel Effects on Soot Processes of Fuel Jets at DI Diesel Conditions [C]. SAE Technical Paper. New York: SAE, 2003.

[115] SVENSSON K I, RICHARDS M J, MACKRORY A J, et al. Fuel composition and molecular structure effects on soot formation in direct – injection flames under diesel engine conditions [J]. SAE Technical Papers, 2005, 114 (3): 594 – 604.

[116] SANGHOON K, PICKETT L M. Effect of fuel volatility and ignition quality on combustion and soot formation at fixed premixing conditions [J]. BBA – Protein Structure, 2010, 2 (2): 11 – 23.

[117] KOOK S, PICKETT L M. Soot volume Fraction and morphology of conventional, fischer – tropsch, coal – derived, and surrogate fuel at diesel conditions [J]. SAE International Journal of Fuels & Lubricants, 2012, 5 (2): 647 – 664.

[118] LACHAUX T, MUSCULUS MARK P B. In – cylinder unburned hydrocarbon visualization during low – temperature compression – ignition engine combustion using formaldehyde PLIF [J]. Proceedings of the Combustion Institute, 2007, 31 (2): 2921 – 2929.

[119] JARRAHBASHI D, KIM S, KNOX B W, et al. Computational analysis of end – of – injection transients and combustion recession [J]. International Journal of Engine Research, 2017, 18 (10).

第 3 章

光学诊断技术基础

3.1 引言

应用光学诊断技术的目的，就是通过光学测量的手段来解释物理化学现象。在本书的研究领域，就是通过光学技术的手段来解释柴油机燃烧室中的喷雾燃烧现象。相对于传统的探针式测量方法，光学诊断技术拥有很多优势。比如，光学技术对喷雾燃烧过程没有直接接触，因此不会对原燃烧过程产生影响。光学诊断一般具有比较好的时间分辨率、空间分辨率，对光谱范围具有一定的敏感性，当然，这具体取决于所应用的实验设备和光学设备布置。光学诊断技术相对探针技术发展迅速，新的相机、激光技术的发展往往都会伴随很多新的诊断技术的产生。有时候，这些技术可以对喷雾燃烧过程进行定量测试，测试结果可以用来解释燃烧过程中的物理化学现象，进而推动数值模型的发展。

然而，光学诊断技术也有自身的局限性。首先，实验设备必须设置有光学窗口，这就会导致出现一些真实环境下不会出现的问题。比如说，光学发动机由于加长连杆和改装透明燃烧室等，使得可靠性低了很多，运行负荷范围变窄，运转速度也远低于真实发动机。此外，光学诊断设备或者技术往往需较高的资金成本和时间成本。高速数码相机、激光器、光学发动机等一般价格比较昂贵。另外，需要专业技术人员花费大量时间进行试验平台搭建和试验数据的处理分析。再有，很多时候，这些光学技术平台都是针对特定的测试目标而量身定制的，很少达到工业化生产的程度，很少有技术设备具备普遍适用性。

3.2 光学诊断技术的特点

3.2.1 非接触性

探针对燃烧特性的测量一般都需要对火焰进行直接接触才能测量，图 3.1 所示为热电偶测量火焰温度，从图中可以看出，由于探针的侵入对原本火焰的发展产生了一定的干扰，这会对测试结果产生一定的误差。而对于内燃机中的光学诊断，虽然我们需要对发动机做一些可视化的改变，但是可以认为光谱或者激光辐射等对分子/原子的化学物理过程是不会产生影响的，或者影响极小，是可以忽略不计的。

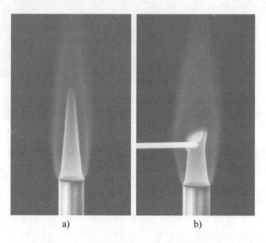

a)   b)

图 3.1　热电偶测量预混火焰温度
a）原始火焰形态　b）热电偶干扰后的火焰形态

3.2.2　时间分辨率

时间分辨率是指测试过程的持续时间。一般理想状态下测试时间越短越好，这样就可以假设在测试时间内测试分子或者粒子并没有移出测试范围，并认为此时间内的化学过程和物理过程的变化是可以忽略不计的。大多数用于燃烧诊断的激光系统都是纳秒量级的，已经具有了足够高的时间分辨率。然而，由于实验条件的限制，很多时候激光器的重复频率较低，例如只有 10Hz，这样就不能捕捉同一次喷雾（毫秒量级）的瞬态变化过程。而高速数码相机可以很好地解决这一问题。

3.2.3　空间分辨率

空间分辨率是指光学诊断技术所能够测得目标物的空间尺度。按照光源、光学设备以及光学设备布置的局限性，可以把光学技术分为一维、二维、三维，以及光学路径累积技术。图 3.2 所示为在一个光学发动机中同时应用了四种不同的光学诊断技术，它们拥有着不同的空间分辨率。比如激光诱导炽光法（LII）所测结果为激光片光上的信息，是一个二维技术。点激光消光法（LEM）测得信息为一个点光源在喷雾光学路径上累积的结果，是一个一维技术。而 OH^* 化学发光法和双色法（two-color）都是光学路径上累积的光强信息。后续章节将对这些技术做进一步的详细介绍。

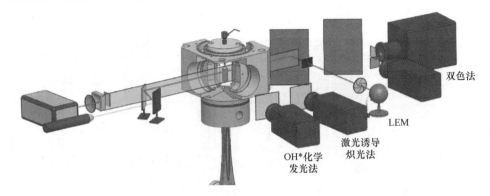

双色法

LEM

激光诱导
炽光法

OH*化学
发光法

图 3.2   光学发动机中多重光学诊断技术同步测量示意图

3.3   光学诊断技术的分类

光学诊断技术根据分类标准的不同可以分为多种类别，比如根据测量结果的准确度可以分为定性测试技术和定量测试技术；根据测试结果维度可以分为零维、一维、二维、三维等技术；也可根据测试目标的不同划分光学技术，比如测试油气混合蒸发过程的（米散射、瑞利散射、激光诱导荧光、纹影法等），测量着火延迟的（化学发光、纹影法等），测量排放物的（双色法、消光法、PLIF等）。还有一种分类标准是根据是否应用外部光源分类，下面对这种分类标准做详细介绍。

按照有无外部光源将光学诊断技术分为三类：基于燃烧自然发光的技术（火焰成像法，化学发光，双色法等），需要传统外部光源（非激光）的技术（米散射成像法，纹影法，消光法等），基于激光的技术（LIF、LII、PIV、PDPA等）。下面对这三类技术做进一步介绍。

3.3.1   基于火焰自然发光的技术

在燃烧过程中，火焰会发出紫外光、可见光和红外光等不同波段的光谱辐射。这些辐射又分为两类：其中一类为连续光谱辐射，比如颗粒物的热辐射和分子的电离和重聚过程发生的辐射；还有一类为带状光谱辐射，这些辐射来自不同能量级的分子转换，比如化学发光。所谓化学发光是指处于非激发态的分子，由于发生化学反应转变为激发态的电子状态再回落基态过程而辐射出的光谱，例如

OH 基化学荧光光谱在 310nm 左右[1]。图 3.3 所示为乙烯和空气的预混火焰，从左到右逐渐增加燃料的浓度，火焰形态和辐射的波长也会跟着发生变化，碳烟（Soot）的图像为连续的光谱辐射，CH*，CO_2^*，和 C_2^* 为化学发光辐射。

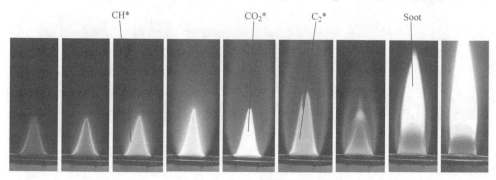

图 3.3　乙烯和空气的预混火焰

3.3.2　应用传统外部光源的技术

此类光学诊断技术所用光源为非激光的光源设备，比如 LED、氙弧灯。此类技术是通过所测目标物对光源形成的光路进行干扰（散射、吸收、偏转等）而成像。其中比较典型的光学技术有米散射成像法和纹影法。图 3.4 所示为纹影法测量喷雾形态光路布置示意图，此处的点光源即为氙弧灯，通过抛物面镜形成平行光，当光路通过喷雾时，由于密度梯度而发生偏转，使得喷雾部分呈现"阴影"状态。后续章节会对纹影法做进一步详细介绍。

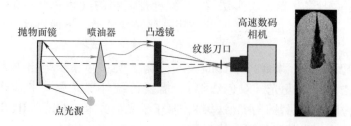

图 3.4　纹影法光路布置和所测结果示意图[2]

3.3.3　基于激光的技术

基于激光的诊断技术按照原理的不同也可以分为两类。一类是根据激光与被测物质相互影响而产生的光路变化或者光强改变，而得到不同图片的技术。此类技术与上述传统光源技术有些类似，不同之处就是激光的波长一般较为单一，能量极高且高度平行。比如说，激光瑞利散射和激光米散射是根据粒子大小不同发生不同散射的原理，再比如，激光诱导炽光是用激光将粒子加热而产生热辐射。还有一类基于激光的技术是通过量子力学解释的现象进行测量，比如激光诱导荧光、拉曼光谱法等。

3.4　激光简介

激光是由受激发的光子经过模式竞争和谐振腔选模作用后获得的受激放大的光。由于激光具有单色、相干、定向、高能量密度和线性偏振等特性，它在非接触式燃烧诊断中得到了广泛的应用。

激光的英文单词"Laser"是"Light Amplification by Stimulated Emission of Radiation"的缩写。与传统光源相比，激光具有很多自身特点，表 3.1 列出了激光与传统光源特性比较。

表 3.1　激光与传统光源特性比较

特性	激光	传统光源
频率	< GHz	> THz
相干性	高	低
光亮强度	高	低
脉冲时间/s	$1 \times 10^{-14} \sim \infty$	$1 \times 10^{-3} \sim \infty$
光束平行性	较高	较差
平均能量	几瓦	可达千瓦
峰值能量	可达吉瓦	可达千瓦
成本	高	低 - 中等
使用难易	难 - 中等	容易
运行危险性	较高	较低

激光器的基本组成结构为：泵浦源、工作介质和凹面反射镜，如图 3.5 所示。泵浦源为激光的初始能源提供装置，它的主要目的是产生工作介质转换成激光的能量，它通常为其他激光器或者闪光灯。工作介质通过受激辐射过程产生大

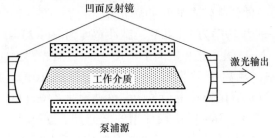

图 3.5　激光器的基本结构[3]

量偏振一致、传播方向相同的光子，工作介质可为气相、液相和固相。这些光子通过凹面反射镜被放大，反射镜分为全反射镜和部分反射镜，激光由部分反射镜输出。

按照工作介质的形态不同，可以将激光器划分为气体激光器、液体激光器和固体激光器。按照工作方式不同又可将激光器分为连续激光器和脉冲激光器。下面对以下几种典型的激光器做简单介绍。

Nd：YAG 激光器：此激光器以钇铝石榴石为基质，钕离子（Nd^{3+}）为激活粒子。它属于四能级系统，发出的初始光波长为 1064nm，在紫外光和可见光范围内产生三种波长的激光，分别为 532nm（第二能级），335nm（第三能级）和 266nm（第四能级）。其中，最为常见的 Nd：YAG 激光器类型为闪光灯泵浦调 Q 振荡放大 Nd：YAG 激光器，它可以在 532nm 产生脉宽 10ns，能量为 1J 的激光，通常这种激光脉冲频率为 10Hz 或者 20Hz。Nd：YAG 激光器在喷雾燃烧测试中广泛应用于瑞利拉曼散射（532nm、335nm、266nm）、PIV（532nm）、LII（532nm、1064nm）和 LIF（甲醛 355nm，燃油示踪 266nm、355nm）等。

染料激光器（Dye laser）：染料激光器在可调谐相干光源中是一种应用广泛的激光器。它的工作介质是溶在液体溶剂中的有机染料分子。一种染料可覆盖光谱范围约为几十纳米到一百纳米。因此使用多种染料即可覆盖 300～1300nm 的光谱区。它的工作方式有脉冲和连续工作两种。与多数气体可调谐激光光源比较，它具有光谱分辨率高、时间分辨率高、结构简单、价格相对便宜等特点。染料激光器一般选用闪光灯或者其他激光器（如 YAG 激光器）为泵浦源。激光器作为泵浦源可产生更高质量和更好光谱特性的激光光束。

准分子激光器（Excimer laser）：此激光器是一种紫外线可调谐激光器。所谓准分子，是指这样一种气体，只有在被激发时，在激活态才聚合成分子，而在准基态时，则极不稳定而离解为原子或离子。准分子激光器发射的波长大都在 100～400nm 范围内。常用的激光波长有 ArF（193nm）、KrF（248nm）、XeCl（308nm）等。准分子激光器要求的泵浦功率必须足够高，常采用高压大电流的电子束或快速横向放电激励，而且还要求有较高的工作气体密度，以产生足够的准分子。准分子是一种频率较高的脉冲激光器，可在 0.5～200Hz 之间。脉冲能量为 10～1000mJ，平均功率为 1～40W，脉冲宽度为 10～25ns。

氦-氖（He-Ne）激光器和氩离子（Ar-ion）激光器：这两种都是连续的气体激光器。其中，氩离子激光器主要输出能量约 10W，波长为 488nm 和 514nm 的激光，此激光器比较常用于激光多普勒测速系统（LDV）中。氦-氖激光器是在可见光区域（633nm）比较常用的激光器，这种激光器的输出能量从 1mW 到超过 10mW，常用于 LDV 或者消光系统中，有时也会用到光学系统的校正过程中。

几种激光器特性的总结见表 3.2。

表 3.2　几种常用于喷雾燃烧测量的激光器的特性

激光类型	工作介质	泵浦源	脉冲/连续	输出波长/nm	输出能量	用途
Nd∶YAG 激光器	掺混 Nd 粒子的 YAG 晶体（固体）	闪光灯或者二极管激光	脉冲	1064 532 355 266	1500mJ	瑞利拉曼散射、PIV、LII、LIF（甲醛、燃油）等
染料激光器	醇类中的有机染料（液体）	Nd∶YAG 激光器或准分子激光器或闪光灯	脉冲	400~800	10mJ	LIF、CARS
准分子激光器	ArF（气体） KrF（气体） XeCl（气体）	放电	脉冲	193 248 308	100mJ 300mJ 100mJ	LIF（248nm、308nm 燃油示踪、308nm OH）
He–Ne 激光器	氦气和氖气（气体）		连续	633	1~10mW	LDV、激光消光、光学校正
氩离子激光器	氩离子（气体）	放电	连续	488 514	5W	LDV

3.5　光学元件和检测系统

3.5.1　透镜

透镜是根据光折射规律，由玻璃、水晶、塑胶等透明物质制成的一种光学元件，有成像作用。根据穿透波长的不同，透镜的材料也不同。BK7 和石英玻璃是在可见光和紫外光范围内应用最多的透镜材料。BK7 是一种低损耗的玻璃，可以应用在可见光或者近红外光区域。石英玻璃则可以用在高能量传输或者紫外激光传输中。透镜是折射镜，所成的像有实像和虚像。根据光学性能，透镜可以分为凸透镜和凹透镜两类。凸透镜中间厚边缘薄，具有光线汇聚作用或准直作用。当一束光平行透镜主轴穿过透镜后，将汇聚于主轴上一点，汇聚点称为透镜的焦点，透镜中心到焦点的距离称为该透镜的焦距。相反，当发散的点光源从透镜焦点射向透镜后会被准直为一束平行光。而凹透镜的几何特点是中间薄边缘厚，具有使光线发散的作用，平行光穿过凹透镜后的发散光反向延长于透镜主轴交于一点，为凹透镜的焦点，透镜中心到焦点的距离为透镜的焦距。

菲涅尔透镜（Fresnel lens），又名螺纹透镜，多是由聚烯烃材料注射而成的薄片，也有玻璃制作的，镜片表面一面为光面，另一面刻录了由小到大的同心圆,它的纹理是根据光的干涉及扰射以及相对灵敏度和接收角度要求来设计的。它对光路也具有聚焦或准直作用,成本比普通的凸透镜低很多,但是精度稍差,较多应用于光的传输而较少应用在成像上。本书后续章节的光学技术也将应用到菲涅尔透镜,它相对传统光学透镜的一个优点是可以具有较大的直径,但是同时又保持较小的焦距,这在点光源准直过程中可以减小光束发散造成的光强损失。

3.5.2 反射镜和分光镜

反射镜是利用反射定律对入射光进行反射的光学元件。反射镜按形状可以分为平面反射镜、球面反射镜和非球面反射镜。在制造反射镜时,常在玻璃上镀银或镀铝,一般在高度抛光的衬底上真空镀铝后,再镀上一氧化硅或者氟化镁。平面反射镜一般由于空间有限,仅用于转折光路,例如在光学发动机加长活塞下放置45°平面反光镜将燃烧室内的燃烧图像传递到接收相机中。抛物面反射镜也是常用的反射镜,除了光线反射外还具有对光路准直的作用。一般反射镜都具有方位微调和俯仰微调装置,因此相对凸透镜的准直,抛物面反射镜操作起来更为方便。

分光镜是可以将一束入射光分成两束光(或多束光)的试验装置。分光镜主要用于将入射光束分成具有一定光强比的透射与反射两束光。有固定分束比分束镜和可变分束比分束镜两类。可变分束比分束镜又有阶跃和连续渐变之分。如果反射光和透射光有不同的光谱成分,或者说有不同的颜色,这种分束镜通常称为二向色镜。本书中应用的分光镜主要是有固定分束比的分束镜,这种分束镜一方面可以将一束光应用多种光学技术同步拍摄,另一方面也可以应用不同方向的入射光分别进行反射和透射功用。

3.5.3 滤波片和扩散片

滤波片应用的主要目的是穿透目标波长光谱,同时通过吸收或者反射截止不需要的波长光谱范围或者降低入射光强。滤波片可以分为干涉滤波片和普通滤波片。干涉滤波片又可以分为低通滤波片、长通滤波片和带通滤波片。低通滤波片只允许特定波长以下的短波光通过,长通滤波片则只允许特定波长以上的长波光通过,而带通滤波片则只允许一定波长范围内的光通过。

扩散片的主要功用是形成均匀的扩散光,它的材质可以是毛玻璃或者聚四氟乙烯等。一个理想的扩散片理论上可以创建出完美的朗伯反射比的光(任何角度的光强一致)。本书中的扩散片的其中一个主要应用,是在 DBI 技术中形成均匀的背景扩散光,进而消除平行光带来的光路偏折的影响。

3.5.4 CCD 相机和 CMOS 相机

CCD 和 CMOS 都是指数码相机上的图像传感器的光电器件,这两类相机都是本书所介绍的光学技术常用的相机类型。CCD（Charge‑Coupled Devices）意思为电荷耦合器件，它是一种以电荷形式储存和传递信息的半导体器件。CMOS（Complementary Metal Oxide Semiconductor）意为互补金属‑氧化物‑半导体传感器，它与 CCD 一样也是采用光敏元件接收信号，并进行光电转换的。不同之处在于，CCD 光敏元件产生的电荷信号不经处理，直接输入到存储单元并转移到输出部分，通过输出电路放大并转换成信号电压。而 CMOS 的每一个光敏元件都具有放大器功能，当光敏元件接收光照产生模拟电信号后，电信号首先被放大，然后经模拟转换器直接转换成对应的数字信号，通过输出电路输出。下面列举一些两个传感器的不同特点：

- CCD 传感器相对 CMOS 能够创建更高质量、更低噪声的图片。
- 由于 CMOS 传感器上的像素紧挨着几个晶体管，CMOS 相机芯片对光的敏感度相对较低。很多撞击到芯片上的电子是撞在了晶体管上而不是光电二极管上。
- CMOS 一般来说耗能更小。CCD 消耗能量可能比当量的 CMOS 传感器要高出 100 倍。
- CMOS 芯片可以用标准半导体生产线生成，造价一般较 CCD 传感器低。
- CCD 传感器更加成熟，通常有更好的图像质量和更多的像素。
- CMOS 由于经过光电转换后直接产生电压信号，信号读取十分简单，传输速度比 CCD 快得多。

对于本书中的一些化学发光或者荧光信号（如 OH^* 化学发光，OH 和甲醛等 PLIF 信号），很多时候发生在紫外光区域，这些信号光强相对较弱，通常需要 CCD 相机搭载一个像放大器（Image intensifier）来捕捉这些信号。像放大器可以使 CCD 相机的敏感性增加两万倍以上，我们通常称之为 ICCD。但是，ICCD 相机的帧数频率通常有所限制，一般只有几个 Hz。所以，应用 ICCD 很难捕捉单次喷雾燃烧的瞬态变化过程，往往只能一次喷雾拍摄一张图片。为检测瞬态喷雾燃烧发展过程，往往应用 CMOS 高速数码相机，如本书中的高速纹影成像、米散射和扩散背景光成像技术等。随着数码设备技术的发展，目前 CMOS 相机也可以搭载高速像增强器检测紫外光谱等较弱的光强信号，比如高速 OH^* 化学发光等，但是信号强度和噪声质量等，相比 ICCD 相机还是有些差距。

3.6　实验设备

本节介绍两种用于发动机喷雾燃烧光学诊断的设备：高温、高压燃烧弹和光学发动机。燃烧弹设备一般结构较为简单，拥有多个可视化窗口，方便同时布置多种光学诊断技术进行同步测量，可以模拟较宽范围且高度可控的发动机热力学工况条件，实验结果具有较高的可重复性。然而，由于一般环境工况可认为准静态（无气流运动或气流运动可忽略），并且没有碰壁效应，实验结果与真实发动机中喷雾形态和燃烧过程有较大差距，一般应用于基础科学研究。光学发动机较燃烧弹来说与真实发动机较为接近，燃烧放热可以影响热力学环境，同时缸内气流运动和燃烧室形状对喷雾燃烧过程也会产生明显影响，活塞的往复运动也带来了工况环境的瞬态变化。但是，由于必须采用光学壁面、透明活塞等元件，使得发动机运行工况范围较窄。此外，相对燃烧弹来说，光学发动机可视化窗口有限，不利于多重光学诊断技术同时应用。

3.6.1 高温、高压燃烧弹

燃烧弹一般分为三类，一类是先向燃烧室内充入理想 EGR 比例的气体（或者惰性气体），再通过耐高温的电加热丝将气体加热到理想的温度和压力。通过双层壁面或者绝热陶瓷层等减少缸内温度的散热。这种燃烧弹可以保持缸内环境气体的工况条件较长时间内的稳定，可以较为容易地选择喷油时刻。但是，它的最高环境温度一般限制在 1000K 以内。广岛大学[4]、北京理工大学[5]、清华大学[6]和江苏大学[7]等多家科研单位采用这种加热方式。图 3.6 所示为江苏大学的定容燃烧弹，此燃烧弹最高温度可以达到 900K，环境压力可以达到 6MPa。喷油器安装在缸体上侧，四周共布置有四个可视化窗口，每个窗口直径为 100mm。由于腔体较大可以实现十次左右喷油并不影响环境工况，实验结果具有较好的可重复性，但是每次工况都需要排气和充气升温过程，实验时间成本较高。

图 3.6　江苏大学的定容燃烧弹

第二类燃烧弹是利用火花塞点燃弹体内的可燃混合气，通过燃烧放热过程创造高温、高压环境，燃烧结束后在壁面冷却作用下，缸内气体温度压力迅速下降，达到目标温度压力后再次开始喷油。图 3.7 所示为 Sandia 实验室的定容燃烧弹缸内压力变化曲线[8]。

这种燃烧弹工况运行范围一般很广，可以覆盖柴油机上止点所有工况条件。

这种方式要求对喷油时刻具有精确控制，且喷油燃烧会影响环境工况，单个工况重复喷油次数较低，因此跟第一类燃烧弹一样需要较高的时间成本。此类型燃烧弹内一般都设置有可高速旋转的风扇，作用是使环境的热力学工况尽量保持均匀分布。该燃烧弹具有多个可视化窗口，视窗直径100mm，环境压力可以达到35MPa，新款燃烧弹环境温度可以超过1700K[9]。美国Sandia国家实验室（SNL）、法国

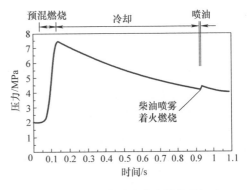

图 3.7　Sandia 实验室定容燃烧弹缸内
压力变化曲线[8]

IFPEN 研究所、荷兰埃因霍温理工大学（TU/e）、密歇根理工大学（MTU）等都采用了这种预混燃烧加热的方式（如图3.8所示），这几个机构的定容燃烧弹的参数比较见表3.3。

SNL　　　　　　　　　　　　IFPEN　　　　　　　　　　　　TU/e

图 3.8　几个研究机构的定容燃烧弹

表 3.3　不同科研机构预燃加热式定容燃烧弹的比较[10]

机构	IFPEN	SNL	TU/e	MTU
视窗直径/mm	80	100	100	100
燃烧室容积/cm³	1400	1150	1260	1100
喷油器位置	侧窗	侧窗	顶窗	侧窗
喷嘴突出长度/mm	28.5	14.4	5	15
风扇位置	顶部角，喷嘴附近	顶部角，正对喷嘴	顶部角，喷嘴附近	顶部视窗中心
风扇转速/(r/min)	3140	1000	1890	7000
火花塞数量	4	2	2	2
缸体温度/K	473	461	443	453
燃烧气填充方式	持续通入	预混	持续通入	预混

第三类燃烧弹为连续流通气体的定压燃烧弹。与其他两类燃烧弹不同的是，这种燃烧弹增加了气体循环装置，可以使环境气体组分保持稳定，每次工况的喷雾可以进行多次重复，且由于没有换气过程，工况点之间的转换也十分方便，大大提高了实验效率。不足之处是，由于气体是持续流动的，这种燃烧弹的环境温度和环境压力受到一定限制。西班牙瓦伦西亚理工大学 CMT 发动机研究所、德国亚琛工业大学和美国卡特彼勒公司，都拥有这种结构的燃烧弹。图 3.9 所示为 CMT 实验室的燃烧弹，高温气体从下方进入，从上方管路排出，最大环境压力为 15MPa，最高温度为 1000K（新款达到 1100K），该燃烧弹四个窗口四周布置。目前，CMT 新款的燃烧弹两个大视窗和两个小视窗正交布置，大视窗直径达到181mm。其中一个窗口安装喷油器，单孔喷油器的情况下，油束横向喷入燃烧室。为了使燃烧室内环境气体达到目标温度，应用了两个电加热器，一个功率15kW 的加热器安装在燃烧弹上游，可以产生 1173K 的温度输出，一个 2.5kW 的加热器安装在燃烧室底部用来维持气体温度。此外，燃烧室内侧还布置了一个功率 3kW 的加热层，以减小燃烧弹壁面的散热损失。

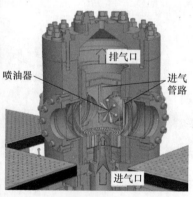

图 3.9　CMT 实验室的连续流动定压燃烧弹及其剖视图

3.6.2　光学发动机

相比较燃烧弹系统，光学发动机运行工况更接近于真实发动机。因为制造成本和光学元件运行可靠性的限制，光学发动机往往都是单缸机，因此光学发动机一般缺少像多缸机一样的机械平衡效果，这可以通过平衡轴解决。为了应用光学诊断技术对燃烧室内的喷雾燃烧过程进行检测，光学发动机必须设有光学窗口。一般光学窗口可以设置在气缸盖、活塞头部和气缸套三个部位。光学窗口越多，可应用的光学诊断技术就越灵活，然而发动机运行的可靠性也会越低。

图 3.10 所示为美国 Sandia 实验室的一款四冲程重型光学发动机（Cummins

N－14，缸径×行程：139.7mm ×152.4mm，单缸排量2.34 L，压缩比16∶1），这也是一款典型的光学发动机结构[11]。此款发动机在气缸盖燃烧室壁面和活塞头部都设置有可视化窗口。燃烧室壁面的窗口可引入激光片光，进行激光诊断方面的技术应用。活塞进行加长，并在底部安装有45°的反光镜，燃烧室中的喷雾燃烧状况可通过活塞头部窗口，以及气缸盖窗口和对应的反光镜转入到相机中。

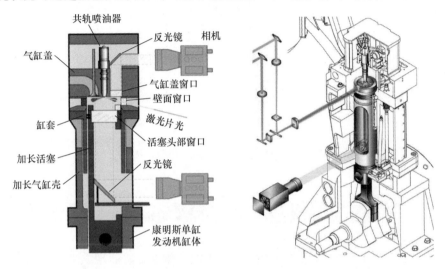

图3.10　美国Sandia实验室的一款四冲程重型光学发动机

图3.11 所示为一款CMT的单缸二冲程的光学发动机的剖视图[12]，发动机排量3L，压缩比为15.6∶1，发动机转速为500r/min。此发动机类型是介于静态环境的燃烧弹和上述传统光学发动机之间的一款实验设备。如图3.11 所示，活塞顶部安装了一个直径45mm的柱形燃烧室，单孔喷油器安装在燃烧室顶端，油束从上向下喷出。燃烧室布置了正交的四个窗口，其中一个窗口布置有压力传感器，其他三个窗口布置了88mm×37mm的光学玻璃。发动机运转过程中，缸体温度由一个额外的冷却系统加以控制。此外，分别由电阻器和空气压缩机控制发动机的进气温度和进气压力。发动机运行过程中，每运转30次进行一次燃油喷射，这样可以保证燃烧室内没有上一次喷油残留的废气，且燃烧室内的环境工况在每次测试时也可以尽量保持一致。

此款发动机较传统加长活塞的发动机具有较大的燃烧室和可视化窗口，可以捕捉较长的喷雾发展过程，但是较大的可视化窗口也限制了发动机的转速，进行真实发动机多孔喷油器的光学实验也相对困难。此发动机相对燃烧弹的优势是燃烧室内的热力学工况是瞬态变化的，并且活塞的上下运动也给燃烧室内带来了较强的气流运动，所以此装置可以研究相比静态环境更复杂工况下的喷雾燃烧特性。

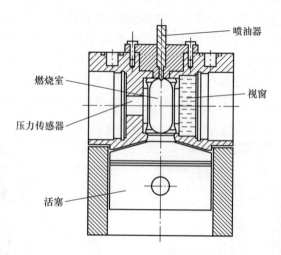

图 3.11　CMT 的单缸二冲程光学发动机[12]

3.7　本章小结

　　本章首先对光学诊断技术相对探针式接触型测量方法展现出来的特点进行了详细阐述，光学诊断技术主要展现了非接触性和具有较好的时间和空间分辨率等特点。然后，根据光学诊断技术是否应用了额外光源，以及是否应用激光为标准，将光学诊断技术分成了三大类。接下来，对激光的工作原理和一些在内燃机喷雾燃烧光学诊断中常用的光学元件进行了简单的介绍。最后，对应用于内燃机喷雾燃烧的两种常用实验设备（燃烧弹和光学发动机）进行了比较详细的说明。

　　通过本章的内容，为读者特别是没有光学知识背景的读者提供了一些对光学器件的基础了解，有助于对后续章节具体光学诊断技术的认识，特别是对加深读者对光路示意图的理解和对各个光学零部件的灵活应用提供一定帮助。

参 考 文 献

［1］SIEBERS D L, HIGGINS B. Flame Lift–off on direct–injection diesel sprays under quiescent conditions［C］. SAE Technical Papers. New York：SAE, 2001.

［2］FA JARDO V T, MARTIN W. An experimental study of the effects of fuel properties on diesel spray processes using blends of single–component fuels［D］. Valencia：Universitat Politecnica de Valencia, 2015.

［3］ZHAO H. laser diagnostics and optical measurement techniques in internal combustion engines［M］. New York：SAE International, 2012.

［4］KANG Y, NISHIDA K, OGATA Y, et al. Characteristics of fuel evaporation, mixture formation and combustion of 2D cavity impinging spray under high – pressure split injection［J］. Fuel, 2018, 234: 746 – 756.

[5] LIU F, YANG Z, LI Y, et al. Experimental study on the combustion characteristics of impinging diesel spray at low temperature environment［J］. Applied Thermal Engineering, 2019, 148: 1233 – 1245.

[6] ZHENG L, MA X, WANG Z, et al. An optical study on liquid – phase penetration, flame lift – off location and soot volume fraction distribution of gasoline – diesel blends in a constant volume vessel［J］. Fuel, 2015, 139: 365 – 373.

[7] XUAN T, Cao J, HE Z, et al. A study of soot quantification in diesel flame with hydrogenated catalytic biodiesel in a constant volume combustion chamber［J］. 2018, 145: 691 – 699.

[8] ECN. Engine combustion network［EB/OL］.（2019 – 07 – 10）［2021 – 03 – 01］. https：// ecn. sandia. gov/.

[9] SKEEN S A, YASUTOMI K. Measuring the soot onset temperature in high – pressure n – dode- cane spray pyrolysis［J］. Combustion and Flame, 2018, 188: 483 – 487.

[10] MEIJER M, SOMERS B, JOHNSON J, et al. Engine combustion network（ECN）: character- ization and comparison of boundary conditions for different combustion vessels［J］. Atomization and Sprays, 2012, 22（9）: 777 – 806.

[11] MUSCULUS M, MILES P C, PICKETT L M. Conceptual models for partially premixed low – temperature diesel combustion, conceptual models for partially premixed low – temperature diesel combustion［J］. Progress in Energy and Combustion Science, 2013, 39（2 – 3）: 246 – 283.

[12] XUAN T. Optical investigations on diesel spray dynamics and in – flame soot formation［D］. Valencia: Universitat Politecnica de Valencia, 2017.

第4章

非燃烧状态下喷雾形态和速度场测试

4.1　引言

本章以及后面第5章所涉及诊断过程为从喷油开始到高温着火这一时间段内的喷雾过程，或者环境气体为惰性气体，研究非反应条件下的喷雾过程。此过程中，高压燃油喷入高温、高压环境中，经历了液相破碎、空气卷吸、蒸发、油气混合等阶段，进而产生的液相、气相分布，油气混合质量、速度场分布等参数，都会对后续燃烧以及排放产生重要影响。本章所介绍的光学诊断技术可以用来检测喷雾的宏观几何特性和速度场分布。

4.2　喷雾液相长度

如第2章所述，在内燃机燃烧室高温、高压环境下，液相燃油从喷油器喷出后经过雾化蒸发，到达一定距离后，燃油的蒸发速率等于燃油喷射速率，此位置喷雾下游所有燃油会完全成气相状态，液相燃油停止继续贯穿并稳定在某一固定长度，从喷嘴出口到达此液相的最远距离就被定义为喷雾液相长度（Liquid Length，LL）。目前，米散射和扩散背景光成像法为测量液相长度的两种比较常用的技术，其中扩散背景光成像法也是基于液滴米散射原理的一种技术。

4.2.1　米散射技术

米散射（Mie Scattering）是指当粒子直径接近或者大于入射光波长时而发生的一种弹性散射。散射强度与粒子直径的平方成正比，跟入射光波长的选取差别并不明显。图4.1所示为不同尺寸粒子的米散射强度示意图，由图4.1可以看到散射强度分布类似一个触角，在粒子各个方向都具有散射光，但是在入射光方向强度最强，且随着粒子的增大，入射光方向散射强度增大。然而，在做喷雾液相长度米散射测量时，一般将相机放置于与入射光方向垂直的侧面，这可以增大环境背景和液滴米散射光强的对比度，在图像处理过程中可以较好地将液相喷雾从背景中区分开来。

米散射是内燃机科研人员广泛应用于喷雾液相测试的一种技术。通常利用光源照射喷雾，液滴的散射强度被相机接收。在蒸发工况条件下，液相蒸发变成气相，光的散射也从米散射向瑞利散射过渡，散射强度大大减

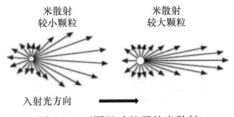

图 4.1　不同尺寸粒子的米散射强度示意图

弱。因此，无论是非蒸发态的喷雾还是蒸发态的喷雾，一个有效的米散射光路布置可以获得较好的液相燃油的边界。

图 4.2 所示为国际燃烧合作组织（Engine Combustion Network，ECN）中不同机构应用米散射技术对单孔喷油器喷雾的液相长度进行测试的示意图。由于波长对散射强度影响较小，米散射光源可以为激光也可以为普通光源。光源照射液滴被散射后的光信号被数码相机接收。从图 4.2 中可以看出，一般相机与入射光方向成 90°垂直拍摄（如 SNL，SCL 和 IFPEN 光路布置）。有时由于光路视窗限制（比如同时应用不同光学技术进行布置），入射光源也可以与相机设置在同一侧（如 CMT 光路布置），但是这种光路有可能会使得背景发生漫反射，产生一定的背景噪声。图 4.3 所示为 Siebers[2] 在定容燃烧弹内，针对单孔喷油器的喷雾应用米散射技术获得的不同环境密度下（ρ_a）的时间平均图像，可以看到液相长度（Liquid Length）随着环境密度的增长而降低。ECN 组织中推荐采用图像数码灰度值最大值的 3% 作为边界值来区分液相区域和背景。

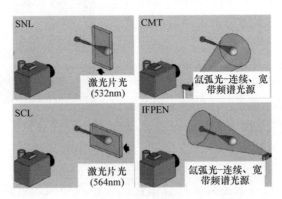

图 4.2　ECN 组织不同机构米散射光路布置示意图[1]

多孔喷油器在燃烧弹中米散射的光路布置如图 4.4 所示[3]。两个光源布置在相机一侧，在调节光源时需尽可能使光照强度在所有油束上均匀分布，否则可能导致不恰当的边界值选择，导致无法判断测试的不同喷孔的液相长度差别，是

由于散射强度不均匀所致还是喷孔本身结构不一致的原因。因此，为了确保测试结果的可靠性，往往将油束旋转某一角度再进行测试，观察相同喷孔在不同位置的结果的可重复性。

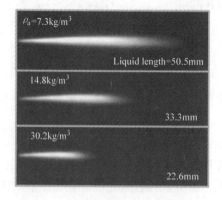

图4.3　不同环境密度下米散射
　　　时间平均图像[2]

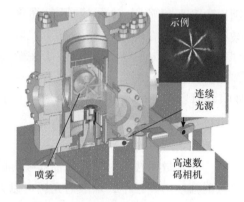

图4.4　燃烧弹中多孔喷油器米散射
　　　光路布置示意图

多孔喷雾米散射图像处理过程大概分为以下几个步骤：

1）消除背景噪声：由于光源跟相机同侧，图片中除了散射光强还将接收到背景的反射光。在实际拍摄过程中，由于喷油机械延迟，在喷油开始前会得到一些只有背景干扰的图片，对喷雾图片进行处理时应将背景干扰按平均图片强度剪掉，这可以削弱背景噪声的影响。

2）图片划分：将图片根据油束的多少划分对应的扇形处理区域，如图4.5所示。

3）捕捉喷雾轮廓：在各自油束划分的区域对油束分别进行处理，按Siebers建议选取边界值为各自区域喷雾数码灰度值的3%，可以减少光照分布不均匀带来的影响。

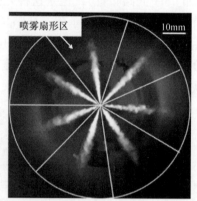

图4.5　多孔喷雾米散射图片处理划分

4）轮廓分析：选取各自区域二值化图片距离喷嘴最远的像素点作为液相长度。

4.2.2　扩散背景光成像技术

扩散背景光成像技术（Diffused background – illumination extinction imaging，DBI）也应用到了米散射原理。强度均匀的扩散背景光穿过液相喷雾后，穿过的光被相机接收。由于液滴米散射作用使得光照强度在液相部分大大减弱，因此DBI 技术原始成像效果是液相部分为阴影，与上述米散射成像技术正好相反。Sandia 实验室 DBI 光学布置示意图如图 4.6 所示。左边光源部分包括了一个 LED灯（峰值波长 630nm）、菲涅尔透镜和一个直径 100mm 的工程扩散片。LED 光源在菲涅尔透镜焦距位置，使得通过透镜后的光尽可能分布均匀，工程扩散片尽可能接近测试目标，以减少不必要的扩散损失强度。此光源部分创建一束均匀的扩散背景光，以减小气相密度梯度导致的光路偏折的影响。高速数码相机放置于目标喷雾的另外一侧，相机前方加载了一个与 LED 灯峰值波长对应的带通滤波片。

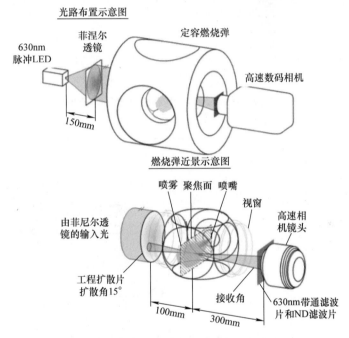

图 4.6　扩散背景光成像技术示意图[4]

拍摄获得原始图像如图 4.7 所示。图片处理时，首先将图 4.7 的数码灰度值按以下 Beer-lambert 原理转换成光学厚度（KL）分布。

$$KL = -\ln\left(\frac{I}{I_0}\right) \tag{4-1}$$

式中　I——背景光穿过液相喷雾，经过液滴米散射消光后剩余的强度值，也就是图 4.7 所示平均图像数码强度值；

　　　I_0——喷雾开始前相机记录的背景强度值。

由式（4-1），就可以得到喷雾轴线上光学厚度（KL）值的分布，如图 4.8所示。在液相最前端混合气密度梯度较大，由此形成的光路偏折效应的影响也会

得到部分 *KL* 值。在计算液相长度时，如若考虑这部分结果为液相部分则会导致计算误差。ECN 推荐的获得液相长度的图像处理方法是：首先获得喷雾轴线上的 *KL* 值分布，此 *KL* 值会随着轴向距离从喷嘴出口向喷雾下游先增加再迅速减小。然后，受到光路偏折效应影响，*KL* 值再缓慢减小到 0，如图 4.8 所示；接下来，在液相部分 *KL* 峰值后迅速减弱部分做一个线性拟合，此拟合直线与横坐标的交点位置就定义为液相长度，如图 4.8 中液相长度为 11.8mm。

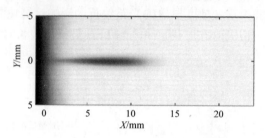

图 4.7　扩散背景光成像技术所获得的时间平均图像[5]

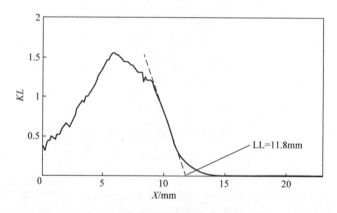

图 4.8　喷雾轴线上的光学厚度分布[5]

　　相比较米散射，ECN 中更推荐 DBI 方法来进行液相长度的测试。这是因为米散射图像处理时，液相与背景边界灰度值的选择可能对结果带来一定不确定性。

4.3　喷雾气相轮廓

　　在真实发动机多数工况条件下，液相部分在整体喷雾中只占很小的比例，绝大部分为气相喷雾。整体喷雾可简化为一个锥形结构。其中喷雾贯穿距和喷雾锥角是其中两个比较重要的几何参数。下面对测量喷雾气相轮廓的两种技术进行简单介绍。

4.3.1　纹影法

纹影法（Schlieren）最早是由英国物理学家罗伯特·胡克（1635 – 1703）发明，它是目前测量喷雾气相轮廓最为常见的技术。众所周知，当一束平行光束穿过密度不同的介质时，光路会发生偏折，传播速度也会发生改变。根据 Gladstone – Dale 定律，折射率（n）和气体密度（ρ）有如下线性关系：

$$n - 1 = k\rho \tag{4-2}$$

式中　k——Gladstone – Dale 系数，空气的 k 值在标准工况下的可见光中为 $0.23\text{cm}^3/\text{g}$。

由式（4-2）我们可以看到，气体密度本身对折射率影响较小。文献［6］中指出当光束穿过密度不均匀的介质时，某一平面方向的折射角（ε_x）在法线方向（z）上与折射率（n）有如下关系式：

$$\varepsilon_x = \frac{1}{n}\int \frac{\partial n}{\partial x}\partial z \tag{4-3}$$

由式（4-3）可以看出，是折射率梯度（或密度梯度）导致的光路偏折，而不是总体的折射率导致的。对于直喷式柴油喷雾，燃油进入燃烧室后在高温下雾化蒸发形成密度梯度以及折射率梯度。当均匀的平行光束照射在气相喷雾时，这些光束就会发生偏折从而产生阴影，这种直接观察阴影照片的方法称为阴影法。但是阴影法敏感度较低，有时候不能满足柴油喷雾的研究，因此纹影法在该领域被广泛应用开来。纹影法为了调节敏感度，光路布置较阴影法更为复杂一些。阴影法的光强水平与折射率密度梯度二阶导数相关，纹影法则与折射率密度梯度一阶导数相关。

其中，"Z"形布置为最为常见的纹影技术布置，如图 4.9 所示。首先由光源、聚光透镜和小孔创建一个点光源，小孔布置在抛物面镜焦距位置。点光源经过抛物面镜反射转为平行光，再经过测试目标后，被另外一个抛物面镜反射进入到相机中，在第二个抛物面镜焦距处与相机接近的位置放置一个刀口用来调节纹影敏感度。"Z"形布置的优点是可以应用较大焦距和拥有较大视野并且具有较好的纹影敏感性，缺点是由于应用两个抛物面镜，需要较大的实验空间。

此外，图 4.10 所示为在大尺寸可视化窗口下对单孔喷雾的另一种纹影布置方式。图 4.10 中喷油器安装于燃烧弹的侧面，油束在燃烧弹中横向喷出。此处光路相比"Z"形纹影布置，只是将接收部分的抛物面镜换成了光学透镜，从而减小了实验空间。在纹影图像（图 4.11）中，喷雾气相区域由于光路折射而出现阴影区域，因此可以很好地将气相区域和背景光区分开来。

以上所示为单通道纹影光路，光源部分和图像接收部分分布在喷雾两侧，实

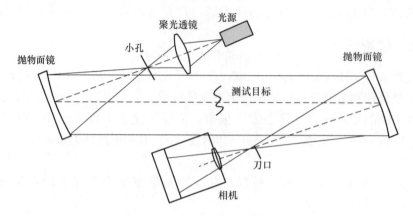

图 4.9 "Z" 形纹影技术布置

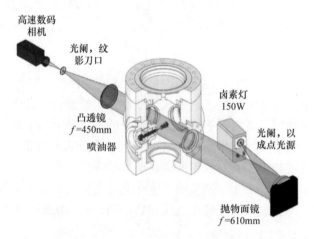

图 4.10 单孔柴油喷雾纹影布置示意图[7]

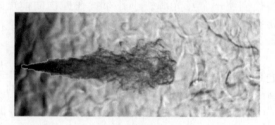

图 4.11 单孔柴油喷雾纹影图像

验对象为基础研究应用的单孔喷油器。而真实柴油机喷油器往往都是多孔，对于多孔喷雾可以采用如图 4.12 所示的双通路纹影布置。此光路中，点光源和相机布置于燃烧弹某一光学窗口同一侧，并且两者与一个分光镜成 90° 分布。点光源到分光镜距离（$L1$）与分光镜到凸透镜的距离（$L2$）之和为透镜的焦距（f），使得光束穿过透镜后转为平行光束。在燃烧弹油束后方安装一个耐高温平面镜，使得平行光穿过油束后反射回去，再依次穿过油束、透镜和分光镜最后被相机接收。此外，与图 4.9 和图 4.10 一致，在凸透镜紧靠相机的焦距位置安装有纹影刀口（此处应用为光阑）。拍摄结果如图 4.12b 所示。

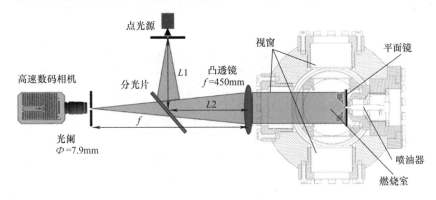

a)

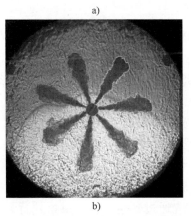

b)

图 4.12　多孔喷油器双通路纹影光路及其拍摄结果

a）双通路纹影光路　b）拍摄结果

　　通过纹影法处理的喷雾轮廓，可以得到喷雾轴向的贯穿距和径向半径。通常定义轮廓上距离喷嘴最远的像素点为喷雾贯穿距。然后，可以通过对相同工况下试验重复次数进行平均得到各个时刻的平均贯穿距。对于平均半径的处理，Payri 等人[8]给出的方法是，先通过强度值处理得到喷雾轮廓，然后再利用此轮廓对喷雾进行二值化处理，最后应用不同喷油次数二值化处理的图像，得到喷雾出现位置的概率云图，处理步骤如图 4.13 所示。Payri 等人选取了喷雾出现概率大于 50% 的位置区域为最后喷雾的"平均边界"，进一步假设静态环境中喷雾为中心对称分布，进而得到喷雾的径向半径。

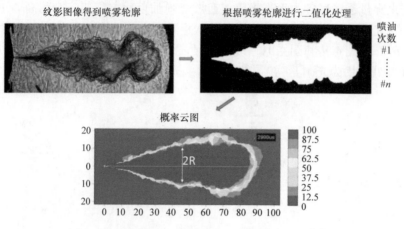

图4.13　纹影喷雾"平均轮廓"图像处理步骤[8]

4.3.2　紫外光消光法

在准静态的工况环境（如燃烧弹装置）中，环境气体的运动速度相对喷雾贯穿速度可以忽略不计，即使在喷雾下游密度梯度较低的区域，纹影法也可以通过将背景图片相减很好地区分喷雾轮廓，因此高速纹影法在准静态的工况环境中的应用最为广泛。然而，在发动机某些特定工况环境中，存在强烈的瞬态气流运动，环境背景的湍流随喷雾发展也在不断变化，在图片处理过程中很难将背景噪声的影响消除。此外，强烈的气流运动也会产生密度梯度的变化，使得纹影法在喷雾下游混合气较为稀释区域，很难将喷雾从背景中区分开来，而紫外光消光法（UV-LA）可以有效解决上述问题。紫外光消光法主要是利用气相喷雾对紫外光吸收的原理[9-10]。首先通过光路产生一束紫外背景光，由于气相会对紫外光进行吸收，气相喷雾部分的光强就远小于环境气体的光强，因此可以有效区分气相喷雾轮廓。

图4.14所示为作者在某一款二冲程光学发动机上对单孔喷雾的贯穿距离进行 UV-LA 测试的光学布置示意图。整体布置和图4.10所示的纹影法类似，区别在于凸透镜焦距处没有纹影刀口，光源可以产生强度较高的紫外光，相机前方布置一个与光源紫外光峰值波长对应的滤波片，由于一般的 CMOS 高速数码相机接收的紫外光十分微弱，相机由高速 CMOS 相机变成了高速增强器相机用以接收紫外光。在内燃机喷雾燃烧光学诊断实验中常常会采用单组分燃料，而很多单组分燃料对紫外光的吸收效应十分微弱。因此，在做 UV-LA 的实验过程中，可以在目标燃油中混入部分对紫外光具有较强吸收效应的组分，如含苯环的物质。大

量研究表明燃油组分对非燃烧喷雾的气相贯穿距的影响是可以忽略不计的，因此可以用混合燃油测得的气相喷雾贯穿距和喷雾轮廓来代替目标燃油的结果。

　　对于 UV – LA 获得图片的处理方式有两种，一种是直接根据光强灰度值划分边界，区分背景光和喷雾区域。然而，在某些工况下由于视窗模糊、光线均匀度差等原因，背景光可能较暗，不利于喷雾区域的区分。另外一种方法是根据 Beer – lambert 原理［式（4-1）］计算得到 KL 值，再用 KL 值划定喷雾边界，这可以有效解决背景光暗的问题。

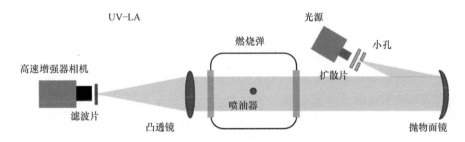

图 4.14　二冲程光学发动机紫外光消光法

　　图 4.15 所示为在上述光学发动机下应用纹影（Schlieren）和紫外光消光法（UV – LA）两种技术，分别在相同工况下对喷雾轮廓的捕捉。此处 UV – LA 的结果是分别基于灰度值和光学厚度（KL）两种方法定义喷雾与背景边界值获得的。我们可以看到，在喷雾早期时刻（ < 2ms）燃油浓度较高，密度梯度较大，两种技术对喷雾贯穿距的捕捉具有较好的一致性；在喷雾后期喷雾下游燃油浓度

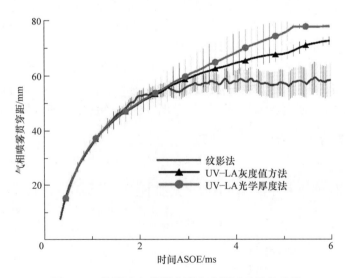

图 4.15　纹影法和紫外光消光法测试结果的比较

降低，密度梯度与环境气体接近，纹影法较难捕捉到喷雾头部，纹影的测试极限大约在 55mm，之后喷雾贯穿距在此上下波动。对于紫外光消光法，可以明显看到应用光学厚度定义边界值的方法可以捕捉到整个喷雾区域直到视窗边缘，而应用灰度值定义的方法，在喷雾下游仍然不能准确捕捉喷雾前端。

4.4 喷雾速度场 – PIV 测试技术

粒子图像测速技术（Particle Image Velocimetry，PIV）是建立在图像互相关系分析基础上的一种流场测量技术。它的主要特点就是克服了以往流场测试中单点测量的局限性，可在同一时刻拍摄到整个测量平面的相关信息，进而获得流动的瞬时平面速度场和涡量场等。该技术能够在对流场不产生任何干扰的前提下，实现对流场的非接触式测量，而且保持较高的分辨率和测量精度，其精度可达 0.1%，其速度测量范围可以从 0 到超音速。因此，PIV 技术被广泛应用于非定常复杂流动研究中，同时它也成为汽柴油喷雾、燃烧速度场测试中应用最为广泛的技术之一。

4.4.1 基本原理

图 4.16 所示为 PIV 测试原理示意图。利用 PIV 测量流速时，需要在流场中均匀散布跟随性、反光性良好且相对密度与流体相当的示踪粒子，以粒子速度代表其所在流场内对应位置处的流体速度。使用脉冲激光器产生的光束经圆柱状透镜散射后形成片光源入射到流场待测平面，片光源厚度约 1mm。由于示踪粒子对光具有散射作用，两次脉冲激光曝光时 CCD 相机便可以记录下粒子的图像，形成一组相同测试区域、不同时刻（t_0 和 t_1）的图片。

通过图像处理技术将所得相邻两个时刻的图片划分成许多小的区域（称为查问区），使用自相关或互相关统计技术求取查问区内粒子的位移量 ΔX。利用两张图片的时间间隔（$\Delta t = t_1 - t_0$）以及图片的变换系数 α 即可得出粒子在目标区域内的局部速度大小[12-15]：

$$u = \alpha \frac{\Delta X}{\Delta t} \tag{4-4}$$

其中，图片的变换系数 α 的计算公式如下：

$$\alpha = \frac{\alpha'}{M} \tag{4-5}$$

式中　α'——单位换算系数；

　　　M——图片的放大倍数。

在求得单个查问区内粒子或粒子团的速度信息之后，计算机图像处理程序将

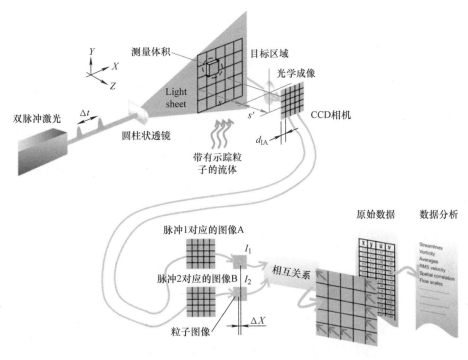

图 4.16　PIV 测试原理示意图

对所有查问区进行上述判定和统计，即可得到整个测量目标区域内的速度矢量图。在此之后，可利用后处理程序对速度信息进一步处理和分析，引申计算出涡量场和压强分布等。

4.4.2　PIV 系统组成

PIV 系统的基本构成主要包括：光源系统、粒子图像记录装置、PIV 同步系统，以及图像处理软件，它的示意图如图 4.17 所示。

激光具有能量密度高、指向性好及单色性高等特点，常被用为 PIV 测试的主要光源。PIV 激光器的核心要求是激光能量足够高，激光光束经组合透镜后形成较薄（0.1mm 至几毫米）的均匀片光，照亮流场断面内的粒子，并且粒子发出的散射光能够被相机捕捉。另外，激光脉冲宽度需要足够短，用以"冻结"流动的粒子。

Nd：YAG 双脉冲激光是 PIV 测试中最常用的激光器，光脉冲的脉宽在 5～8ns 之间，两个光脉冲的时间间隔可由 200ns 至几秒任意调节，其延时的精度达纳秒级。激光器单脉冲能量一般为 60～250mJ（波长 = 532nm），所需的单脉冲能量大小取决于待测流场的流动速度，示踪粒子的大小，以及 CCD 相机感光的灵敏

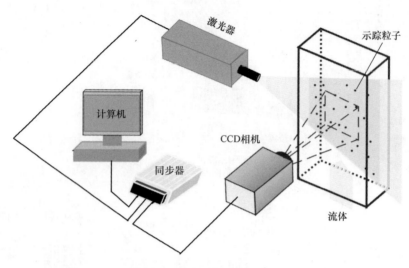

图 4.17　PIV 测试系统示意图

度等。

记录多次曝光的示踪粒子位移信息时，通常采用跨帧 CCD 相机，其光电转换芯片将粒子图像转换成数字信息输入计算机，目前相机空间分辨率从 512 × 512 像素至 4906 × 4906 像素均有应用。与普通相机不同的是跨帧 CCD 相机能够将两次曝光的信息分别记录在两帧图片上，主要是由于其采用了特殊的 CCD 芯片，该芯片不仅具有一般芯片的光电转换和传输功能，而且附有用作快速缓存的存储器。当激光器发出的第一次光脉冲曝光后，其光电信号立即存储到存储器上，在尚未进行 A/D 转换和数据传输的情况下，CCD 芯片便可接收第二次光脉冲的曝光信息。如图 4.18 所示，激光脉冲被定时，使第一次光脉冲发生在相机第一帧的曝光持续期内，第二次光脉冲发生在第二帧的曝光期间。另外，CCD 相机与双脉冲激光器组成的测试系统实现了两次光脉冲的时间延时（Δt）可调。Δt 的最小值主要受信号从光电转换单元传输到存储器的速度限制。目前，跨帧 CCD 相机的允许的最小 Δt 约为 $0.2 \sim 20\mu s$，Δt 越小可测试的流动速度越大。

PIV 同步系统主要作用是用来实现 CCD 相机与脉冲激光器的同步精准

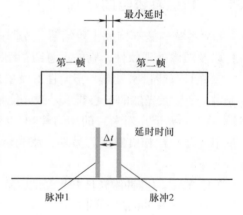

图 4.18　跨帧 CCD 相机曝光信号与激光脉冲信号时间序列[16]

协调运行。当应用 PIV 技术进行流场测试时，其图像拍摄需要在极短的时间内完成，所以在激光照亮待测流场的瞬间，CCD 相机要同时完成图像采集。另外，PIV 同步系统还具有控制激光器两次脉冲时间间隔的功能，保证两次激光脉冲分别发生在两帧图片曝光期间。

4.4.3 示踪粒子

进行 PIV 测试时通常需要在流体中投放跟随流体运动的示踪粒子，除非流体中粒子浓度非常高，粒子在流体中的运动尚不构成两相流动问题。对于 PIV 技术而言，示踪粒子除了需要满足一般要求（无毒、无腐蚀性、化学性质稳定、无磨损性等）外，还需要满足三个基本要求：粒子流动跟随性好，用以保证粒子速度代表了真实的流体速度；粒子具有良好的散射性，进而保证其成像可见性好；粒子布撒均匀性和浓度满足要求，用以确保获得充足的全流场信息。

1. 粒子的流动跟随性

在一定条件下，可用多相流体动力学的贝赛特（Basset）—鲍瑟内斯克（Boussinesq）—奥森（Ossen）方程（BBO 方程）描述粒子跟随流体的动力学特性，其简化方程可表示为：

$$u_P = u_F(1 - e^{-kt}) = u_F(1 - e^{-t/T}) \tag{4-6}$$

$$T = \frac{1}{k} = \frac{\rho_P d_P^2}{18\mu} \tag{4-7}$$

式中 u_P和u_F——分别为粒子和流体的速度；

ρ_P——粒子的密度；

d_P——粒子的直径；

μ——流体的动力黏性系数；

T——时滞时间常数，T 代表了示踪粒子与流体之间时滞时间的长短，其值越小，粒子的速度与流体之间的速度趋于平衡的时间就越短，其粒子跟随性就越好。如果 T 值较大，则粒子的位移和运动不能代表流体的真实流动，存在一定误差 ε

$$|u_P - u_F| = \varepsilon \tag{4-8}$$

为确保 PIV 测试得到的速度值的精准度，ε 越小越好。根据计算公式可得，粒子直径越小，并且粒子与流体的密度越接近，PIV 测试的精准度越好。否则粒子在流场中不仅跟随性差，而且由于重力原因会存在沉浮速度等问题。

2. 粒子的成像可见性[17]

粒子的成像可见性受多种因素的影响，包括：入射光强、激光波长、粒子折射率、入射光和散射光夹角等。在单色光照射下，直径在 $0.1 \sim 100\mu m$ 范围内的粒子散射光强可用米散射理论分析估算。PIV 测试中，通常使 CCD 相机垂直于激光平面，属于直角散射，其散射光强与粒子半径的平方近似成正比。

为了保证粒子在各种姿态下都能保持可见的圆形图像，所以要求粒子呈球形。考虑到照明激光强度有限，CCD 相机的感光灵敏度和空间分辨率有限，如果要将粒子在 CCD 相机芯片上记录下来，不得不要求示踪粒子直径较大为好。而这一要求与粒子跟随性的要求相矛盾，所以示踪粒子的大小选择，既要求对跟随流动性而言足够小，又要求对成像可见性而言足够大。

3. 粒子的布撒均匀度和浓度要求

PIV 全场流速测试中，只有粒子存在的区域才能测速，而缺失粒子的区域无法测得速度，所以要求全场均匀布撒粒子，进而保证全场流速的测量。在实际粒子布撒中需要注意观察容易出现缺失粒子的区域，比如漩涡的中心区域和贴近壁面的边界层区域，由于离心力、速度梯度、压力梯度等的存在，使粒子难以布撒在这些区域，而且粒子越大，均匀布撒难度越大。必要时需采取特殊方法，保证容易缺失粒子的区域不断有粒子存在。

对 PIV 流速测试而言，不但要全流场均匀布撒粒子，而且对粒子的浓度也有一定要求。粒子浓度太高则会导致其对流体本身有一定影响，容易出现两相流问题；而粒子浓度太低也不合适，因为每一点（查问区）的速度测试取决于该区域内的粒子像及其位移，在查问区内需要有足够的粒子对数，才能通过判读计算进而得到有足够信噪比的该查问区的统计位移量。一般来讲，粒子对数越多（相对查问区而言粒子越小），信噪比越高。在一定片光厚度和放大率下，粒子浓度可表示为：

$$N = \frac{4n\,M^2}{\Delta Z\,\pi\,d^2} \tag{4-9}$$

式中　n——查问区的粒子对数，一般在 4 ~ 12 范围内；

　　　M——放大率；

　　　ΔZ——片光厚度；

　　　d——查问区直径。

通常来讲，对于不同的流动介质，采用的粒子和布撒技术不同。对水的流动一般采用无浮力固体粒子，例如密度接近 1（$\rho = 1.05$）的聚乙烯等有机材料粒子，还有既可以保证其密度又有好的表面反射率的镀银空心玻璃球，不过其粒子直径很难做到很小。

对于空气介质的流场测量通常采用烟雾或油雾粒子作为示踪粒子。烟雾粒子发生器产生的粒子直径可达 10μm 量级，油雾粒子发生器产生的粒子直径可达 1μm 量级，其发雾浓度可以调节。对于回流式风洞 PIV 速度测试，可以把粒子发生器的出口放置在风洞安定段内，经几次循环后粒子布撒基本均匀。对于喷流类流体 PIV 测试，则要求粒子发生器有足够浓度的粒子流量与流体流量匹配。

4. 常用示踪粒子种类及特征[18−21]

下面将简单介绍几种目前在粒子图像测试中经常采用的示踪粒子及其粒径范围。表4.1 和表4.2 所示分别为 PIV 液体流场和气体流场测试中常用示踪粒子种类及粒径范围。图4.19 给出了液态流体 PIV 实验中，示踪粒子直径大约是 $10\mu m$ 的空心玻璃球，分别在放大 500 倍和 5000 倍下的图像。

表 4.1　液体流场中的常用示踪粒子

物态	材质	平均直径/μm
固体	聚苯乙烯	10 ~ 100
	铝粉	2 ~ 7
	空心玻璃球	10 ~ 100
	合成棉颗粒	10 ~ 500
液体	各种燃油	50 ~ 500
气体	氧气泡	50 ~ 1000

表 4.2　气体流场中的常用示踪粒子

物态	材质	平均直径/μm
固体	聚苯乙烯	0.5 ~ 10
	氧化铝	0.2 ~ 5
	二氧化钛	0.1 ~ 5
	玻璃微球	0.2 ~ 3
	合成棉颗粒	10 ~ 50
	邻苯二甲酸二辛酯	1 ~ 10
	烟雾	<1
液体	各种燃油	0.5 ~ 10
	癸二酸二—2 - 乙基己酯	0.5 ~ 1.5
气体	氦气泡	1000 ~ 3000

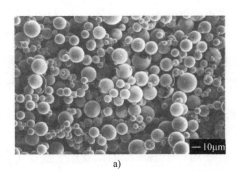　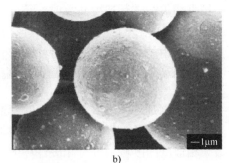

a)　　　　　　　　　　　　　　　b)

图 4.19　镀银中空心玻璃球显微照片

a) 放大 500 倍　b) 放大 5000 倍

4.4.4 速度提取算法

PIV 图像处理中速度计算原理主要有光学杨氏条纹法（早期使用，原理最简单）、自相关法和互相关法等。下面将对每种技术原理分别给出简要介绍。

1. 光学杨氏条纹法

其原理是用相干光源对单帧双曝光照片上的各个子域进行照射，这时各子域内的粒子像点就可以看成是一个个的点光源，当来自两粒子像的两光波相遇时得到一组干涉条纹，即所谓的杨氏条纹。对于来自两任意粒子像的光波，其干涉后的条纹间距和方向是任意的，但来自具有相同位移粒子像对的光波，其干涉条纹的间距和方向相同。所以，具有相同位移的粒子对形成的干涉条纹就可以叠加加强，进而形成一簇明暗相间的杨氏条纹图像。故对应每个子域均有一个相应的杨氏条纹图像，图像中的条纹方向垂直于该点流速方向，条纹间隔与粒子像对的位移成反比。因此，得到杨氏条纹的间距 S 和方向，即可求得该子域内的平均流速 u，计算方法如式（4-10）[23]：

$$S = \frac{\lambda L}{M u \Delta t} \tag{4-10}$$

式中　　L——曝光照片至杨氏条纹图像观测平面的距离；

　　　　λ——光波长；

　　　　M——放大率；

　　　　Δt——两次曝光时间间隔。

2. 自相关法

灰度分布图像相关法是目前 PIV 测试中最为流行的一种算法，其基本原理是同一示踪粒子群所具有的灰度特征，在流动中保持着一定的类似度，进而可以根据粒子群的灰度分布特征进行图像识别，该方法可分为自相关法和互相关法。

用自相关法进行速度测算时，首先，将查问区内的粒子图像经由显微镜头放大成像到 CCD 相机上。按照高斯成像公式原则，即：物距的倒数与像距的倒数之和等于焦距的倒数。然后，对此图像 $f(x, y)$ 做自相关运算

$$R(m, n) = \iint f(x, y) f(x + m, y + n) \, dx dy \tag{4-11}$$

实际上就是进行两次二维傅里叶变换，第一次变换得到杨氏干涉条纹，第二次变换得到位移场。进行自相关计算时，图像中的查问区域在本身图像中寻找与其最大相似度的区域，进行相关计算的一组曝光粒子图像中的无效粒子被认为是背景噪声。另外，自相关法中两次曝光的粒子成像在同一张图像上，速度方向不能自动判别，故存在速度方向二义性的问题，并且自相关法的速度测量范围较小。

3. 互相关法

采用互相关法的前提是两次曝光的粒子图像分别记录在相邻的两帧上，其最大优点是可以自动判读速度方向，速度测量范围相比自相关法大很多。进行相关计算时，第一帧图片中的查问区在相邻另一张图片中找到与其最大相似度的区域，这样可以使相关处理中的背景噪声有效降低，相关的有效粒子数增加，信噪比提高，进而判读识别的准确性也可大大提高。

查问区域之间的相似度可由式（4-12）和式（4-13）定义的互相关系数来确定，也可由式（4-14）定义的方差最小值来确定，或者用式（4-15）定义灰度值差值之和来确定。

$$C_{fg} = \frac{\sum\limits_{i=1}^{N} \sum\limits_{j=1}^{M} f_{ij} g_{ij}}{\sqrt{\sum\limits_{i=1}^{N} \sum\limits_{j=1}^{M} f_{ij}^2 \sum\limits_{i=1}^{N} \sum\limits_{j=1}^{M} g_{ij}^2}} \tag{4-12}$$

$$C_{fg} = \frac{\sum\limits_{i=1}^{N} \sum\limits_{j=1}^{M} (f_{ij} - \bar{f})(g_{ij} - \bar{g})}{\sqrt{\sum\limits_{i=1}^{N} \sum\limits_{j=1}^{M} (f_{ij} - \bar{f})^2 \sum\limits_{i=1}^{N} \sum\limits_{j=1}^{M} (g_{ij} - \bar{g})^2}} \tag{4-13}$$

$$D_{fg} = \frac{1}{NM} \sum\limits_{i=1}^{N} \sum\limits_{j=1}^{M} (f_{ij} - g_{ij})^2 \tag{4-14}$$

$$E_{fg} = \sum\limits_{i=1}^{N} \sum\limits_{j=1}^{M} |f_{ij} - g_{ij}| \tag{4-15}$$

式中　f_{ij} 和 g_{ij} ——连续两帧图片中两个查问窗口的像素灰度值，每个查问窗口都有 $M \times N$ 个像素点；

　　　$\bar{f}$ 和 $\bar{g}$ ——查问窗口内像素的灰度平均值。

在两帧图片中移动查问窗口，当 C_{fg} 值[24]最大，D_{fg} 值[25]和 E_{fg} 值[26]最小时，则认为此两个窗口是匹配的，即检测窗口中的大多数粒子经过一定时间间隔运动到达的新位置后被找到。由此，可以计算出粒子运动速度和位移方向。通常互相关的两帧图像为数字图像，大小约为 1024 × 1024 像素，将整个数字图像划分成许多查问区，其大小一般有 16 × 16 像素，32 × 32 像素，64 × 64 像素。对整个数字图像扫描判读时可采用有部分区域重叠的方法，这样可以增加描述整个流场的速度向量数目。例如，对 1024 × 1024 像素的图像采用 32 × 32 像素作为查问区，则可以得到 1024 个速度向量。如果重叠 50%，则可取得 4096 个速度向量。

4.4.5　图像采集、计算及数据后处理

下面对 PIV 测试中的图像采集、计算及数据后处理过程进行简单介绍。

1. 图像采集

Insight 软件是 PIV 测试系统进行图像采集、分析和显示等操作的专用工具，它可以采用批处理方式进行数据采集和处理，并且可以控制测试过程中的有关参数设置。进行图像采集之前，首先需要在片光平面（待测平面）中放入标定靶，将其移动到目标测试区域，然后对相机进行焦距调节，获得清晰的图像。继续设定双脉冲的时间间隔和脉冲延迟时间，时间间隔的确定主要采用实验前粗估［式（4-16）］和实验过程中细估［式（4-17）］两种方式：

$$\Delta t = \frac{1mm}{u} \tag{4-16}$$

$$\Delta t = \frac{\Delta x \cdot M}{u} \tag{4-17}$$

此处，Δx 表示在两个脉冲间隔时间内粒子发生的位移，其值应小于四分之一的查问域。分别调节两束激光强度，使获得的两张图片上粒子亮度近乎相等。另外，还需要调节 CCD 相机放大率，光圈大小以及示踪粒子浓度等参数，用以提高图像质量。调试结束后，拍摄清晰的标尺图像，进行尺寸标定，进而得知图像中每个像素代表的实际尺寸大小，用于后期的粒子速度计算。标定完成后，即可进行实验数据的采集。

2. 图像计算

对采集到的图像首先进行降噪处理，常用的降噪方法有：中值滤波、平均滤波和高斯滤波三种。然后，基于图像分割和图像检测法，选定迭代运算的查问区域大小，一般采用1/4准则，即两帧图片的最大粒子位移要小于最小查问区的1/4。在发动机缸内速度场测试中多选用 32×32 像素或 64×64 像素。重叠区域表示在更大的网格范围内寻找相关粒子进行计算，通常选择 25% 或 50% 重叠度。另外，对于采集到的图像还可以进行图像灰度变换处理，进而达到图像增强的目的，使得图像中不明显的粒子也可以被检测到。一般 PIV 实验获得的图像中存在不需要进行速度分析的区域，此时可以通过分析区域划分功能来定义一个 Mask 区域，被 Mask 选中的区域将不会被分析计算。图像预处理完成后，通过速度提取算法（目前互相关统计技术最为常用），可以计算出粒子的速度向量。

3. 数据后处理

Tecplot 是大型工程测试和复杂数值计算结果的可视化工具，可将大量的计算数据直观、快速地显示出来，进而方便分析其特征和规律。PIV 测试得到的数据从 Insight 软件导出，再调入 Tecplot 进行显示，便可以生成需要的图像，如速度场或涡流场等。显示设置时可调节速度显示范围、速度方向箭头大小、流线密度等。对图形中不容易看清楚的区域可进行局部放大、分析。输出的图形画面可进行透明控制，方便多幅图形的叠加和对比分析。

4.4.6　PIV 技术的应用

利用 PIV 技术分析研究柴油机和汽油机的喷雾场时，因为观察区域内粒子数量较大、粒径较小、速度差异大，故此时 PIV 系统大多采用图像相关的解析方法。在实际测量过程中，液相喷雾自身的油滴可以被当成示踪粒子，油滴的运动速度分布及大小将显现喷雾的速度特性。

Nishida 等人[27]利用 PIV 技术对风洞观察室内气流横风速度场，以及直喷汽油机喷油器的喷雾速度场进行了测量及分析，如图 4.20 所示。实验中采用 Nd：YAG 激光器提供扇状片光脉冲光源，采用 TSI 信号同步器协调 PIV 系统的激光、相机以及燃油系统的触发定时。PIV 系统中采用互相关算法的查问窗口，其大小设定为 32×32 像素，一组查问窗口的重叠度设置为 50%。

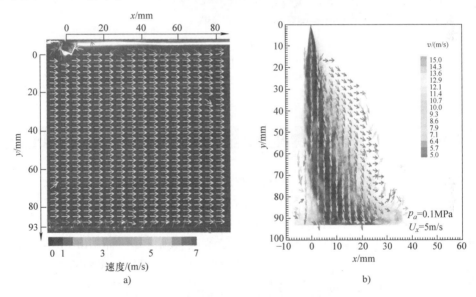

图 4.20　PIV 实验速度场分布[27]

a）横风速度分布　b）汽油喷雾速度场分布

图 4.20a 所示为 xoy 平面内，背压为 0.4MPa 条件下的横风速度分布。该测试中作者使用了棕榈油作为示踪粒子，可以看出得到的横风场速度分布较为均匀，只有在靠近上下壁面位置处由于边界层的影响而出现不规则速度分布。图 4.20b 所示为背压 0.1MPa，横风速度是 5m/s 条件下，T_{ASOI} = 4ms 时，直喷汽油机喷油器的喷雾速度分布，该测试中液相喷雾自身的油滴被当成了示踪粒子。从图 4.20b 中可以看出较大的液滴速度分布在主喷雾区，即喷雾密集区。喷雾碰壁后近壁面处的小液滴运动速度及方向也可计算得出。

　　此外，在燃油喷射之前事先向喷雾周围环境中喷射荧光物质的溶液，微小的液滴悬浮在空气中，在两台 CCD 相机的镜头上加装滤光片，即可将液相示踪粒子与气相示踪粒子分开，达到同时测量气液两相速度的目的。图 4.21a、b 所示为 PIV + LIF 的方法对某喷雾场同时进行气液两相速度特征的测量、分析的实验结果展示，绿色的液相示踪粒子与蓝色的气相示踪粒子被区分开，进而获得如图 4.21c 所示的速度分布图。

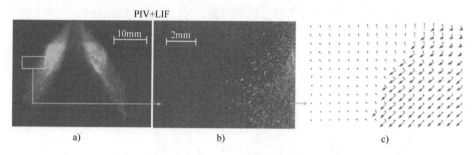

图 4.21　基于 PIV 和 LIF 的喷雾速度测量[28]

a）喷雾整体结构　b）局部放大　c）气相及液相的两相速度分布

4.5　本章小结

　　本章主要分为三部分内容，分别介绍了针对喷雾液相轮廓、气相轮廓和速度场的光学诊断技术。对于喷雾液相轮廓的测量，本章主要介绍了米散射和扩散背景光消光法（DBI）两种技术，而 DBI 也是基于米散射原理的。不同之处是，米散射液相部分在获取的图片中相较于背景为光强较强区域，而 DBI 液相部分为阴影区域。米散射在图片处理时主要基于光强灰度值边界提取液相部分，边界值的选择会对液相长度测量造成一定误差，因此对于单孔喷雾的液相长度测量，ECN 更推荐应用光学厚度推断液相长度的 DBI 的方法。但是，DBI 由于光路更为复杂，需要形成均匀的扩散背景光，这对于多孔喷雾的测量来说布置较为困难。因此，对于多孔喷雾的液相长度测量，往往采用米散射方法。对于气相轮廓的测量，本章中也介绍了高速纹影法和紫外光消光法（UV - LA）两种光学诊断技术。纹影法在静态背景环境中可以实现对喷雾气相轮廓较为精准的捕捉。然而，在具有强烈气流运动背景下，纹影法在燃油稀薄区域识别喷雾气相区域具有很大挑战，UV - LA 方法通过合适的图片处理方式可以进行较好的应用，但是对于多孔喷雾而言，UV - LA 由于需要背景光，光路布置具有较大困难。PIV 是较为常见的速度场测量技术，多应用于非燃烧喷雾的速度场测量。对于燃烧喷雾，特别是高碳烟工况下的燃烧喷雾，由于碳烟强烈的热辐射，可能对示踪粒子的米散射产生干涉，因此对于柴油燃烧喷雾下的 PIV 测试设备具有较高的要求，比如需要能量较强的激光产生较强的米散射强度，再配合特定的窄通滤波片以消减碳烟辐射光的影响。

参 考 文 献

[1] BARDI M, PAYRI R, MALBEC L M, et al. Engine combustion network: comparison of spray development, vaporization and combustion in different combustion vessels [J]. Atomization and Sprays, 2012, 22 (10): 807 – 842.

[2] SIEBERS D L. Liuqid – phase fuel penetration in diesel sprays [C]. SAE Technical paper. New York: SAE 1998.

[3] BARDI M. Partial needle lift and injection rate shape effect on the formation and combustion of the diesel spray [J]. Physics, 2014, 563 (3): 242 – 251.

[4] ECN. Engine Combustion Network [EB/OL]. (2019 – 07 – 10) [2021 – 03 – 01]. https://ecn. sandia. gov/.

[5] BARDI M, BRUNEAUX G, MALBEC L M. Study of ECN injectors' behavior repeatability with focus on aging effect and soot fluctuations [C]. SAE Technical Paper. New York: SAE, 2016.

[6] HIRSCHBERG A. Schlieren and shadowgraph techniques: visualizing phenomena in transparent media [J]. European Journal of Mechanics – B/Fluids, 2001, 21 (4): 493.

[7] DESANTES J M, PASTOR J V, GARCIA – OLIVER J M, et al. An experimental analysis on the evolution of the transient tip penetration in reacting diesel sprays [J]. Combustion and Flame, 2014, 161 (8): 2137 – 2150.

[8] PAYRI R, GARCÍA – OLIVER J M, XUAN T, et al. A study on diesel spray tip penetration and radial expansion under reacting conditions [J]. Applied Thermal Engineering, 2015, 90: 619 – 629.

[9] PASTOR J V, JOSÉ M, GARCIA – OLIVER, BERMUDEZ V, et al. Spray characterization for pure fuel and binary blends under non – reacting conditions [C]. SAE Technical Paper. New York: SAE, 2014.

[10] YAMAKAWA M, TAKAKI D, LI T, et al. Quantitative measurement of liquid and vapor phase concentration distributions in a D. I. gasoline spray by the laser absorption scattering (las) technique [C]. SAE Technical Paper. New York: SAE, 2002.

[11] KOOK S, PICKETT L M. Liquid length and vapor penetration of conventional, fischer – tropsch, coal – derived, and surrogate fuel sprays at high – temperature and high – pressure ambient conditions [J]. Fuel, 2012, 93 (1): 539 – 548.

[12] ADRIAN R J, DURAO D F G, DURST F, et al. Laser techniques applied to fluid mechanics [C]. Berlin, Springer. Berlin: Springer, 2002.

[13] OBOKATA T, KATO M, ISHIMA T, et al. Database constructions by LDA and PIV to verify the numerical simulation of gas flow in the cylinder of a motored engine [C]. International Mobility Engineering Congress and Exposition. [Sl: sn] 2009.

[14] 曹建明. 喷雾学 [M]. 北京: 机械工业出版社, 2005.

[15] LEE J, NISHIDA K. Breakup process of initial spray injected by a D. I. gasoline injector – simultaneous measurement of droplet size and velocity by laser sheet image processing and particle tracking technique [C]. SAE Powertrain & Fluid Systems Conference & Exhibition. New York: SAE, 2003.

[16] ZHAO H. Laser diagnostics and optical measurement techniques in internal combustion engines [M]. New York: SAE International, 2012.

[17] WU G, WANG T, TIAN S. Investigation of vortex patterns on slender bodies at high angles of attack [J]. Journal of Aircraft 1986, 23 (4): 321.

[18] BORN M, CLEMMOW P C, GABOR D, et al. Principles of optics [M]. Cambridge: Cambridge University Press, 2000.

[19] KHLER C, SAMMLER B, KOMPENHANS J. Generation and control of particle size distributions for optical velocity measurement techniques in fluid mechanics [J]. Exp. Fluids, 2002, 33: 736 – 742.

[20] MELLING A., Tracer particles and seeding for particle image velocimetry [J]. Meas. Sci. Tech., 1997, 8: 1406 – 1416.

[21] KIM Y H, WERELEY S T, CHUN C H. Phase – resolved flow field produced by a vibrating cantilever plate between two endplates, Phys [J]. Fluids, 2004, 16: 145 – 162.

[22] RAFFEL, MARCUS. Particle image velocimetry : a practical guide [M]. [sl]: American Physical Society, 2007.

[23] SIMPKINS P G, DUDDERAR T D. Laser speckle measurements of transient bénard convection [J]. Journal of Fluid Mechanics, 2006, 89 (4): 665 – 671.

[24] ADRIAN R J. Particle – imaging techniques for experimental fluid mechanics [J]. Annual Review of Fluid Mechanics, 2003, 23 (1): 261 – 304.

[25] GUI L C, MERZKIRCH W. A method of tracking ensembles of particle images [J]. Experiments in Fluids, 1996, 21 (6): 465 – 468.

[26] KAGA A, INOUE Y, YAMAGUCHI K. Pattern tracking algorithms for airflow measurement through digital image processing of visualized images [J]. J Visualization Society of Japan, 1994, 14 (53): 108 – 115.

[27] GUO M, SHIMASAKI N, NISHIDA K, et al. Experimental study on fuel spray characteristics under atmospheric and pressurized cross – flow conditions [J]. Fuel, 2016, 184 (nov. 15): 846 – 855.

[28] 董全. 交叉孔和外开式喷油器喷雾特性的测量研究 [D]. 大连: 大连理工大学, 2012.

第 5 章

非燃烧状态下喷雾浓度场测试

5.1 引言

目前，对于发动机缸内喷雾燃油浓度测试已经具有多种光学诊断技术。例如，基于弹性散射的瑞利散射技术和米散射技术、激光诱导荧光技术（LIF）、拉曼散射技术、激光吸收散射技术（LAS）等。每个技术都有各自的优缺点，比如拉曼散射信号较弱，且空间信息较差；而米散射过度依赖高沸点的示踪粒子，一般测试温度在示踪粒子沸点之下；瑞利散射需要避免弹性散射和激光闪光的干扰，对设备要求很高；LAS 技术得到的是光学路径累积的信息，需要进行轴对称假设，进行反演计算。本章中将分别对瑞利散射、LIF 和 LAS 三个技术针对柴油喷雾浓度的测试做详细阐述。

5.2 瑞利散射

激光瑞利散射是通过激光照射油气混合物，获取散射信号测量混合物组分的技术。由于瑞利信号获取的是燃油本身的弹性散射，因此不需要额外的示踪粒子。其次，瑞利信号强度直接与分子浓度成正比，可以不考虑压力、温度等影响，直接通过绝热混合假设进行定量测量。但是，由于瑞利散射所测信号直接来自激光的弹性散射，所以需要对弹性散射信号的干扰进行谨慎处理，以消除影响。

5.2.1 测试原理

如第 4 章所述，瑞利散射是当分子、原子等远小于入射光波长的粒子产生的弹性散射（$d/\lambda \ll 1$，d 为粒子直径，λ 为入射光波长）。当粒子直径大于或者等于入射光波长时则产生的弹性散射为米散射，其强度远高于瑞利散射。

一般来说，瑞利散射光信号（I_R）与激光强度（I_l）、气体分子数密度（N），以及与被测气体相关的瑞利散射截面成正比。如果检测到来自混合气体的散射光，则上述关于散射光信号的关系可以表示为：

$$I_R = \eta\, I_l N \sum_i \chi_i\, \sigma_i \tag{5-1}$$

式中　I_R——收集到的瑞利散射光信号；

　　　η——收集系统的检测效率；

　　　I_l——入射激光强度；

　　　N——总气体分子数密度，$N = \dfrac{PA_0}{RT}$，$A_0 = 6.023 \times 10^{23}$；

　　　χ_i——混合气体中组分 i 的摩尔分数，满足 $\displaystyle\sum_i \chi_i = 1$；

　　　σ_i——混合气体中组分 i 的瑞利散射截面，其中瑞利散射截面是折射率（n_i）、退偏比（ρ_v）、激发波长（λ）及标准状况下（STP）下的分子数密度（N_0）的函数，具体表达式如下：

$$\sigma_i = \frac{4\pi^2}{\lambda^4}\left(\frac{n_i - 1}{N_0}\right)^2 \frac{3}{3 - 4\rho_v} \tag{5-2}$$

关于式中参数的详细信息可参考文献［1］。

对于目标测试系统可以认为是燃油和空气的二元混合物（$N_{mix} = N_f + N_a$），N_{mix} 为油气混合物的分子数密度，N_f 为燃油的分子数密度，N_a 为环境气体分子数密度。则式（5-1）可以写为：

$$I_R = \eta\, I_l N_{mix}(\chi_f \sigma_f + \chi_a \sigma_a) \tag{5-3}$$

式中　χ_f 和 χ_a——分别为燃油和气体的摩尔分数；

　　　σ_f 和 σ_a——分别为燃油和气体的瑞利散射截面。

在测量油气混合物的同时也能获得油束周围环境气体的瑞利散射强度，环境气体由已知气体组成按照式（5-2）中的光学特性，则可以得到式（5-4）：

$$I_{R,a} = \eta\, I_l N_{a,0}\sigma_a \tag{5-4}$$

进一步，由于 $\chi_f + \chi_a = 1$，再根据理想气体状态方程，$N_{mix}/N_{a,0} = T_a/T_{mix}$（其中，$T_a$ 为已知的环境气体温度，T_{mix} 为混合气温度），综合式（5-3）、式（5-4）得到式（5-5）：

$$\frac{I_R}{I_{R,a}} = \left(\frac{\sigma_f/\sigma_a + N_a/N_f}{1 + N_a/N_f}\right)\frac{T_a}{T_{mix}} \tag{5-5}$$

接下来，假设燃油和环境气体的混合过程为绝热混合，根据能量守恒方程，则可以得到混合气的温度 T_{mix} 为 N_a/N_f 的函数 $T_{mix} = f(N_a/N_f)$。结合此能量方程和式（5-5），就可以计算求解出 N_a/N_f。最后，通过假设等温分布，可以计算得到有效当量比：

$$\Phi = \frac{(N_a/N_f)_{st}}{(N_a/N_f)} \tag{5-6}$$

式中　$(N_a/N_f)_{st}$——化学当量比油气混合分布下，环境气体与燃油分子数密度之比。

5.2.2　实验装置

瑞利散射测量燃油组分浓度实验系统，在定容燃烧弹内的装置图如图5.1所示，测试系统通常包括 Nd：YAG 激光器、片光系统、瑞利散射信号收集系统等部分。实验过程中较多采用 532nm 的激光，相较于短波长激光，532nm 激光信号强度更强，并且在相同工况下所测油束处的信噪比（SNR）更高[1-2]。激光通过各种透镜组合形成激光片光。信号收集系统根据实验条件可选用 ICCD 相机（CCD 相机前安装像增强器）或 CCD 相机。由于 ICCD 快门时间较短，通常在燃烧条件下选用 ICCD 相机可有效消除燃烧产生的亮度干扰；在非燃烧实验条件下多采用 CCD 相机，因为 CCD 相机相较于 ICCD 相机有更高的分辨率，更高的量子效率，更好的线性度、动态范围和信噪比[2]。瑞利散射测量燃油浓度时通常仅需一台相机[3]。Espey 等人为消除激光片光中由于激光总能量的波动和整个激光片光能量分布变化引起的不确定因素，在光学发动机瑞利散射实验中使用了两台 ICCD 相机，对入射激光进行校正[1]，相机前放置一个与激光波长对应的带通滤光片，以阻挡其他反射和弹性散射的干扰。实验前必须对相机进行标定，以消除由传感器灵敏度变化引起的不确定因素。

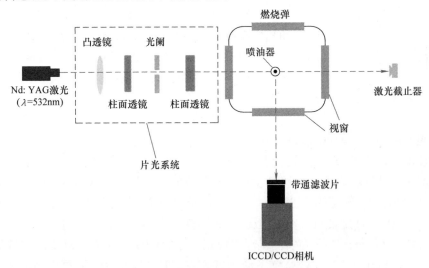

图 5.1　瑞利散射试验光路布置图

瑞利散射为弹性散射，散射光波长和入射激光波长一致，这样会导致很多来自燃油液滴和光学视窗等散射的干扰。因此，实验过程中需要对这些干扰格外注意。为防止燃油液相米散射的干扰，激光片光系统可以放置于液相燃油下方。此外，可以在燃烧室光学视窗上贴上环状防反射膜，这些防反射膜在片状激光出入口位置留有与片状激光一样宽度和厚度的狭缝，可以有效减小光学视窗散射的影响。另外，燃烧室的光学窗口需要保持高度清洁，避免窗口附着物的散射效应。最后，实验过程中对燃油和环境气体都需要应用过滤器，避免蒸发的混合气中含有颗粒物而产生散射效应。

5.2.3 图像校正

1. 背景校正

从 5.2.1 小节可以知道，准确测量来自混合气和环境的瑞利信号，对于获得更为真实的 N_f/N_a 值非常重要。然而，实际试验过程中由于相机、视窗等硬件条件，会使荧光图像产生一些背景噪声。这些背景噪声主要有三个来源：相机本身的噪声（I_d），也就是在没有任何辐射光情况下，CCD 相机呈现的强度值；热辐射噪声（I_t），燃烧室本身由于热辐射作用产生的噪声；激光闪光噪声（I_f），主要由燃烧室激光光斑和可视化窗口反射或背景散射产生的噪声。因此，相机得到的原始强度（I_{raw}）需要通过式（5-7）减掉其他噪声进行校正，得到校正后的散射强度（I_{cor}）

$$I_{cor} = I_{raw} - I_d - I_t - I_f \tag{5-7}$$

相机本身的噪声可以通过盖上相机的镜头帽检测图片噪声强度获得，此噪声强度一般与相机温度有关，但是现在相机传感器一般都设有冷却系统，此噪声的数值一般较小。热辐射噪声和相机本身噪声的累积影响效果，可以将实验设备设置到测试工况进行没有燃油喷射的拍摄获得，然后将累积噪声减掉背景噪声，即可获得热辐射噪声。因此，这两个影响因素都比较容易获得。但是，I_f 的获得相对较为复杂，如何有效减少 I_f 也是实验的关键。在 5.2.2 小节中已经提到，可以通过在燃烧室视窗上贴防反射膜的形式很大程度减小 I_f，但是视窗表面产生的激光闪光噪声还是不能彻底避免的。

理论上，为了得到 I_f，需要获得测试工况下试验环境没有任何瑞利散射情况下的图像。然而，高温、高压又没有瑞利散射的工况是无法获得的。以未充气的空燃烧室拍到的激光闪光强度（I_e）也不能代替试验工况下的激光闪光噪声（$I_e \neq I_f$），因为研究表明，环境工况会对此背景反射产生重要影响。为解决此问题，文献［2］提出首先在实测工况下应用一个窄的激光片光测试不同位置的闪光噪声，然后在未充气空燃烧室下应用试验测试时的宽激光片光再次测试此闪光噪声，应用窄激光片光测得值对宽激光片光测得值进行比例缩放（由于该研究发现窄激光片光的 I_f 可以用 I_e 代替），有关该过程的详细处理步骤请参见文献［2］。

2. 光路偏折校正

当激光光束穿过油气混合物时会发生严重的光路偏折现象，使得局部的激光强度发生变化。这些变化很难预测，且会对混合物浓度的测量产生误差，因此需要对其进行校正。其中一个方法是利用油束两侧均匀分布的环境气体来校正瞬态的光路偏折的影响。

首先，定义喷雾的边界。然后，对于激光在油束入射侧的环境强度值和激光在油束射出侧的环境强度值进行插值计算，创建出一个激光在几乎均匀分布环境中瞬态变化的强度图像。此图像可以反映各次喷油引起的循环变化，也可以反映燃烧室内光路偏折引起的变化。此图像也就是式（5-5）中的$I_{R,a}$。

3. 燃油中的粒子校正

实际试验过程中，由于喷嘴油滴附着、喷油器压力室内燃油或者喷油器针阀磨损等原因，有可能给燃油蒸气中带来部分小油滴或者其他细小颗粒物。这些颗粒物即使非常小，相比燃油分子来说也会产生非常明显的散射强度。如图 5.2 上图所示的喷油初期的瑞利图像，可以观测到油束头部边缘有较多强度值较大的粒子散射，这些噪声可以通过中值滤波的方式消除，滤波结果如图 5.2 下图所示。

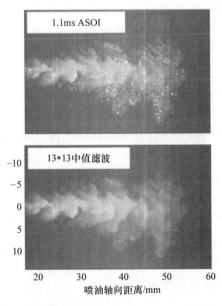

图 5.2　1.1ms ASOI 处瑞利散射原始图像（上图）和中值滤波后的图像（下图）[2]

5.3　平面激光诱导荧光法

5.3.1　测试原理

在通常情况下，原子处于基态。平面激光诱导荧光法（PLIF）技术是利用特定波长激光激发相应物质，使分子发生对应能级跃迁，当分子吸收光子从基态转变为激发态，进而在跃迁回基态过程中产生相应的荧光信号。每种激光得到的荧光强度都与相应分了浓度有密切关系，由此可得混合气的燃油浓度分布。荧光的持续期约为几十纳秒，一般通过 ICCD 相机拍摄，ICCD 相机拍摄到的 PLIF 荧光信号强度 S_{PLIF} 如式（5-8）所示[4]，

$$S_{\text{PLIF}} = a \cdot E \cdot V \cdot n \cdot \sigma(p, T) \cdot \psi(p, T) \tag{5-8}$$

式中　　a——试验系统常数，与相机参数设置、反光镜反光效率和成像立体角等固定参数有关；

E——激光能量；

V——测试容积；

n——单位体积内的荧光物质摩尔数；

荧光物质分子的吸收截面 σ 和量子产率

ψ——两者都与环境温度 T 和环境压力 P 有关[1]。

要想对所测物质进行定量测量，必须满足几个条件，首先，分子必须有一个已知的吸收和发射光谱；第二，分子必须有激光光源可以发出的吸收波长；第三，必须知道激发态的辐射衰减率，这会直接影响荧光功率；第四，必须考虑碰撞、光电离和预解离等因素引起的激发态损失。

理论上，LIF 燃料浓度测量可以采用三种方法：来自燃料的天然荧光、来自与燃料性能匹配的示踪剂分子的荧光，以及来自复合激光诱导形成的示踪剂荧光。前两种方法用于以液体或气体形式存在的燃料。第三种方法，复合激光诱导荧光法（laser – induced exciplex fluorescence，LIEF）被用来研究液体燃料液滴和燃料蒸气浓度，同时使用一对示踪剂。一些燃料在紫外线照射下会发出荧光，使用来自燃料本身的 LIF 简化了实验，但结果的解释可能比较困难。由于不同批次之间燃料成分的不稳定性，荧光信号可能由于缺乏荧光成分的光化学信息而无法重现。此外，燃料中的高沸点芳香烃可能发出最强的荧光，但这可能不能代表整个燃料的分布。在应用 LIF 技术对燃料浓度测量的试验中，大多数用已知吸收和发射特性的示踪剂来标记汽缸中的燃料。

5.3.2　示踪剂的选择

为了获得定量的燃料分布，需要考虑示踪剂的几个特性[4]：

1）吸收可用的激光波长。

2）充足的荧光产率。

3）猝灭率能足够低。

4）无毒、稳定且与燃料互溶。

5）与燃料蒸发特性相匹配。

6）荧光应该有足够的红移，以便于将散射的激光从 LIF 信号中分离出来。

第一个要求取决于可用于试验的激光。研究中普遍应用的两种脉冲激光器分别是准分子激光器和 Nd：YAG 激光器，它们由于功率高、波长短，具有三次谐波和四次谐波输出。第二、三个特征直接影响荧光信号的水平、可检测性和准确性。荧光信号的猝灭率直接影响荧光信号的水平，在高压含氧的气缸内，部分示踪剂的淬灭率可以非常高，因此在应用 PLIF 测试燃料浓度时，应尽量在不含空气的条件下进行。后面的三个特性会也都会影响测量的准确性。要用做燃料的示踪剂，就必须溶于燃料中，而示踪剂和燃料相匹配的沸点将有助于模拟燃料的蒸发过程。

在可见光和紫外线波段所需的吸收波长，将示踪剂限制在两大类化合物中：芳香族化合物和羰基化合物。用于 LIF 测量的常见荧光示踪剂如表 5.1 所示[6]。芳香族化合物（如甲苯）被氧强淬灭，羰基化合物（含有 C＝O 键的化合物）对氧猝灭不太敏感，它们可以被多种光源激发，例如 Nd：YAG 激光（355nm 和 266nm）的三次谐波和四次谐波，以及准分子激光（248nm 和 308nm）。羰基化合物有醛（一端为 C＝O 键）、酮（中间为 C＝O 键）和二酮（两个 C＝O 键）。二酮，如双乙酰（二乙酰，2，3 丁二酮），具有更长的激发和荧光波长。丙酮和 3－戊酮的荧光产率高于醛类。此外，作为示踪剂，酮类化合物比醛类化合物更受欢迎，因为它们的活性在高压和高温环境下更低。但是，酮会腐蚀橡胶，而燃油泵、调节器和喷油器都含有橡胶部件，所以发动机的燃料供应系统需要使用不锈钢和特氟隆等抗酮类物质来改告。

表 5.1　常用的有机示踪剂分子的物理和热力学性质[6]

	异辛烷	丙烷	甲烷	丙酮	3－戊酮	乙醛	双乙酰	甲苯
相对分子质量	114.2	44.1	16.0	58.1	96.1	44.1	86.1	92.1
25℃时的密度/(g/cm³)	0.69	0.49	—	0.79	0.81	0.77	0.98	0.87
沸点/℃	99.2	－42.1	－161.5	56.1	102.0	20.1	88.0	110.6
吸收波长/nm	—	—	—	200～330	220～340	—	200～480	230～280
发射波长/nm	—	—	—	300～600	330～600	—	440～510	270～320
25℃时的汽化潜热/(kJ/mol)	35.1	14.8	—	31.0	38.5	25.5	—	—38.0
热值/(MJ/mol)	5.50	2.22	0.89	1.82	3.14	1.31	—	3.95
闪点/℃	－12～22	－104	－188	－18	7	－27	3	4.5～7
空气中自燃温度/℃	415～561	450～504	537～632	465～727	425～608	175～275	365	480～810
100℃时的气相黏度/μPa·s	7.7	10.2	13.4	9.5	8.2	10.7	—	8.8
气相扩散系数（0.1MPa 气压,100℃)/(cm²/s)	0.102	0.181	0.344	0.166	0.129	0.218	0.135	0.132
气相扩散系数（0.8MPa 气压, 130℃)/(cm²/s)	0.0148	0.0261	0.0493	0.0239	0.0187	0.0311	0.0283	0.0190

5.3.3 实验装置

　　PLIF 系统的在光学发动机上应用的实验装置如图 5.3 所示。PLIF 测量系统通常包含泵浦激光器（准分子激光器、Nd：YAG 激光器、可调谐染料激光器）、激光光路和荧光收集系统等部分，其中常规燃油浓度测试时仅需一台 ICCD 相机。下文所述双组分燃油浓度测试时，则需采用两台 ICCD 相机来捕捉各自组分的示踪粒子的荧光。脉冲激光器，用来产生特定波长的激光脉冲，其中染料激光

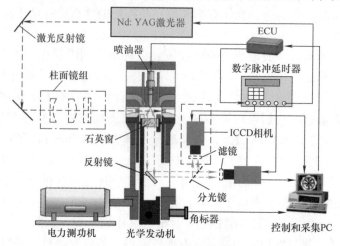

图 5.3　PLIF 实验光学装置原理图

器需要在其他激光泵浦作用下配合不同种类的染料，通过调整光栅角度输出指定波长的激光。激光输出通过圆柱形和球形透镜的组合形成片状激光。采用 ICCD 相机（CCD 相机前安装像增强器）对荧光信号进行直角成像，在 ICCD 相机前放置带通滤光片，以阻挡弹性散射和燃油产生的荧光信号。数字脉冲延时器实现激光发射、ICCD 相机图像采集和燃油喷射系统的同步操作。为了确定脉冲延时器所需的设置，连接在示波器上的光电探测器可以用来测量从脉冲延时器发出信号后，激光器产生脉冲激光所需的时间，以及脉冲的宽度。准分子激光的典型延迟时间约为 $1.0 \sim 2.0\mu s$，增强器应在产生激光脉冲后短时间（约 200ns）内迅速开启，以区别背景光和燃烧光的发光强度（图 5.4）。此外，通常由于 ICCD 相机和相关的图像采集系统的捕获率被限制在每秒几帧以内，PLIF 图

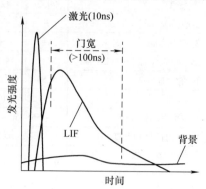

图 5.4　激光，PLIF 信号和 ICCD 相机拍摄门宽之间的时序示意图

像每隔几个周期只能拍一次。为了最大限度地减少发动机排出的燃油蒸气，并减少光学窗口的污染，直喷发动机中的燃油喷射过程应该只在捕捉图像时进行。

5.3.4　图像处理及标定

为了获得燃油浓度的定量结果，需要对原始 LIF 图像进行后处理和校准。图像后处理主要是去除成像系统中的系统误差，主要包括从拍摄的图像中去除背景和暗电流信号。校正像素的光谱和空间响应的不均匀性和激光片的强度。而其他的系统误差，如激光光束的密度梯度控制、激光片在成像区域的衰减、激光引起的扰动[7]、部分饱和及辐射捕获（燃烧气体中荧光的吸收），往往是可以避免或忽略的，但是在某些应用中需要考虑这些影响[6]。

下面以甲苯作为示踪剂为例，阐述其在环境气体为氮气的非燃烧条件下对喷雾浓度定量测量的标定过程。图 5.5 所示分别为背景、标定及测量图像[8]。其中标定图像 5.5b 是通过进气道喷射得到的。由于进气道喷射时燃油有充足的混合时间，因此可认为缸内燃油和温度分布是均匀的，由于已知燃油喷射量和初始进气条件，可以根据绝热压缩假设，计算出缸内标定图像的甲苯的摩尔浓度 n_{cal} 和平均温度 T_{cal}。

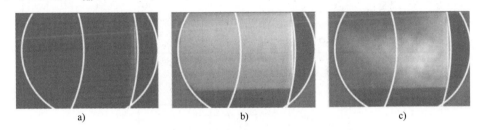

图 5.5　同一时刻缸内背景、标定及测量图像
a) 背景　b) 标定　c) 测量

然后，再根据公式就可以得到标定图像的荧光强度：

$$S_{cal} = a \cdot E \cdot V \cdot n_{cal} \cdot \sigma(p_{cal}, T_{cal}) \cdot \psi(p_{cal}, T_{cal}) \tag{5-9}$$

定义参数 $I(p, T)$ 如式（5-10）所示，它的基本含义为单位体积、单位摩尔质量甲苯产生的荧光强度，因此 $I(p, T)$ 也是温度和压力的函数：

$$I(p, T) = a \cdot E \cdot V \cdot \sigma(p, T) \cdot \psi(p, T) \tag{5-10}$$

那么，标定与试验过程中的荧光强度可用式（5-11）、式（5-12）表示

$$S_{cal} = n_{cal} \cdot I_{cal}(p_{cal}, T_{cal}) \tag{5-11}$$

$$S_{exp} = n_{exp} \cdot I_{exp}(p_{exp}, T_{exp}) \tag{5-12}$$

标定时与测量时缸内压力（$p_{cal} = p_{exp}$）是保持一致的，然而测量图像是通过缸内直喷的方式得到的，由于存在燃油分布不均匀性，高浓度区域燃油汽化吸热

会导致局部温度降低，即测量过程中存在温度不均匀性。Schulz 等人[6]说明温度对吸收截面和量子产率都会产生影响。进而，对 $I(p, T)$ 产生显著影响。因此，在对缸内燃油浓度定量标定时，必须进行温度校准。另一方面，Musculus 等人[10]发现当环境气体内没有氧气时，应用温度校准之后，甲苯的荧光信号与缸压是没有明显关系的。

综上所述可以认为在环境氮气情况下，I 只是温度的函数，只需对其进行温度校准。标定过程中，在进气道喷射工况下的不同曲轴转角下采集 PLIF 图像，利用绝热压缩假设求得对应曲轴转角下缸内平均温度 T_{cal}，最终得到 I_{cal} 与 T_{cal} 的曲线，并采用指数函数进行拟合。图 5.6 所示为不同参考文献中的温度与荧光强度的修正曲线。其中埃因霍温理工大学（图 5.6c）的修正曲线，用一个方程不能对所有试验点进行较好的拟合，因此应用了两个拟合方程。

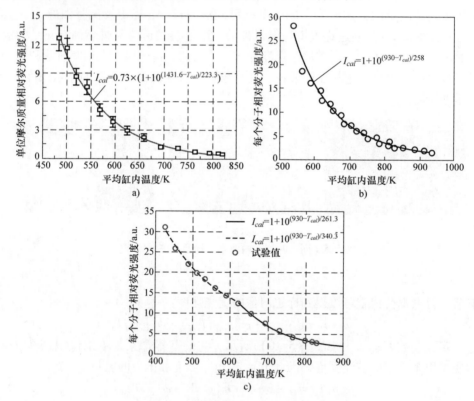

图 5.6　不同缸内温度下荧光强度修正曲线
a）天津大学[9]　b）威斯康星大学[8]　c）埃因霍温理工大学[11]

下面在已知温度与荧光强度修正关系基础上，对试验测试图片进行迭代处理，具体流程如图 5.7 所示。首先，不考虑燃油雾化吸热影响，假设试验测试时

的缸内温度（T_{exp}）即为标定的均匀分布的缸内温度（T_{cal}），则可以利用式（5-11）、式（5-12）得到示踪粒子的浓度n_{exp}

$$n_{exp} = \frac{S_{exp}}{S_{cal}} \cdot n_{cal}$$

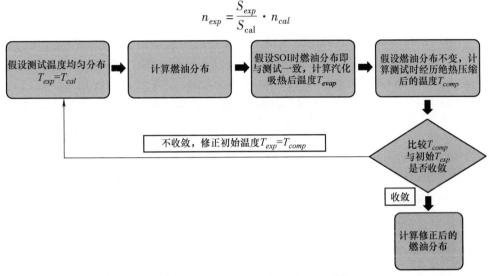

图 5.7　温度不均匀性修正迭代流程[9]

　　进而得到目标燃油的浓度n_f。此浓度值和温度值为初始迭代的预估温度。然后，不考虑燃油雾化过程，假设初始喷油时刻燃油与环境气体已经形成测量时的燃油分布，计算燃油吸热过程经绝热混合后与环境气体混合物的温度（T_{evap}）。接下来，考虑燃油喷射开始到测试时刻的绝热压缩过程，并假设燃油分布没有发生变化，计算得到测试时刻的被压缩后的温度T_{comp}。然后，比较此温度T_{comp}与初始迭代的预估温度是否收敛，如果不收敛，将此温度带入初始迭代温度再次迭代计算。如果收敛，则可以认为此温度即为当地所测温度。最后，利用此温度进行计算，得到燃油的浓度。

5.3.5　双组分燃油浓度 PLIF 测试

　　多数 PLIF 技术都是针对单组分燃油进行的测试。然而，真实的燃油具有多种组分，我们往往需要更多组分的替代燃料才能更好地代表燃油的喷雾燃烧和排放性能。此处，对双组分燃料的 PLIF 测试进行简单介绍。双组分 PLIF 装置与单组分实验装置相似，可以采用相同激发波长，只是代表两种燃油示踪粒子的荧光波长需要有较大差别，因此需要两台 ICCD 相机。

　　以由正十三烷和正庚烷组成的燃油为例[15]，根据前述示踪剂与目标燃油相似性的选择原则，分别采用 1 - 甲基萘（1 - methylnaphthalene，1MN）和 3 - 戊酮（3 - pentanone，3PN）作为示踪粒子。从表 5.2 中可以看出示踪剂与目标燃油的沸点分别相近，蒸发特性可以与目标燃油保持较好的一致性。

表5.2　燃油及示踪剂的选取

项目	正十三烷			正庚烷		
	示踪剂	燃油沸点	示踪剂沸点	示踪剂	燃油沸点	示踪剂沸点
参数	1-甲基萘	507K	518K	3-戊酮	371K	375K

图5.8所示为示踪剂的荧光光谱，以及带通滤波片的透射率。其中BP1为短波带通滤波片，BP2为长波带通滤波片，分别安装在两个ICCD相机上，分别检测1-甲基萘和3-戊酮。从图5.8中可以看出，BP1滤波片还是可以允许通过少量的3PN荧光波长的，而BP2滤波片也有同样的问题，这会对结果造成一定影响，在试验标定过程中需要进行考量。

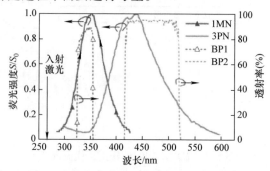

图5.8　荧光光谱以及带通滤波片的透射率

图5.9所示为在压力 $p = 2\text{MPa}$，环境温度900K工况下，分别测量两个荧光

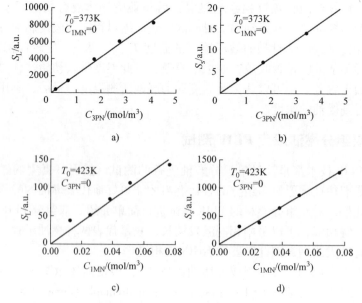

图5.9　示踪粒子浓度与辐射光强的标定曲线

a）3PN产生的 S_L　b）3PN产生的 S_s　c）1MN产生的 S_L　d）1MN产生的 S_s

强度在组分温度分别为 $T_0 = 373K$ 和 $T_0 = 423K$ 时随示踪剂浓度的变化关系，得到的荧光强度与示踪剂浓度成正比例关系。S_s 和 S_L 分别表示装有短波带通滤波器 BP1 和长波带通滤波器 BP2 的 ICCD 相机接收到的荧光强度，C_{3PN} 和 C_{1MN} 为 3PN 和 1MN 的组分浓度。从图 5.9 中可以看出，两个相机都接收到了两种示踪粒子的荧光，强度呈现较大差别。之后，对于温度标定和考虑氧气猝灭效应与上述 PLIF 基本一致，只是特别注意每个相机的荧光强度为两种示踪粒子荧光强度之和。关于此处理过程的详细信息见文献 [15]。

5.4　激光吸收散射法

上述两节中讲述的瑞利散射和 PLIF 技术都只能针对喷雾气相的燃油浓度进行测试，本节将介绍的激光吸收散射法（Laser Absorption Scattering，LAS）则可以同时实现对喷雾气液两相浓度分布的测量，并且具有无淬灭效应和高信噪比等优点[16]。

5.4.1　测试原理

LAS 测试原理如图 5.10 所示。激光器中发出包含紫外线（ultraviolet，UV）和可见光（visible，Vis）两个波长的激光束。紫外线（波长 = λ_A）和可见光（波长 = λ_T）分别用作吸收波长和散射波长。紫外线和可见光的强度衰减可以分别表示为 $\log(I_0/I_t)_{\lambda_A}$ 和 $\log(I_0/I_t)_{\lambda_T}$，其中 I_0 和 I_t 分别表示入射光强度和透射光强度。

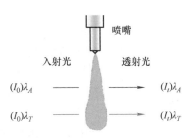

图 5.10　LAS 测试原理示意图[17]

气相和液相喷雾对可见光和紫外线的衰减影响见表 5.3。可见光的衰减主要是由液相米散射造成，由气相瑞利散射造成的损失可以忽略不计。而紫外线的衰减则是主要是由气相吸收和液相散射共同构成的，由气相瑞利散射和液相吸收造成的损失很小，可忽略不计[18-20]。由此可得到式（5-13）、式（5-14）：

$$\log\left(\frac{I_0}{I_t}\right)_{\lambda_A} = \log\left(\frac{I_0}{I_t}\right)_{L_{sca}} + \log\left(\frac{I_0}{I_t}\right)_{V_{abs}} \tag{5-13}$$

表 5.3　气相和液相对可见光和紫外线的衰减影响（箭头多少表示衰减程度）

光谱	气相		液相	
相互作用	散射（瑞利）	吸收	散射（米散射）	吸收
可见光	↑	0	↑↑↑↑	0
紫外线	↑	↑↑↑	↑↑↑↑	↑

$$\log\left(\frac{I_0}{I_t}\right)_{\lambda_T} = \log\left(\frac{I_0}{I_t}\right)_{L_{sca}} \qquad (5\text{-}14)$$

式中　$\log\left(\frac{I_0}{I_t}\right)_{L_{sca}}$，$\log\left(\frac{I_0}{I_t}\right)_{V_{abs}}$——分别代表液相散射和气相吸收引起的衰减。

另外，根据米散射原理，如果液滴直径远大于入射波长时，液滴的消光效率可认为不随波长变化而变化，因此上述两式中紫外线和可见光由液滴产生的消光可认为是一致的，那么上述两式相减可以得到：

$$\log\left(\frac{I_0}{I_t}\right)_{V_{abs}} = \log\left(\frac{I_0}{I_t}\right)_{\lambda_A} - \log\left(\frac{I_0}{I_t}\right)_{\lambda_T} \qquad (5\text{-}15)$$

假设气相燃料在光学路径上均匀分布，则气相的光路衰减可以通过 Lambert – Beer 定律获得：

$$\log\left(\frac{I_0}{I_t}\right)_{V_{abs}} = \frac{\varepsilon}{MW} \times C_v \times 10^2 \times L \qquad (5\text{-}16)$$

式中　ε——摩尔吸收系数（实验测得）[1/(mol·cm)]；

　　　C_v——单位体积气相的质量浓度（kg/m^3）；

　　　L——光路长度（m）；

　　MW——摩尔质量。

于是可以得到气相浓度的当量比：

$$\Phi_v = \frac{AF_{stoich}}{AF_v} = \frac{AF_{stoich}}{\left(\dfrac{C_a}{C_v}\right)} \qquad (5\text{-}17)$$

式中　AF_{stoich}——化学计量的空燃比；

　　　AF_v——实际空燃比；

　　　C_a——环境气体浓度。

液相的散射引起的消光可根据 Bauguer – Lambert – Beer 定律计算，如式（5-18）所示：

$$\left(\frac{I_t}{I_0}\right)_{L_{sca}} = \left(\frac{I_t}{I_0}\right)_{\lambda_T} = \exp\left[-R \cdot Q_{ext} \int_0^L \int_0^\infty \frac{\pi}{4} D^2 \cdot N \cdot f(D) \cdot \mathrm{d}D \mathrm{d}l\right] \quad (5\text{-}18)$$

式中　Q_{ext}——消光效率；

　　　R——Q_{ext}的修正系数；

　　　D——液滴直径；

　　　N——液滴数；

　　$f(D)$——液滴粒径分布函数。

R 与粒子大小和探测半角有关，可以根据瑞利近似衍射原理计算得到。

液滴浓度 C_d（kg/m^3）定义为：

$$C_d = \frac{1}{L} \int_0^L \int_0^\infty \frac{\pi}{6} \rho_f \cdot D^3 \cdot N \cdot f(D) \cdot \mathrm{d}D\mathrm{d}l \tag{5-19}$$

式中　ρ_f——喷射燃料的密度（kg/m³）。

再结合式（5-18）和式（5-19），可得到计算液滴浓度的公式：

$$C_d = \frac{2}{3} \rho_f \cdot D_{32} \frac{\ln\left(\frac{I_0}{I_t}\right)_{\lambda_T}}{R \cdot Q_{ext} \cdot l} \tag{5-20}$$

式中　D_{32}——Sauter 平均直径（m），可通过总的液相质量［M_f（mg）］和单位投影面积 ΔS（m²）获得：

$$D_{32} = \frac{0.63 \cdot R \cdot Q_{ext} \cdot M_f}{\rho_f \cdot \sum_i \log\left(\frac{I_0}{I_t}\right)_{\lambda_T} \cdot \Delta S} \tag{5-21}$$

然后，通过下面公式分别计算得到液相和气相的质量浓度：

$$C_d = 0.42 \rho_f \cdot \frac{M_f \cdot \ln\left(\frac{I_0}{I_t}\right)_{\lambda_T}}{\rho_f \cdot l \cdot \sum_i \log\left(\frac{I_0}{I_t}\right)_{\lambda_T} \cdot \Delta S} \tag{5-22}$$

$$C_v = \frac{M \cdot \left[\log\left(\frac{I_0}{I_t}\right)_{\lambda_A} - \log\left(\frac{I_0}{I_t}\right)_{\lambda_T} \right]}{\varepsilon \times l \times 10^2} \tag{5-23}$$

最后，当液相浓度确定后，可以通过下式获得液相的当量比 Φ_l：

$$\Phi_l = \frac{AF_{stoich}}{AF_l} = \frac{AF_{stoich}}{\left(\dfrac{C_a}{C_l} - \dfrac{C_a}{\rho_f}\right)} \tag{5-24}$$

图 5.11 显示了当激光的两个入射波长分别为 266nm 和 532nm 时，应用 LAS 方法计算轴对称喷雾的液相和气相浓度分布的解析流程图。

5.4.2　实验装置

LAS 实验装置布置的示意图如图 5.12 所示。由激光器产生两束同轴的激光，分别为紫外线（266nm）和可见光（532nm）。两束光经过二色分光镜分离，并分别经过扩束器和谐波分离器后重新形成同轴光。再经过燃烧弹内喷雾衰减后，剩余的光强再次通过谐波分离器分开，最后两束光被分别搭载了不同的带通滤波片的 CCD 相机接收。

5.4.3　替代燃料的选取

LAS 中应用的燃料的物理和光学特性会直接影响实验精确度。因此，合适的

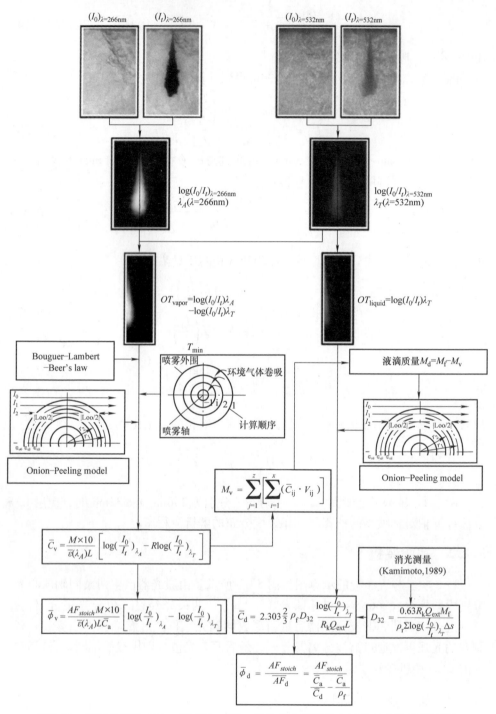

图 5.11　波长分别为 266nm 和 532nm 时，燃油自由喷雾的 LAS 方法解析的流程图

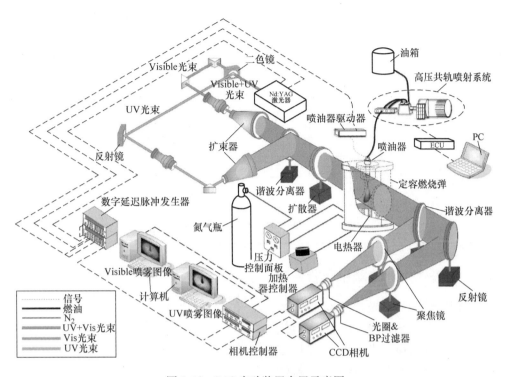

图 5.12　LAS 实验装置布置示意图

燃料选取十分重要。柴油的成分不稳定，对光谱的吸收系数也不稳定，因此往往选择固定燃料组分来代替燃油。替代燃料需要满足如下要求：

1）与柴油具有相似的物理性质，如沸点、黏度、密度、表面张力等。

2）气相燃料需要对紫外线有较为强烈的吸收效应，但不吸收可见光。

3）气相燃料对紫外线的吸收需要符合 Lambert – beer 定律，且摩尔吸收率与温度变化关系较小。

候选试验燃料和柴油的物理性能见表 5.4。正十五烷与柴油的沸点更为接近，然而凝点在柴油机的较高喷油压力下会大大降低。例如，对于正十四烷、正十五烷和正十六烷，它们在室温下就会凝结。目前，针对柴油更合适的替代燃料为正十三烷，其密度也与柴油更加接近，且对紫外线具有吸收效应，但并不吸收可见光，如图 5.13 所示。然而，正十三烷对 266nm 处紫外线吸收较弱，因此实验过程中往往在其中掺混少许对紫外线吸收能力较强的 α – 甲基萘，以增强替代燃油对紫外线的吸收能力。α – 甲基萘与正十三烷具有很好的互溶特性和相似的蒸气压和温度曲线。文献［22］中最后选取含有体积分数 2.5% 的 α – 甲基萘和 97.5% 的正十三烷的混合燃料，作为最后的柴油替代燃料。

表 5.4　候选试验燃料的物性性能[22]

燃料	分子式	沸点/℃	密度/(kg/m³)	运动黏度/(mm²/s)
α-甲基萘	$C_{11}H_{10}$	244.7	1016	2.58
1,3-二甲基萘	$C_{12}H_{12}$	262.5	1018	3.95
正十三烷	$C_{13}H_{28}$	235.0	756	2.47
正十四烷	$C_{14}H_{30}$	253.7	760	3.04
正十五烷	$C_{15}H_{32}$	270.6	770	3.73
正十六烷	$C_{16}H_{34}$	287.0	780	4.52
替代燃料 （α-甲基萘 2.5% +正十三烷 97.5%，体积分数）	—	235.8	767	2.48
柴油	—	~273	~830	~3.86

5.4.4　替代燃料的摩尔吸收系数

气相燃料吸收光谱测量装置如图 5.14 所示。该装置由一个高温、高压小型燃烧弹、光源和光谱仪组成。此光源可产生紫外线光束。燃烧弹有两个测试单元，一个参考单元和一个测量单元。试验时，两个单元保持相同的温度压力，测量单元充入气相的替代燃料，参考单元不充入任何燃料。通过式（5-25）可以得到燃料的吸光率：

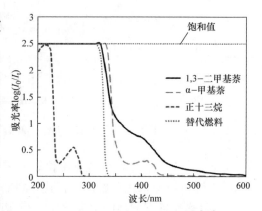

图 5.13　不同燃料的吸收光谱[22]

$$Ab = \log\left(\frac{I_0 - DK}{I_t - DK}\right)_{\lambda_A} \tag{5-25}$$

式中　DK——在没有光源的情况下测量的背景强度。

对替代燃料不同摩尔浓度（C_v）下的吸光率$\left[\log\left(\frac{I_0}{I_t}\right)_{\lambda_A}\right]$进行标定，则可得到两者在不同工况下的函数关系。图 5.15 所示为图 5.13 中替代燃料在不同温度下，标定测试得到的气相摩尔浓度与吸收率的关系图。从图 5.15 中可以看到，此燃料对紫外线的吸收率呈线性光系，符合 Beer-Lambert 法则。通过此标定确定测量过程中的吸收率和气相浓度后，则可以通过式（5-26）获得替代燃料在不同温度下的摩尔吸收系数 ε：

$$\varepsilon = \frac{\log\left(\dfrac{I_0}{I_t}\right)_{\lambda_A}}{C_v \cdot M \times 10^2 \cdot L} \qquad (5\text{-}26)$$

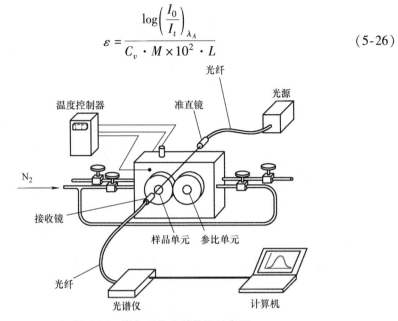

图 5.14　摩尔吸收光谱装置示意图

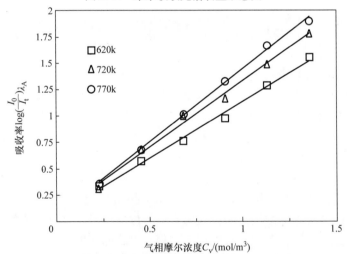

图 5.15　替代燃料（α - 甲基萘 2.5% + 正十三烷 97.5%，
体积分数）气相摩尔浓度与吸收率关系

图 5.16 所示为通过 LAS 方法得到的不同时刻下，液相与气相浓度分布示例[22]。左半边喷雾显示了液相，右半边喷雾显示了气相。从图 5.16 中可以看出，在喷油初始时刻（0.2ms ASOI）只有液相燃油，到 1.5ms ASOI 时喷油结束，只有气相燃油。不管气相和液相，富油区域都是从喷雾轴线向喷雾边缘呈递减趋势。

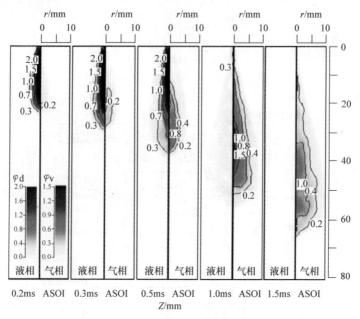

图 5.16　通过 LAS 测得的液相与气相燃油浓度分布示例

5.5　本章小结

　　本章介绍了瑞利散射、PLIF、LAS 三种燃油浓度诊断技术，每种技术的特点对比总结到在表 5.5 中。三个技术都是应用激光作为外部光源，因此一般受实验条件的限制（高速脉冲激光），所测结果为喷雾过程中某些特定时刻的结果，很难得到燃油浓度在一次喷雾过程中瞬态发展过程。瑞利散射和 PLIF 都是激光片光获得的，都是二维空间的浓度信息，LAS 技术应用的是激光光束穿透喷雾得到的光强，是光学路径累积的结果，需要通过假设喷雾中心对称分布，再进行层析重建获得对称面的信息。瑞利散射和 PLIF 都是获得气相的燃油浓度，LAS 可以同时得到液相、气相的浓度。相比较第 4 章的诊断技术，本章所述的三种激光诊断技术从光路布置、标定和信息处理上，都有更高的难度。

表 5.5　瑞利散射、PLIF、LAS 技术特点对比

	瑞利散射	PLIF	LAS
外部光源	激光片光	激光片光	激光光束
时间响应	较差	较差	较差
示踪粒子	不需要	需要	不需要
标定	需要	需要	需要
所测目标	气相浓度	气相浓度/温度	液相/气相浓度
空间信息	二维	二维	二维（层析重建）

参 考 文 献

［1］ ESPEY C, DEC J E, LITZINGER T A, et al. Planar laser rayleigh scattering for quantitative vapor – fuel imaging in a diesel jet ［J］. 1997, 109 (1 – 2): 65 – 86.

［2］ IDICHERIA C A, PICKETT L M. Quantitative mixing measurements in a vaporizing diesel spray by rayleigh imaging ［J］. SAE technical papers, 2007, 116: 490 – 504.

［3］ ADAM A, LEICK P, BITTLINGER G, et al. Visualization of the evaporation of a diesel spray using combined Mie and Rayleigh scattering techniques ［J］. Experiments in Fluids, 2009, 47 (3): 439 – 449.

［4］ ZHAO H, LADOMMATOS N. Optical diagnostics for in – cylinder mixture formation measurements in IC engines ［J］. Progress in Energy and Combustion Science, 1998, 24 (4): 297 – 336.

［5］ SAHOO D, PETERSEN B, MILES P C. Measurement of equivalence ratio in a light – duty low temperature combustion diesel engine by planar laser induced fluorescence of a fuel tracer ［J］. SAE International Journal of Engines, 2011, 4 (2): 2312 – 2325.

［6］ SCHULZ C, SICK V. Tracer – LIF diagnostics: quantitative measurement of fuel concentration, temperature and fuel/air ratio in practical combustion systems ［J］. Progress in Energy and Combustion Science, 2005, 31 (1): 75 – 121.

［7］ ECKBRETH A C. Laser diagnostics for combustion temperature and species ［M］. ［sl］: Gordon and Breach, 1996.

［8］ SAGE K, REITZ R D, DEREK S, et al. Investigation of fuel reactivity stratification for controlling PCI heat – release rates using high – speed chemiluminescence imaging and fuel tracer fluorescence ［J］. SAE International Journal of Engines, 2012, 5 (2): 248 – 269.

［9］ 唐青龙. 内燃机新型燃烧模式燃烧机理光学诊断 ［D］. 天津: 天津大学, 2017.

［10］ MUSCULUS M P B, LACHAUX T, PICKETT L M, et al. End – of – injection over – mixing and unburned hydrocarbon emissions in low – temperature – combustion diesel engines ［J］. SAE Technical Papers, 2007, 116 (3): 515 – 541.

［11］ NAJAFABADI M I. Optical study of stratification for partially premixed combustion ［D］. Eindhoven, Eindhoven University of Technology, 2017.

［12］ MODICA V, MORIN C, GUIBERT P. 3 – Pentanone LIF at elevated temperatures and pressures: measurements and modeling ［J］. Applied Physics B, 2007, 87 (1): 193 – 204.

［13］ ORAIN M, BARANGER P, ROSSOW B, et al. Fluorescence spectroscopy of naphthalene at high temperatures and pressures: implications for fuel – concentration measurements ［J］. Applied Physics, 2011, B102 (1): 163 – 172.

［14］ KAISER S A, LONG M B. Quantitative planar laser – induced fluorescence of naphthalenes as fuel tracers ［J］. Proceedings of the combustion institute, 2005, 30 (1): 1555 – 1563.

［15］ KAWANABE H, TANAKA S, YAMAMOTO S, KOJIMA H, et al. PLIF measurement of fuel concentration in a diesel spray of two – component fuel ［J］. Kidney International, 2014, 80

(4): 369 –77.

[16] YANG K, YASAKI S, NISHIDA K, et al. Tracer LAS measurement of vapor and liquid phase concentration distributions in evaporating diesel spray: effect of injection pressure [C]. ILASS – Asia. [Sl: sn], 2017.

[17] YANG K. Effects of piston cavity impingement and split injection on mixture formation and combustion processes of diesel spray [D]. Hiroshima: University of Hiroshima, 2018.

[18] ZHANG Y, NISHIDA K. Imaging of vapor/liquid distributions of split – injected diesel sprays in a two – Dimensional model combustion chamber [J]. Combustion Science and Technology, 2004, 176 (9): 1465 –1491.

[19] MANCARUSO E, VAGLIECO B. Spectroscopic measurements of premixed combustion in diesel engine. fuel [J]. Fuel, 2011, 90 (2): 511 –520.

[20] GAYDON A G. The spectroscopy of flames [M]. London: Chapman and Hall Ltd, 1974.

[21] GUMPRECHT KO, SLIEPCEVICH C M. Scattering of light by large aspherical particles [J]. Journal of Physical Chemistry, 1953, 57 (1): 90 –95.

[22] MATSUO T, LI K C, ITAMOCHI M, et al. Tracer LAS technique for quantitative mixture concentration measurement of evaporating diesel spray [C]. ILASS – Asia. [Sl: sn], 2014.

第6章

着火延迟期和燃烧组分测试

　　第4、第5章对应用于未燃烧喷雾的光学技术进行了详细介绍。本章将对应用于诊断着火延迟期和燃烧组分的光学技术进行介绍。着火延迟期对于预混燃烧比例、发动机热效率、污染物排放等都会产生重要影响，对其进行精确测量将对化学反应动力学的验证和发展提供有力帮助。对于光学发动机和较小容积的定容燃烧弹而言，着火延迟期可以通过传感器测得的缸压曲线或转换的放热率曲线获得。然而，对于定压燃烧弹和较大容积（喷雾燃烧释放热量不足以对燃烧弹压力产生显著影响）的定容燃烧弹而言，则需通过光学诊断技术获得。本章将对高速火焰自发光和高速纹影法获得着火延迟期的技术进行详细说明。应用光学诊断技术对发动机燃烧过程中一些重要组分的测量，可以用于验证和发展燃烧模型、化学反应机理，改善对燃烧过程的理解。一般对燃烧组分的测试分为两类。一类是利用化学发光法：火焰中的自然发光主要两种类型，固体碳烟颗粒的连续热辐射和气相组分的带状化学荧光辐射。化学发光主要是燃烧中由于自身化学反应产生一些处于激发态的产物，这些中间产物在衰退到更低能量级时会发出光辐射，这些化学辐射光涉及紫外线到红外线的光谱区域。而另一类则是利用能量吸收创造出的电子激发态。本章将对化学发光法和 OH^* 化学发光测量火焰浮起长度，以及 PLIF 对燃烧组分的测试技术进行详细讨论。

6.2.1　高速自然发光法

　　如第2章所述，柴油喷雾燃烧的着火过程分为低温放热和高温放热两个阶段，通常把从喷油开始到高温燃烧开始的这一时间段定义为着火延迟期。高速自然发光法（High - speed Natural Luminosity，有时也被称为宽带化学发光成像法，Broadband Chemiluminescence Imaging），就是通过高速成像方法检测高温燃烧时的化学发光，以测量着火时刻和着火位置。通过此方法可以检测不能获得缸压曲线的设备中的着火延迟，也可以用来校核缸压曲线获得的着火延迟期。

该光学技术的光路布置相对简单，如图 6.1 所示。高温着火的化学发光通过一个低通滤波片被高速数码相机接收。此处低通滤波片的应用主要是为了在过滤掉一些高波长范围组分的热辐射（如碳烟）的同时，保证其他自由基的辐射光被相机接收（如 CH*，C2*)[1]。另外，相机曝光时间不能设置过小，过小会导致自由基微弱的化学发光强度在相机

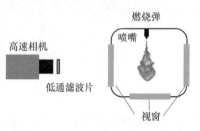

图 6.1　高速自然发光法示意图

上捕捉不到。Lillo 等人试验时应用的波长为 600nm，曝光时间为 $46\mu s$ [1]。

图片处理时的第一步是确定所用成像系统的高温化学发光强度，需要注意的是，此强度值的量级不同于冷焰着火阶段的化学发光，也不同于碳烟辐射强度。通常为了避免碳烟辐射强度影响此值量级的判断，选取较低环境温度无碳烟的工况检测。成像示例如图 6.2 所示，左上角括号中的数值为所选灰色区域内显示的

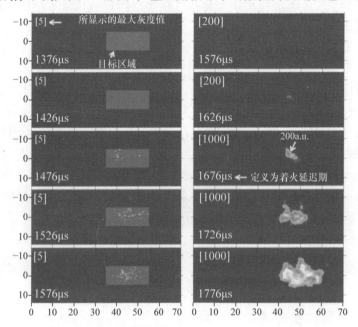

图 6.2　高速自然发光法图片示例（环境温度 750K）

注：图像左上角数值所示为图片灰色区域内最大灰度值[1]

最大灰度值。由图6.2可以看出，最开始两张图片选取的灰色框内没有检测到化学发光，而$1476\sim1576\mu s$检测到微弱的化学发光，这部分辐射主要是冷焰放热阶段的化学反应形成的。高强度的化学发光在$1676\mu s$可以被明显检测到，此时的峰值显示已经到了1000灰度值。

此灰色区域的选取主要是为了避免喷雾下游区域碳烟辐射的影响，因此选取范围一般集中在火焰浮起长度附近，并且会根据不同环境工况进行移动。接下来，获得所选区域范围内最大光照强度随时间的变化曲线，示例如图6.3所示。从图6.3中可以看到，此最大光照强度经历较短时间后稳定在一个固定值，而此值大小与环境工况变化没有明显关系。

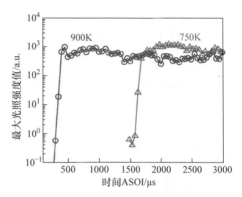

图6.3　两种环境温度（900K，750K）

注：下灰色区域最大强度值随时间变化[1]

最后，需选取一边界值，使其小于此稳定化学发光强度最大值，并且远大于冷焰反应时候的化学发光强度，用它定义高温的着火时刻。ECN组织选取了此最大化学发光强度的50%来作为此边界值，这与选取火焰浮起长度的定义方法一致[2]，在6.3.1小节中会进行详细介绍。

6.2.2　高速纹影成像法

高速纹影成像法对于蒸发态非燃烧状态下喷雾轮廓的测试方法，在第4章已经进行了详细说明。在燃烧状态下的纹影光路布置与非燃烧状态下的布置（图4.9）稍有区别，只是在纹影刀口处增加了一个带通滤波片[3]或低通滤波片[4]，如图6.4所示。此滤波片的作用是消除碳烟热辐射光的干扰。

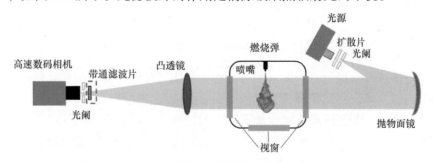

图6.4　燃烧状态下的高速纹影光路

通过此技术获得的纹影图片与上述自然发光法获得的图片对比如图6.5所

示。从图 6.5 中可以看出，在喷油初期，喷雾呈现未燃烧状态，自然发光图像中也未检测出化学发光强度。在 620μs 和 660μs ASOI 时，纹影图像的喷雾头部开始变得透明，自然发光图像也检测到微弱的化学辐射光，此时发生的现象为冷焰着火放热阶段。而在 820μs ASOI 时，纹影图像的喷雾头部重新变暗，自然发光图像也可检测到相对较高强度的辐射光，此时发生了高温着火。由此可见，在此工况下，两种技术所呈现的着火过程是一致的。

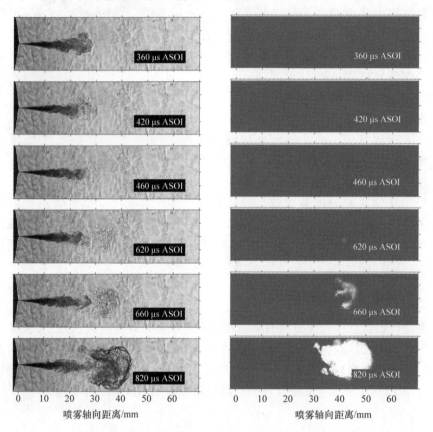

图 6.5　燃烧喷雾的纹影图像与火焰自发光图像对比[4]

通过高速纹影成像法判断高温着火时刻，主要是通过分析每相邻两个时刻图片喷雾内部总体灰度增值量变化来实现的，具体图片处理过程如下。

背景校正：由于环境温度和密度的不均匀性，背景也会产生纹影效应。此纹影效应在整个喷雾过程中并不是稳定不变的，而背景纹影图案的运动远低于喷雾速度，所以一般认为，每两张图片的背景纹影图案是稳定的。因此，在背景校正时，对第 n 张图片可以通过用此图片减掉 $n-1$ 张图片的背景（非喷雾部分）来实现。

喷雾边界确定：根据文献［5］中 Siebers 建议，选取背景校正后二值化图像

5%的动态范围，可以作为临界值来定义喷雾边界。

　　计算喷雾内部灰度值的和：对于每张校正后图片，将喷雾内部各个像素点的灰度值进行积分获得每个时刻喷雾图像的灰度值的和。

　　计算灰度值和增量确定着火延迟期：将前后每两张图片喷雾内部灰度值的和进行相减，得到灰度值的和增量随时间的变化曲线，最后选取该曲线的峰值对应的时刻为着火时刻。

　　该处理过程示意图如图 6.6 所示。图 6.6a 中所示为一个单孔喷油器燃烧工况下的纹影图像，图 6.6b 所示为喷雾内部数码灰度值之和随时间的变化曲线，图 6.6c 为灰度值之和随时间导数曲线（增量随时间变化），最后选取峰值对应的时间为着火延迟期（ID）。

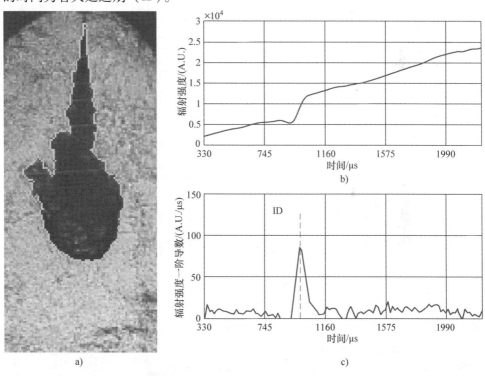

图 6.6　纹影法定义着火延迟期示意图

6.3　燃烧组分

6.3.1　化学荧光法和火焰浮起长度测量

　　如引言所述，化学发光主要是燃烧中由于自身化学反应产生一些处于激发态的产物，这些中间产物在衰退到更低能量级时会发出光辐射，这些化学辐射光涉及紫外线到红外线的区域。在内燃机燃烧过程中，一些主要自由基的峰值波长见表6.1[6]。需要指出的是，表6.1中所列的峰值波长，通常会由于瞬态过程中不同的振动/旋转等级和不同的线宽机理而呈现不同的数值[6]。这些化学发光除了代表组分本身外，还能用于研究着火和燃烧特性。例如，Dec 和 Espey[7]测量了CH 自由基的自然化学发光，并说明 CH* 可以很好地用来表征柴油机着火的第一阶段，也就是冷焰着火阶段。大量研究表明，在柴油机着火的第二阶段，也就是高温燃烧阶段会形成大量 OH 自由基，而且这些自由基主要集中在火焰的化学当量比区域[8-9]。而 CH_2O 通常被认为是碳烟形成的前驱物，可以用它来研究碳烟的生成机理。

表 6.1　内燃机中一些自由基的峰值波长[6]

燃烧组分	波长/nm
CH*	314、387～389、431
OH*	281～283、302～309
CH_2O^*	368、384、395、412～457
CO_2^*	2690～2770、4250～4300
C_2^*	470～474、516、558～563
CHO*	320、330、340、355、360、380、385

化学发光法的光路通常比较简单，只需根据目标组分的峰值波长选择恰当的带通滤波片，将其放置在相机前方再聚焦即可。然而，有时化学发光强度较弱，通常需要将相机加载一个像增强器，例如 ICCD 相机或者高速数码相机配合高速像增强器。

如第 2 章所述，当柴油的扩散火焰达到稳定状态时，火焰上游初始位置达到一个稳定的状态，此位置与喷嘴出口的距离则定义为火焰浮起长度（flame lift - off length）。大量研究表明，此长度对柴油燃烧和排放过程起着重要作用[10]。一般应用 OH 来表征火焰位置，此处将 ECN 组织中如何应用 ICCD 获得时间平均的 OH* 化学发光法图像得到火焰浮起长度，进行详细说明[10]。

OH* 化学发光法的光路布置图如图 6.7 所示，此处滤波片一般选取 310nm 的窄通滤波片，这样可以使得相机传感器获得大部分的

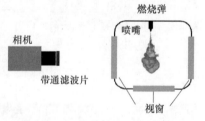

图 6.7　化学发光法光路示意图

OH* 化学发光。虽然碳烟的热辐射部分强度信号也会被记录到图像中，但是碳烟的分布主要集中在火焰中下游，在火焰初始位置的化学发光则可以被认为主要

是 OH 自由基产生的。对于瞬态的火焰浮起长度而言，由于较低的信噪比和较大的帧与帧间的波动，测量往往存在较大不确定性。因此，一般选择拍摄稳定火焰 OH^* 时间平均图像来提高结果的稳健性。例如，选取喷油结束前的一段时间，以排除瞬态着火或由喷油结束造成的波动影响，如图 6.8 上图所示（油束从左向右横向喷出）。图像处理时，先将火焰以喷油轴线为中心划分为上下两个部分。然后，将每一部分从喷嘴位置到喷雾下游寻找各个轴向位置的最大灰度值，这样就得到如图 6.8 下图所示的两条曲线。接下来，定义灰度值第一个峰值 50% 强度值对应的轴向位置为火焰初始位置。最后，将上下各半个火焰得到的火焰初始位置进行平均，最终获得此张图片的火焰浮起长度。

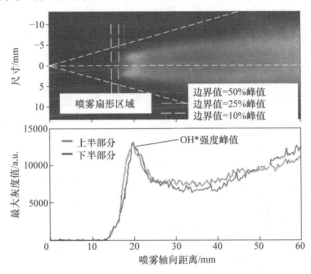

图 6.8　OH^* 化学发光图像和火焰浮起长度获得方法[11]

6.3.2　PLIF 测量燃烧组分

第 5 章已经介绍了 PLIF 在非燃烧喷雾领域的应用。除此之外，PLIF 技术还可以对燃烧过程中的自由基进行测试。与非燃烧浓度测试不同的是，对燃烧组分的测试不需要选择示踪粒子，而是对自由基本身进行激发。此外，在高温、高压的燃烧室内很难对燃烧组分浓度进行标定，且在高温、高压环境下还会产生较为强烈的猝灭效应，因此很难获得定量的信息，多数情况下只能做定性分析。本节主要对喷雾燃烧过程中 OH 基、NO、甲醛和多环芳香烃（PAH）的 PLIF 测试进行介绍。OH 基的意义在上文已经做了阐述，它对检测高温燃烧区域有着重要的代表作用。NO 为内燃机高温燃烧区域的主要污染物，由于更小的吸收截面和需要更短的紫外激发波长，它的 LIF 测量相对 OH 更加困难。甲醛（H_2CO）则被认为是冷焰燃烧的主要产物，可以用来表征燃烧的第一阶段。另外，还可以用它的消耗来表征高温燃烧的开始。PAH被认为是碳烟的主要前驱物，它的LIF波长和甲醛比较类似，所以往往是通过两者形成的时间和空间的不同来进行区分。

　　PLIF测量燃烧组分的实验装置与未燃烧条件下测量燃料浓度的实验装置非常相似，有关实验布置可参考图5.3。燃烧组分的浓度远小于荧光示踪剂，因此所获得的LIF荧光信号相对较弱。然而，如果激光输出可以调谐到两个电子态之间的特定光谱线，则吸收过程将大大增强。因此，在OH、NO和甲醛的LIF测量中采用了特定光谱线的激发和发射，这些物质的窄带吸收特性往往需要一个可调谐的激光。测量这些物质的LIF最常见的激励源之一是Nd：YAG泵浦染料激光器。Nd：YAG激光器的泵浦光设置在第2次谐波（532nm）或第3次谐波（355.5nm），用于泵浦液体染料中的激光产生过程。同一个染料激光器可以通过改变不同的染色介质而产生不同波长范围的激光。染料激光器的这一特性使得染料激光器的应用非常广泛。有些染料激光器可以用308nm的准分子激光泵浦。对于OH和NO，可调准分子激光器也可用于直接荧光激发[6]。

　　激发波长的选择对LIF信号的检测会产生很大影响，所选择的波长不能被燃烧室内其他的组分吸收。比如测OH基时，激发波长接近300nm时，光线的衰减问题可能不大。但是，应用更短波长测量OH基和NO时，燃油和其他燃烧组分对光线的衰减效应则会变得比较严重。特别是应用更短的波长测量其他燃烧组分时，高温氧气对LIF信号的消减是极其明显的。如果增加激发波长下测试组分的吸收截面会在一定程度上改善荧光信号强度。因此，为了获得荧光效率较高的激发波长进而获得更高的信噪比，可以应用燃料激光器在一定连续波长范围内，先针对较小的实验室燃烧器的火焰目标测试组分进行激发波长的扫描，进而获得最优光谱，然后再应用筛选的光谱进行发动机喷雾相应燃烧组分的测试。表6.2中列出了对OH基、NO、H_2CO和PAH常用的激发波长和荧光波长。

表6.2　OH基、NO、H_2CO和PAH常用的激发波长和荧光波长

燃烧组分	激发波长/nm	荧光波长/nm
OH基[12]	284	310左右
NO[13]	226	246
H_2CO[14]	355	385~450
PAH[14]	355	385~450

　　OH-PLIF：PLIF测量OH基最常用的设备就是Nd：YAG泵浦染料激光器，应用284nm波长激光对OH基进行激发，检测荧光在310nm左右。通常对于PLIF-OH的干扰主要有两大类：一类是碳烟颗粒和液相燃油液滴的弹性散射，另外一类是来自碳烟的宽带热辐射、碳烟粒子和PAH的LIF信号。由于OH的

LIF 荧光信号波长要比激光激发波长要长，所以可以通过应用长通滤波片或者带通滤波片消除弹性散射的影响。然而，要全面消除宽带辐射的影响却比较困难。PAH 的荧光辐射波长跨度很广，涉及紫外线到可见光的区域，当用 284nm 的激光对 PAH 激发时，通常会产生比 OH 荧光（308～320nm）更大的红移。对于碳烟的热辐射或者激光诱导炽光产生的黑体辐射，也涉及较宽的波长范围，但是辐射强度在紫外线区域范围会大大减弱[6]。Genzale 等人[15]在进行 PLIF – OH 测量时应用了三个滤波片：一个中心波长 312nm（宽 16nm）的带通滤波片分离出 OH 荧光；一个 358nm 的低通滤波片来减小其他组分的荧光和碳烟热辐射的影响；一个 2mm 厚 WG305 长通滤波片来消除激光弹性散射的影响。在滤波片所选波长范围内虽然还有诸如 PAH 荧光和碳烟黑体辐射的影响，Genzale 等人[15]发现相对于 OH 荧光强度，这些影响是很微弱的。

NO – PLIF：对于 NO 的 PLIF 测量，由于紫外线范围内更短的激发波长和荧光波长，它的测量通常伴随很多困难。例如燃油本身对紫外激发激光的吸收、燃烧中间产物（部分氧化的碳氢化合物和 PAH）对激光的衰减，以及氧气荧光的干扰等。Dec 和 Canaan[13]成功应用 PLIF 技术在一个直喷式柴油发动机中对 NO 的形成进行了测试。他们应用的激光为三倍频率的 Nd：YAG 泵浦 OPO（光参量振荡器）激光器获得的 226nm 激光。此激光器输出能力大约是普通 Nd：YAG 泵浦燃料激光器的 4 倍。226nm 的波长可以减小热氧的影响。试验中应用了 UG – 5 Schott 滤波片来消除弹性散射的影响。此外，还应用了一个 246nm（FWHM45 nm）的带通滤波片来屏蔽 280nm 以上波长，例如 PAH 的荧光、330nm 以上的 LII 辐射信号和火焰的辐射光，以及氧气的荧光。

甲醛/PAH – PLIF：对于甲醛和 PAH 的 PLIF 都可以应用 355nm 波长的 Nd：YAG 激光。然而，两者的荧光波长，以及碳烟的 LII 波长具有较大的重合，很难从光谱上把两者完全区分开来。甲醛的荧光光谱展现出一系列的特征带，PAH 的荧光和碳烟的 LII 则是相对宽频的光谱带。此外，PAH 和碳烟的辐射强度通常比甲醛的荧光强度更高，并且相对较为分布孤立，甲醛荧光强度在二阶段高温着火消失前基本保持不变。另外，甲醛和 PAH 荧光出现的时间和空间位置也不一样，甲醛出现在更早的冷焰燃烧阶段，比 PAH 更靠近喷嘴位置。图 6.9 所示为 Skeen 等人应用 PLIF 对单孔喷油两个不同时刻的测试结果和对应工况下拍摄的纹影图像。在 340μs ASOI 时，发生冷焰燃烧，折射率梯度变得柔和，纹影图像头部开始变得透明，图 6.9 最上面的 PLIF 图像荧光强度表明甲醛的存在。而在 690μs ASOI 时，纹影图像出现了径向膨胀说明高温燃烧已经发生，此时 PLIF 图像中的荧光明显可以分为两部分，喷雾上游虚线框里的为甲醛，下游位于 30～40mm 喷雾头部的荧光则应该是 PAH 产生。此试验过程中应用的滤波片为一个 450nm 的低通滤波片加一个 385nm 的长通滤波片，用以消减火焰辐射和激光弹性散射的影响。

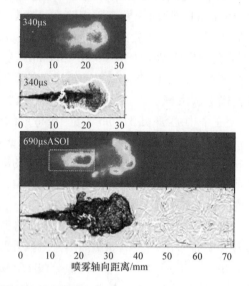

图 6.9　甲醛/PAH - PLIF 和对应工况下的纹影图

6.4　本章小结

　　本章对着火延迟期、火焰浮起长度和燃烧组分的光学诊断方法进行了介绍。对于着火延迟期,此处介绍了自然发光法和高速纹影法两种光学诊断技术。两者在高反应工况下所诊断的着火延迟具有较好的一致性,在低反应工况条件下,高速纹影法对着火时刻的敏感性偏低,所测量的着火延迟期较自然发光法来说偏长。对于火焰浮起长度的测量,OH*化学发光法是最为简单、有效的诊断技术,用 ICCD 相机往往得到曝光时间内的一个平均图像,而高速相机搭载像增强器可以获得单次喷雾 OH 基瞬态的发展过程,也就是可以获得火焰浮起长度的瞬态发展过程。对于燃烧中间组分的测量,此处对 PLIF 方法进行了介绍,目前来说应用 PLIF 测量燃烧组分实现定量测量还具有较大难度,往往实验结果都是用来观测中间组分的空间分布,及其随时间的发展变化。

参 考 文 献

[1] LILLO P, PICKETT L, PERSSON H, et al. Diesel spray ignition detection and spatial/temporal correction [J]. SAE Int. J. Engines, 2012, 5 (3): 1330 - 1346.

[2] ECN. Light - based Ignition Delay [EB/OL]. (2019 - 07 - 10) [2021 - 03 - 01]: https: //ecn. sandia. gov/.

［3］PASTOR J, GARCIA – OLIVER J, ANTONIO G, et al. an experimental study on diesel spray Injection into a non – quiescent chamber ［J］. SAE Int. J. Fuels Lubr. 2017, 10 （2）: 394 – 406.

［4］BENAJES J, PAYRI R, BARDI M, et al. Experimental characterization of diesel ignition and lift – off length using a single – hole ECN injector ［J］. Applied Thermal Engineering, 2013, 58 （1 – 2）: 554 – 563.

［5］SIEBERS D L. Liquid – phase fuel penetration in diesel sprays ［J］. SAE Technical Papers, 1998, 107: 1205 – 1227.

［6］ZHAO H. laser diagnostics and optical measurement techniques in internal combustion engines ［M］. Warrendale: SAE International, USA, 2012.

［7］DEC J, ESPEY C. Chemiluminescence imaging of autoignition in a DI diesel engine ［J］. SAE International Journal of Engines, 1998, 107 （6）: 2230 – 2254.

［8］DEC J, COY E B. OH radical imaging in a DI diesel engine and the structure of the early diffusion flame ［J］. Tech. rep. Sandia National Labs., Albuquerque, NM （United States）, 1996, 105 （3）: 1127 – 1148.

［9］DEC J. A conceptual model of DI diesel combustion based on laser – sheet imaging ［J］. SAE International Journal of Engines, 1997, 106 （3）: 1319 – 1348.

［10］HIGGINS B, SIEBERS D. Measurement of the flame lift – off Location on DI diesel sprays using OH chemiluminescence ［J］. SAE Technical Paper, 2001, 110 （2）: 739 – 753.

［11］BARDI M. Partial needle lift and injection rate shape effect on the formation and combustion of the diesel spray ［J］. Physics, 2014, 563 （3）: 242 – 251.

［12］SINGH S, MUSCULUS M, REITZ R D. Mixing and flame structures inferred from OH – PLIF for conventional and low – temperature diesel engine combustion ［J］. Combustion and Flame, 2009, 156 （10）: 1898 – 1908.

［13］DEC J E, CANAAN R E. PLIF Imaging of NO formation in a DI diesel engine ［C］. SAE Technical Papers. New York: SAE, 1998.

［14］SKEEN S A, MANIN J, PICKETT L M. Simultaneous formaldehyde PLIF and high – speed schlieren imaging for ignition visualization in high – pressure spray flames ［J］. Proceedings of the Combustion Institute, 2015, 35 （3）: 3167 – 3174.

［15］GENZALE C L, REITZ R D, MUSCULUS M. Effects of piston bowl geometry on mixture development and late – Injection low – temperature combustion in a heavy – duty diesel engine ［J］. SAE International Journal of Engines, 2008, 1 （1）: 913 – 937.

第7章

喷雾火焰中碳烟的光学测试

7.1 引言

柴油机燃烧火焰中碳烟的生成氧化过程包含了极其复杂的物理现象和化学动力学过程，涉及大量难以定量测量的中间组分，目前已投入使用的碳烟光学测试技术还存在较大误差和不确定性。

近些年，为了增进对柴油燃烧过程中碳烟生成、氧化过程的理解，针对柴油火焰中碳烟的生成测试已经发展了多种光学诊断技术。其中一类光学技术是利用碳烟颗粒在柴油高温燃烧时热辐射作用所产生的光强与碳烟量存在一定关系的原理。双色法（Two-color）基于两种不同波长辐射光强，可以对瞬态碳烟量及其温度实现定量测量。激光诱导炽光技术（LII）是另外一种基于碳烟热辐射的二维光学诊断方法。当激光片光照射到碳烟颗粒上时，碳烟颗粒由于吸收激光能量使其温度远高于环境气体温度，发出相对应的黑体辐射光。因此LII可以定量测量碳烟在激光片光上的二维空间分布。另一类光学技术则是基于碳烟粒子对外部入射光吸收衰减效应发展而来。连续激光点光源消光法（LEM）是其中比较常见的方法。此外，近几年来随着高速数码相机和先进光源的发展，一种扩散背景光消光技术（DBI）开始在ECN组织中广泛应用。消光辐射结合法（CER）则融合了碳烟的辐射特性和对外部入射光源的衰减效应，可以在获得碳烟量的同时获得碳烟温度。本章将对上述几项诊断技术进行详细介绍。

7.2 双色法

双色法是利用火焰中碳烟的辐射实现碳烟量和碳烟温度同步测量的一种技术。在柴油喷雾燃烧中的大部分燃烧阶段，碳烟的热辐射在火焰辐射中占主导地位，因此通过传统可视化设备在可见光谱范围内得到的火焰图像主要是碳烟的辐射图像。因此，双色法在柴油火焰碳烟温度的测试方面得以广泛应用。此外，Matsui 等人[1]已经证明在柴油燃烧条件下，碳烟的温度与环境气体温度的差别可以忽略不计（小于 1 K），因此可以用获得的碳烟温度来表征火焰气体温度。

7.2.1　基本原理

双色法假设火焰中的碳烟量和温度在光学路径上空间分布是均匀的，且碳烟的辐射强度（I_{soot}）与辐射光波长（λ）、碳烟温度（T）、碳烟体积分数（f_v）、光学路径厚度（L）存在如下函数关系：

$$I_{soot}(\lambda, T, f_v, L) = \varepsilon(\lambda, f_v, L) \cdot I_b(\lambda, T) \tag{7-1}$$

此处，碳烟的辐射强度［单位面积、固体角（solid angle）和单色波长的辐射功率］等于相同温度、相同波长下的黑体辐射强度（I_b）乘以辐射系数 ε。辐射系数与波长和碳烟的量相关，而碳烟量可以用碳烟体积分数和光学路径厚度表示。

根据普朗克（Planck）定律，黑体辐射强度与波长和温度有如下关系：

$$I_b(\lambda, T) = \frac{c_1}{\lambda^5 \left[\exp\left(\dfrac{c_2}{\lambda T} \right) - 1 \right]} \tag{7-2}$$

式中　c_1 和 c_2——分别为第一普朗克常数和第二普朗克常数，其中，$c_1 = 3.7418 \times 10^{-16} \mathrm{W/m^2}$，$c_2 = 1.4388 \times 10^{-2} \mathrm{m \cdot K}$。

又根据 Bouguer – Lambert 定律[2]，单色辐射系数 ε 可用式（7-3）表示：

$$\varepsilon = 1 - \exp(-k_\lambda \cdot L) \tag{7-3}$$

式中　k_λ——光学路径厚度 L 上，对应波长 λ 的平均消光系数，与碳烟体积分数和目标对象光学特性相关。

根据 Hottel 和 Broughton 的半经验公式 ε 又可写成如下关系：

$$\varepsilon = 1 - \exp\left(-\frac{k_{soot} \cdot L}{\lambda^\alpha} \right) \tag{7-4}$$

式中　k_{soot}——一个正比于碳烟的体积分数（f_v）的参数；

　　　λ——波长（μm）；

　　　α——固定常数，一般研究认为此常数在可见光范围内与波长选择关系
　　　　　　不大，对于大多数燃料而言，很多学者[3]建议 α 为固定值 1.39。

由以上几个公式可以看出，为计算碳烟温度，碳烟的光学厚度需要先确定，然而试验中此值很难获得。因此，实际计算过程中通常用一个乘积变量 KL 因子来表征碳烟辐射路径上碳烟量的多少，此处 $KL = k_{soot} \cdot L$，在一些文献中有时也会用 $f_v L$ 来代替 KL。

综合式（7-1）、式（7-2）、式（7-4），可以得出碳烟的辐射强度 I_{soot} 与温度、波长、和 KL 因子的如下关系：

$$I_{soot}(\lambda,T,KL) = \left[1 - \exp\left(-\frac{KL}{\lambda^{\alpha}}\right)\right] \cdot \frac{c_1}{\lambda^5\left[\exp\left(\dfrac{c_2}{\lambda T}\right) - 1\right]} \qquad (7\text{-}5)$$

试验过程中，同时获得两种波长下碳烟的辐射强度，就可以同时得到碳烟的温度和表征碳烟量的 KL 因子。

7.2.2 实验装置

通常针对柴油喷雾燃烧，传统双色法的光路布置主要有图 7.1 所示的两种形式。图 7.1 所示为在燃烧弹中针对单孔柴油喷油器喷雾燃烧碳烟的光学测试。图 7.1a 为一个高速数码相机，一个立体镜以及两种波长不同的窄通滤波片。图 7.1b 为两个垂直布置的高速数码相机、一个分光镜和两种波长不同的窄通滤波片。图 7.1a 的实验装置中，碳烟辐射光穿过光学视窗后，经过装有两种不同波长的立体镜后，在相机传感器上形成两张不同波长的碳烟图像。图 7.1b 的实验装置中，碳烟辐射光穿过光学视窗后，被分光镜分成两束光路，再经过滤波片后，在两个相机上形成两张碳烟图像，实验过程中两个相机保持同步拍摄。

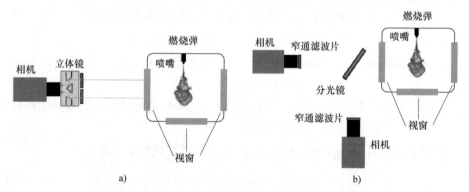

图 7.1 双色法实验布置示意图
a）单个相机 + 立体镜　b）两个相机同步拍摄

两种布置方式各有优缺点。对于"单个相机 + 立体镜"（图 7.1a）的布置而言，一个明显的缺点是会发生暗角（vignetting）现象，这主要是由于立体镜内部平面镜的尺寸局限性产生的，暗角现象会使部分辐射光不能到达相机传感器上。通常情况下，在相机上左图的左侧和右图的右侧都会有强度的削弱，这将导致形成的图片并非是对应波长下碳烟的真实辐射图片，使得测得的碳烟 KL 值产生较大误差。另一方面，使用立体镜意味着相同分辨率下划分为两张图片，若想提高图片分辨率则会牺牲相机拍摄速度。而对于"双相机"模式（图 7.1b）而言，以上问题都能得到改善，但是在实验中为了获得相同的图片位置和像素比，通常实验台架的校准比较困难，且对实验设备要求较高，首先是需要两台数码相机，其次是两台相机需要具有较好的同步性能。

随着高速数码相机的发展，单个彩色高速数码相机的光路方式也被越来越多的学者应用到双色法试验中，这种方式可以大大减小校准难度。图7.2所示为CMOS彩色数码相机芯片上得到的红、绿、蓝三色宽带颜色过滤矩阵，入射光通过过滤层后形成交错的Bayer图案矩阵。在实际计算过程中，需要通过相邻同类颜色进行插值计算得到每个像素点上所有颜色的灰度值。然后，结合光谱仪和检验相机对检测波长范围内三种颜色通道的响应。最后，选取两种颜色通道，对通道内所有波长辐射强度按式（7-5）积分，求解温度和 KL 因子。

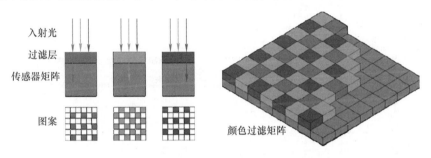

图7.2　彩色高速数码相机芯片上的颜色过滤矩阵[4]

7.2.3　关于 α 和波长的选择

式（7-4）和式（7-5）中的 α 为与碳烟辐射率相关的经验常数，表7.1展示了不同学者对此常数在不同波长、不同燃油和火焰情况下的选择。表7.1包括了 Zhao[5] 总结的数据，以及1980年后的一些新的应用。在可见光范围内选用较多的为1.39，Musculus[6] 则根据 Matsui 等人[7] 的柴油碳烟数据，根据不同波长得出了一个经验公式（见表7.1），并且此公式与 Hottel 和 Broughton 推荐的数值一致。

表7.1　α 在不同波长和燃油火焰类型下的选择[4]

α 值			参考文献
可见光	红外线	燃油或火焰类型	
1.39	0.95（$\lambda > 0.8\mu m$）	稳态火焰	Hottel & Broughton[8]
1.38	0.91 – 0.97（$\lambda > 2 \sim 4\mu m$）	柴油机碳烟	Matsui[7]
1.39		柴油机碳烟	Yan & Borman[9]
	0.94 – 0.96（$\lambda > 0.8\mu m$）		Liebert & Hibbard[10]

（续）

α 值			参考文献
可见光	红外线	燃油或火焰类型	
	0.89, 1.04 (λ = 1 ~ 7 μm)	乙酸戊酯	Siddall & McGrath[11]
	0.77	煤油	
	0.94, 0.95	轻质汽油	
	0.93	蜡烛	
	0.96, 1.14, 1.25	熔炉样本	
	1.06	石油	
	1.00	丙烷	
	$\alpha = 0.91 + 0.28 \times \ln(\lambda)$	不同燃油	
1.43		丙酮	Rossler & Behrens[12]
1.39		乙酸戊酯	
1.29		煤气、空气	
1.23		轻质汽油	
1.14		硝化纤维	
0.66 ~ 0.75		乙炔/空气	
$\alpha = 1.22 - 0.245 \times \ln(\lambda)$			Musculus[6]
1.38		柴油机碳烟	Kamimoto[13]

目前对于双色法，之前的文献对可见光和红外线都进行了应用。Zhao[5]更推荐可见光，他给出以下几点原因：首先，相对于红外线，可见光的测试系统对温度的敏感性更高，因为 1000 ~ 2000K 温度区间，可见光的输出光强对波长的 (dI_λ/d_λ) 敏感度更高。其次，波长选择可见光区间时，KL 因子和温度计算对于参数 α 值的选择并不会太过于敏感。

在燃烧过程中，除了碳烟辐射光之外，一些气相组分也会发出带状波长辐射。比如火焰区域的 OH、CH、C2、HCO 等自由基在可见光或者紫外线附近形成化学荧光，而二氧化碳、一氧化碳、水蒸气和燃油蒸气等则会在红外线区域进行辐射或者吸收。

7.2.4 标定

在试验过程中，相机获得的碳烟图像所得到的仅为数码强度的一个灰度值，这个值一般认为跟真实的碳烟辐射强度呈一个线性函数关系。此函数关系就需要通过标准辐射源在试验所选择的两种波长下进行标定。一般可选择的辐射源为标准黑体炉或标准钨带灯。标准黑体炉辐射靶面大，可以减小因图像分辨率低产生的误差，且其高温性能好，提高了拟合精度。但是，高温黑体炉设备较为昂贵，且标定不方便，一般需要将相机进行移动，这样会给试验造成误差。标准钨带灯标定方法更为方便，一般可以放置于火焰相同位置，无需移动相机位置，图7.3所示为钨带灯放入燃烧弹中火焰相同位置进行标定。

在标定过程中，保持相机拍摄速度、光圈大小、曝光时间等与碳烟试验拍摄过程中所有参数保持一致，逐步提高钨带灯电压并记录像机对应的图片，根据已知的不同电压下钨带灯的辐射强度，找到两种波长下图片灰度值与辐射强度的线性关系，如图7.4所示。

图 7.3　燃烧弹中钨带灯进行双色法标定

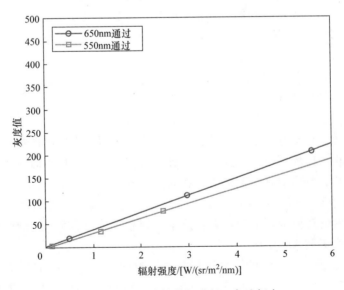

图 7.4　燃烧弹中钨带灯进行双色法标定

7.2.5　不确定性和误差

测量方法的不确定性：首先，如上文所说，不恰当的辐射波长的选择、α 的选择都会对结果准确性产生影响。其次，双色法在计算时假设光学路径上碳烟的体积分数和温度都是均匀分布的，而实际上并非如此。再次，双色法假设光学路径上所有碳烟层的辐射都传递到了相机传感器上，并没有考虑各碳烟层自吸光的效应，这会使计算得到的碳烟量小于实际碳烟量，尤其在高碳烟工况下会产生较大误差。

测量系统上的不确定性：首先是相机本身的不确定性，当相机处于较高温度下工作时，部分光子可能由热激发而在图片上产生噪声。另外，由于镜头的光路偏折，或者单个像素点敏感性的波动，也会造成一些误差。其次是当光路校准不当，尤其当使用分光镜双相机时，光学视窗会通过反射使辐射光再次进入到相机传感器上，形成背景噪声。再次，如上所述，标定设备和标定过程中试验装置的不确定性，也会给结果造成误差。

7.2.6　图像处理

下面对双相机模式下获得的双色法图像处理的重要步骤进行简单介绍。

• 碳烟图像提取：在处理整体数据之前需设定一个边界值，来区分碳烟火焰和背景部分，后续处理过程中，仅对碳烟部分进行处理。对于边界值的选取通常有很多种方法，由于不同的火焰辐射强度会导致背景噪声也跟随变化，所以选取所在图像最大强度的一个百分数是比较常见的方法。通过此过程，可以将对两种波长下图像的碳烟区域提取出来。

• 空间标定：常见的双色法都是对相机获得的图像通过像素进行计算的，因此需要两种颜色在同一时刻的碳烟图像有完美的重合度。而直接获取的两张颜色的图像不可能完全一样，一般在程序处理过程中需要固定一张颜色的图像，对另外一个图像进行平移、旋转以及放大或缩小，使得两者完美匹配。然而，此过程在计算过程中比较耗时，一般对整个碳烟过程选取几个样本时刻进行计算，得到变换的参数，然后对其余图像进行相对参数的转换。

• 计算求解：以上步骤完成后，首先根据标定函数，将图片上碳烟两种颜色的数码灰度值转换成碳烟的辐射强度值。再根据式（7-5）进行计算，分别得到碳烟的温度 T 和 KL 因子。

• 结果验证：对计算的结果进行核对，看各个像素点的解是落在哪个求解区间，如图 7.5[14] 所示。区域 2-4（EZ=2，EZ=3，EZ=4）都是非有效求解区间。如果求解落在区域 3 和区域 4，求解是可以获得的，但是结果或者大于绝热火焰温度，或者 KL 值过小。如果求解落在区域 2，则无法获得结果，因为辐射率已经大于 1。

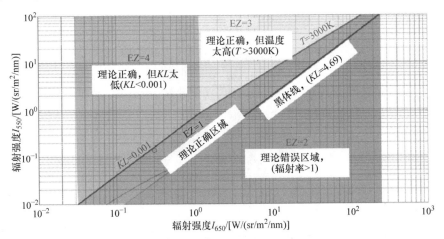

图 7.5　双色法波长在 550nm 和 650nm 的求解区域[14]

7.3　激光诱导炽光法

激光诱导炽光法（laser - induced incandescence，LII）通过高强度的激光加热火焰中的颗粒，使其快速升温到 4000K 左右，从而实现碳烟信号的分离，较大程度提高碳烟定量测试的信噪比，LII 还具有较高的空间分辨率，可以较精确地实现碳烟体积分数（f_v）等碳烟特性的定量测量。此外，LII 还可以对单点或者空间上碳烟颗粒的尺寸进行测量。本节内容仅对 LII 在碳烟体积分数上测量进行阐述。

7.3.1　基本原理

激光诱导炽光法可以简化为碳烟颗粒吸收来源于脉冲激光的热量，升高温度释放热辐射的过程。如图 7.6 所示，碳烟颗粒与碳烟颗粒之间，碳烟颗粒与周围环境之间的传热、传质过程较为复杂，主要包含：颗粒对光的吸收过程，高温颗粒向周围环境的热辐射过程，高温颗粒之间的热传导过程，高温颗粒的电子发射过程，颗粒的氧化和升华过程。其中，高温颗粒向周围环境的热辐射信号被光学设备采集到，也就是所谓的炽光信号。

碳烟作为非理想黑体，其热辐射信号遵从普朗克定律，垂直于颗粒物表面单位立体角、单位面积在固定波长下的辐射强度为：

$$I(\lambda, T) = \varepsilon(\lambda, T) \frac{2h c^2}{\lambda^5} \frac{1}{e^{\frac{hc}{\lambda KT}} - 1} \tag{7-6}$$

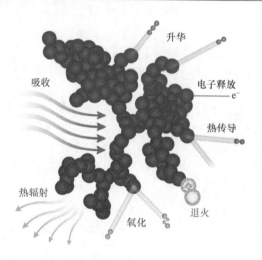

升华

吸收

电子释放
—e⁻

热传导

热辐射

退火

氧化

图7.6　激光诱导炽光法中传热、传质过程示意图[15]

式中　　h——普朗克常数（$6.626 \times 10^{-34} \mathrm{m^2 \cdot kg \cdot s^{-1}}$）；

　　　　c——光速；

　　　　λ——热辐射的波长；

　　　　K——玻尔兹曼常数（$1.38 \times 10^{-23} \mathrm{m^2 \cdot kg \cdot s^{-2} \cdot K^{-1}}$）；

$\varepsilon(\lambda, T)$——辐射系数。

　　根据采样结果显示，柴油喷雾中的成熟碳烟形状是由若干个球形颗粒组成的链条形碳烟长链。因此，可以将碳烟颗粒假设为球形以简化计算。立体角的定义为以球形颗粒的表面任意一点为球心，所画出的虚拟的球面单位表面积与虚拟球半径的平方的比值，如图7.7所示。碳烟颗粒上的任意一点的面积为 $\mathrm{d}A_1$，以 n 为正方向下虚拟的球的单位表面积为 $\mathrm{d}A_\mathrm{n}$。信号采集设备与碳烟单位表面的垂直线的夹角为 θ，碳烟球体的单位表面积 $\mathrm{d}A_1$ 投影到采集设备上就是 $\mathrm{d}A_1\cos\theta$。因此，固定位置的采集设备收集到的单位表面积的辐射强度为：

$$H(\lambda, T) = \int_0^{2\pi} \int_0^{\pi/2} \varepsilon(\lambda, T) B(\lambda, T) \cos\theta \sin\theta \mathrm{d}\theta \mathrm{d}\varphi = \pi \cdot \varepsilon(\lambda, T) B(\lambda, T)$$

$$(7-7)$$

　　根据基尔霍夫定律，碳烟颗粒吸收的激光光强等于释放的炽光光强。碳烟颗粒采样结果显示，火焰中碳烟颗粒的直径分布在 $10 \sim 50\mathrm{nm}$ 范围内，符合瑞利散射的前提条件，即入射光波长远大于被照射的颗粒物的直径。因此，碳烟颗粒的辐射系数可以表示为：

$$\varepsilon(\lambda, T) = \frac{4\pi DE[m(\lambda)]}{\lambda}$$

$$(7-8)$$

式中　　D——碳烟初始直径；

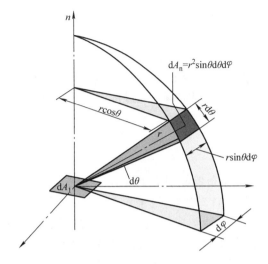

图 7.7　立体角定义

$E[m(\lambda)]$——吸收函数，表示为：

$$E(mm) = -\ln\left(\frac{m^2 - 1}{m^2 + 2}\right) \tag{7-9}$$

式中　m——折射率。

经比较，$E(m)$ 的值为 0.259 时，得到的碳烟体积分数最贴近采样法得到的真实值[15]。因此，单位体积内的柴油火焰中碳烟颗粒在固定波长下释放的 LII 信号强度为：

$$\begin{aligned}
S_{LII} &= \pi D^2 N \frac{4\pi D E[m(\lambda)]}{\lambda} \frac{2\pi h c^2}{\lambda^5} \frac{1}{e^{\frac{hc}{\lambda KT}} - 1} \\
&= \frac{48\pi E[m(\lambda)]}{\lambda} \frac{2\pi h c^2}{\lambda^5} \frac{1}{e^{\frac{hc}{\lambda KT}} - 1} \cdot N \frac{\pi D^3}{6} = C_{LII} \cdot f_v
\end{aligned} \tag{7-10}$$

式中　N——碳烟颗粒的数量密度，即单位体积的火焰内碳烟颗粒的数量；

　　　f_v——碳烟体积分数，表示为 $f_v = N \dfrac{\pi D^3}{6}$；

C_{LII}——碳烟折射率，是碳烟温度和炽光信号辐射波长的函数。

在实际操作中，相机并不能采集到高温碳烟释放的全部炽光信号。首先，由于炽光辐射具有各向异性，ICCD 相机的采集区域无法覆盖全部区域，只能采集到一部分区域内的炽光信号。一般来说，相机越靠近火焰，采集到的炽光信号与释放的炽光信号的比例越大。但对于固定位置的相机和喷油器而言，这个比例为定值。其次，相机感光元件的敏感度和相机的分辨率等自身属性，也会影响炽光信号的采集。因此，实际采集到的炽光信号强度可以表示为：

$$S_{LII} = \eta \cdot C_{LII} \cdot f_v = c \cdot f_v \tag{7-11}$$

式中 η——相机的采光效率；

c——标定系数。

在激光诱导炽光法中，碳烟被假设为加热到同一温度。因此，标定系数对于同一个试验台而言可以默认为固定值。通过标定可以得到碳烟体积分数，实现碳烟浓度的定量测量。

7.3.2 实验装置

激光诱导炽光法的光路布置如图 7.8 所示，红色光路用来测量高温碳烟释放的炽光信号，绿色光路（消光法）用来定量标定炽光信号。在红色光路中，YAG 激光器产生的高强度脉冲圆形激光片光加热碳烟颗粒；激光强度衰减器负责衰减激光强度以减少碳烟升华，同时可以保障整个系统的信号同步性；半波片可以将激光的极性方向归一为线性极化；分光镜将激光光束分成两部分，结合激光强度测试计实现激光强度的实时监测；透镜组可以将点激光转变为面激光，从而实现浓烟浓度的二维测量；ICCD 相机与激光器同步，负责捕捉炽光信号；相机前的带通滤光片中心波长一般为 450nm，可以减少 PAH 荧光信号和火焰热辐射信号的干扰。在绿色光路中，连续激光激光器提供稳定能量的连续激光，经凸透镜汇聚后形成截面积更小的光斑，从而实现更高的空间分辨率；光电二极管可以测量喷油前和喷油过程中激光穿透燃烧室剩余的激光强度，其前置的带通滤光片可以过滤掉除连续激光外的其他波长的光。由于柴油喷雾火焰不是一个规则的

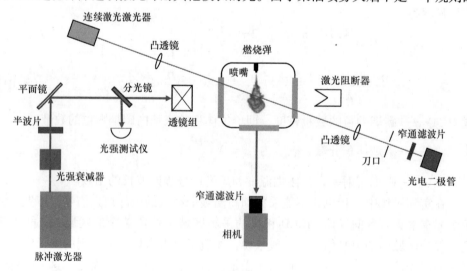

图 7.8 激光诱导炽光法光路布置示意图

圆锥体，因此，在试验过程中，绿色光路与红色光路的夹角应尽可能地小，尽量保证所测试的碳烟体积分数来自平行于喷雾传播方向的同一火焰截面。

由式（7-11）可知，物体温度越高，物体数量越多，释放的热辐射越高。因此，需要确定该片状激光区域内的碳烟颗粒是否全部被加热到 4000K 左右。LII 信号强度和碳烟温度与激光能量密度的关系如图 7.9 所示，随着激光能量的不断增强，碳烟颗粒的温度先是不断升高，LII 信号强度不断增大；当激光能量超过某一个阈值时，LII 信号强度趋于稳定。这是因为片状激光不能覆盖火焰中全部的碳烟颗粒，虽然部分直径较小的颗粒升华，但是片状激光外的碳烟颗粒与片状激光覆盖下的碳烟颗粒之间存在较强传热、传质作用，碳烟颗粒的温度可以维持在 4000K 左右。在实际操作中，激光强度设置为略超过阈值即可。

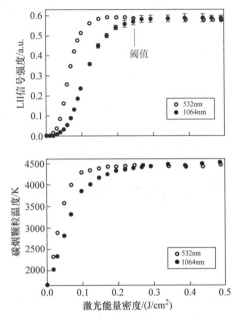

图 7.9　LII 信号强度和碳烟温度与激光能量密度的关系[15]

7.3.3　实验标定

由式（7-12）可知，相机采集到的炽光信号强度与标定系数和碳烟体积分数成正相关，且标定系数不随着运行工况的变化而变化。因此，只需要通过其他方法得到碳烟体积分数，便可以实现 LII 的定量标定。为提高测量精度，通常采用连续点激光消光法（laser extinction method）进行标定，消光法工作原理详细可见本章 7.4 节。下面以图 7.10 为例说明激光诱导炽光法应用在柴油火焰上的标定过程。依据 Beer – Lambert 定律，穿透碳烟区域的光强 I，入射光强 I_0 与碳烟浓度 KL_{LEM} 三者之间存在如下关系：

$$KL_{LEM} = \int_0^L k dx = -\ln((I - I_f)/I_0) \tag{7-12}$$

式中　k——消光系数；

L——光学路径长度，即入射光在碳烟区域走过的长度；

K——沿光学路径上的平均消光系数；

I_f——火焰辐射的强度。

根据 Mie 理论，消光系数与碳烟体积分数存在如下关系：

$$f_v = \frac{\lambda}{ke} \cdot k \tag{7-13}$$

式中 λ——入射光的波长；

　　　　ke——无量纲消光系数。

碳烟体积分数可以通过层析法得到。

图 7.10a 给出喷油过程中火焰稳态时的瞬时 LII 强度分布的示例，图 7.10a 只能定性表示碳烟浓度的大小，红色直线表示连续点激光（HeNe 激光）的位置在喷油器正下方 64mm 处。

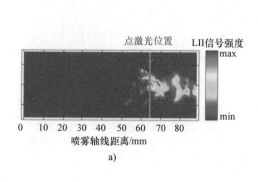
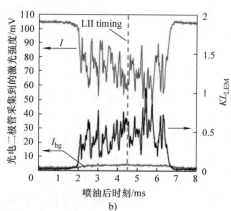

图 7.10　柴油火焰中碳烟浓度二维分布[17]

a）瞬态下的碳烟浓度二维分布和连续点激光相对喷油器的位置

b）喷油过程中光电二极管捕捉到的点激光强度以及对应的 KL_{LEM} 值

图 7.10b 中给出了喷油过程中光电二极管捕捉到的点激光强度变化曲线（蓝色）和计算后得到的碳烟浓度变化曲线（黑色），ICCD 相机采集 LII 信号的时刻约为喷油后 4.5ms。由蓝色曲线可以看到，喷油后的 1ms 和结束喷油前的 1ms 内，燃烧室内没有火焰，连续点激光的强度非常稳定。因此，在此区间内的激光强度取平均值即可 LII 信号采集时刻下的入射点激光强度。根据点激光的直径可以计算出其对应的 LII 图像上的像素点数，标定系数可以表示为消光路径上对应的像素点的 LII 信号强度总和，与消光法得到的碳烟体积分数的乘积，即：

$$C_{LII} = \frac{\sum S_{LII}}{f_v} \tag{7-14}$$

7.3.4　误差分析

1. 测量方法自身误差

从式（7-10）和式（7-11）来看，激光诱导炽光法测量碳烟体积分数的误差主要来自于三个方面：第一，消光法得到的碳烟体积分数与真实体积分数的误差，这部分将在消光法中详细阐述。第二，误差来自于碳烟折射率 m 的选择。m

的值应该根据碳烟颗粒大小，颗粒成熟度以及波长选择的不同，选择不同的值[18]。目前，m 普遍采用的值为 $1.57 - 0.56i$，虽然以此得到的碳烟体积分数最接近真实值，但仍然存在不小的误差。第三，消光法标定激光诱导炽光法得到的碳烟体积分数比真实值略高。因为 LII 的应用范围只局限于成熟碳烟，消光法的应用范围不仅包括成熟碳烟，也包括小尺寸碳烟颗粒、非碳烟颗粒，以及多环芳香烃等碳烟前驱物[19]。

2. 火焰特性带来的误差

柴油的不均匀燃烧方式决定了碳烟的生成和碳烟浓度分布的不均匀性。在高碳烟工况下，测量的误差主要体现在两个方面。第一，在图 7.7 的红色光路上，片状激光在穿越碳烟区域后会有一定程度上的衰减。如果衰减的程度较大，很难保证片状激光的光路上的碳烟颗粒被加热到相同的温度。因此，可能会导致测量值比实际值偏小。第二，碳烟被加热后，在火焰中心的碳烟颗粒释放的炽光信号会被前端的碳烟颗粒遮挡，会造成测到的火焰中心区域的碳烟浓度比真实值小，而火焰边缘则不会出现这种情况。

7.4　消光法

相对于以上讨论的双色法和 LII 方法，消光法一般被认为对碳烟的定量测量具有更高的准确度，可用来对双色法和 LII 方法进行标定。目前来说，比较常见的消光法主要有连续点激光消光法（Laser Extinction Method，LEM）和扩散背景光消光法（Diffused background - illumination Extinction Imaging，一般简称 DBI 或 DBIEI）。两者的基本原理一致，不同之处是 LEM 只能获得某一点光学路径上的碳烟信息，而 DBI 可以获得整个碳烟云在光学路径上的碳烟信息。

7.4.1　基本原理

消光法原理示意图如图 7.11 所示。I_0 为背景光的强度，当其穿过光学厚度为 L 的碳烟云后，一部分光强由于碳烟颗粒散射（scattering）或者光路偏折（beam - steering）损失掉，初始背景光穿过碳烟剩余的光强（I_t）和碳烟自身的热辐射强度（I_f）通过一些光学元件传递到接收端，LEM 和 DBI 一般

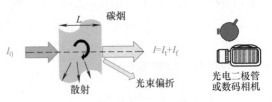

图 7.11　消光法原理示意图

分别用一个光电二极管或者高速数码相机接收。

根据 Beer – Lambert 原理，碳烟云的透光率 τ 跟光学厚度 KL 有如下函数关系

$$KL = -\ln(\tau) = -\ln\left(\frac{I_t}{I_0}\right) \tag{7-15}$$

式中　L——背景光穿过碳烟云的光学路径长度；

　　　K——路径上的平均消光系数（散射和系数之和），与式（7-5）相对应。

需要注意的是，此处的 KL 与双色法所用的式（7-5）中的 KL 因子并非一个函数，此处 KL 是一个与消光波长相关的函数，而双色法中的 KL 因子与波长无关，只与碳烟体积分数和光学路径长度相关。另外，此处获得的 KL 只在其值小于 4 时有效，当其值过大时，这种视线积分（line – of – sight）的技术无法准确测量碳烟的生成量[20]。

进一步，我们可以通过微粒米散射原理，从这个空间的消光系数 K 计算得到碳烟的体积分数，见式（7-13）。式（7-13）中的 k_e 为一个无量纲的光学消光系数，可以通过式（7-16）获得：

$$k_e = (1 + \alpha_{sa}) \cdot 6\pi \cdot E(m) \tag{7-16}$$

式中　α_{sa}——散射/吸收比值，散射组分和吸收组分都与入射光的波长（λ）
　　　　　　相关，另外吸收组分还依赖于碳烟颗粒的物理化学结构，散射组
　　　　　　分与初始颗粒尺寸、每个聚合物初始颗粒个数和聚合物的形态都
　　　　　　相关；

　　　m——碳烟颗粒的综合折射率（refractive index）；

　　$E(m)$——$(m^2 - 1)/(m^2 + 2)$ 的虚部。

虽然传统上研究者对于碳烟的测量，可以假设散射组分为 0（也就是 $\alpha_{sa} = 0$），然而研究发现，当碳烟颗粒形成聚合物时，所产生的散射是不能忽略的。根据 RDG – FA 理论[21]可以计算得到 α_{sa} 进而得到 k_e。美国 Sandia 国家实验室通过应用 RDG – FA 理论进行了大量研究，他们的发现在他们的实验条件下，初始颗粒尺寸、每个聚合物初始颗粒个数对 k_e 的影响是可以忽略不计的，而碳烟折射率 m 对 k_e 计算结果会产生重要影响。然而，目前对于碳烟折射率的研究还不是很清楚，误差较大，因此折射率是消光法中最终碳烟体积分数不确定性的主要因素。Skeen 等人[22]推荐在入射波长为 623nm，碳烟初始粒径小于 20nm 时，选用的折射率 m 为 1.75 – 0.75i，计算得到的 k_e 为 5.5，而最终转换得到的碳烟体积分数仍然具有 60% 的误差。

7.4.2　连续点激光消光法

图 7.12 所示为连续点激光消光法（LEM）在定容燃烧弹和光学发动机中的光路布置示例[23]。两者都是通过 HeNe 激光器和相关光学部件产生一束激光点光源，当激光穿过视窗和碳烟云后，再经过一个球面透镜后，被一个光学积分球

将收集的激光经过与激光波长对应的窄通滤波片后，被光电二极管接收。

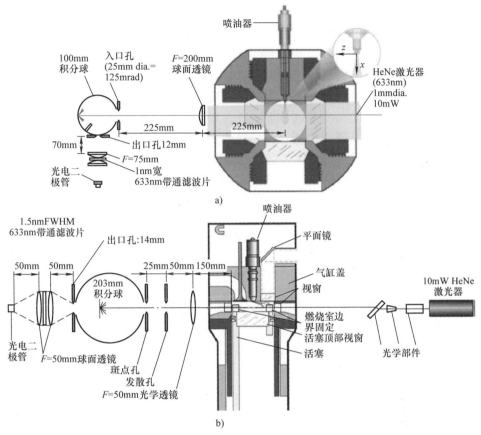

图 7.12　定容燃烧弹和光学发动机中 LEM 实验布置图[23]

a）燃烧弹　b）光学发动机

除了上述碳烟本身雾化特性的不确定性给 LEM 带来的误差外，试验测试系统上还有两个不确定性：其中一个是激光路径上折射率梯度导致的光路偏折（beam steering），另外一个是光强收集过程中除了收集到背景光穿透碳烟剩余的光强外，还有部分是来自火焰的自发光。

所谓光路偏折，是因为由于燃烧室中的温度、密度或者混合物组分导致的折射率梯度，使得当激光光束穿过燃烧室时发生转向。如果此光路偏折现象使得部分穿透的光束到达了检测系统上对光强不同的敏感区间，甚至没有到达检测系统，那我们在计算过程中就会将这部分损失错误地归于碳烟的消光。在试验校准过程中，通过使用积分球可以改善这部分误差。然而，这并不意味着穿透的光收集的越多越好，如 7.4.1 小节所述，当初始碳烟颗粒发生聚合时，可能会发生明显的散射效应，那时候如果收集了散射光，意味着最后计算得到的碳烟 KL 值要

小于真实的 *KL* 值。这就需要我们设置合适的光阑孔的大小，调整恰当的光路接收角，使其不能过小而丢失光路偏折损失的光强，也不能过大而收集过多散射光。首先，在日标工况下，应用一个屏幕分别测得燃烧工况和倒拖工况下激光的中心位置，获得相比倒拖工况下燃烧工况下激光的最大偏离角度，示例如图 7.13所示。一般在高密度、高喷油压力工况下偏离角度最大，这也说明此光路偏折并非由碳烟量的多少决定，由于碳烟往往在低喷油压力工况下生成量较高。一般在接收角的实际设置过程时，往往要比上述最大偏离角度还要稍微大一些。Musuculus[23]在其研究中验证，当接收角从 40mrad 增加到 120mrad 时，最后由于散射增加而导致的 *KL* 误差呈线性增加，但是只增加了 4%，而这个误差远远小于由于设置相对较小接收角而减小偏折光强导致误差。

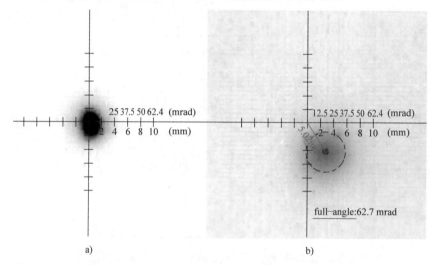

图 7.13　倒拖工况下和对应燃烧工况下激光投影到屏幕上的图像[23]

a）倒拖工况　b）燃烧工况

　　一旦光阑孔的大小和接收角确定后，下一步则是减小由于信号检测系统接收碳烟自身热辐射光而引起的误差。如上所述，光阑除了有调整光路偏折误差的功能外，还可以阻挡部分火焰的辐射光。除此之外，在信号接收系统前放置一个与激光波长对应的窄通滤波片可以消除绝大部分火焰的辐射光，如图 7.12 所示。一般这种光学布置可以基本消除火焰自身辐射光的影响。进一步，如果在这种光路布置下还能检测到火焰辐射光，可选用脉冲激光，在激光关闭时测量火焰辐射光，然后在激光打开时将其火焰辐射带来的噪声减去。

　　由于光源为点激光，所以空间测量是 LEM 一个比较明显的局限性。为了得到火焰上碳烟的空间分布需要不断挪动激光位置，做大量的重复性实验。如图 7.14所示，如果要得到喷雾轴线上碳烟的 *KL* 值，测量距离喷嘴 15～60mm 的空间范围，每隔 5mm 测量一个数据，假设一个点做 10 次重复性实验，那么一个工况下需要做至少 100 次的喷雾碳烟测量，除此之外，每个点还需要得到没有喷雾情况下的试验得到式（7-15）中的 I_0。因此，LEM 虽然光学布置相对简单，但往往需要大量的试验成本。

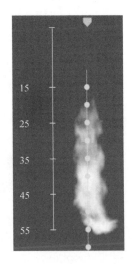

图 7.14　LEM 喷雾轴线测量[14]

7.4.3　扩散背景光消光法

为解决 LEM 的空间局限性，扩散背景光消光法（DBI）在 ECN 组织中得以广泛应用。DBI 在燃烧弹中布置示意图如图 7.15 所示。由一个高频脉冲 LED、一个菲涅尔透镜和一个工程扩散片形成一束均相的扩散背景光，此束背景光穿过视窗和碳烟云后，背景光剩余的光强（I_t）和火焰自身的辐射光强（I_f）被一个高速数码相机接收（$I = I_t + I_f$），相机前加载了一个与光源中心波长对应的带通滤波片。由式（7-15）可知，若要得到碳烟 KL 因子，需要得到背景光剩余光强 I_t。因此，试验过程中用高速数码相机触发 LED，使 LED 灯的脉冲频率为高速数码相机的一半，这样就可以获得一张有背景光一张无背景光这样交错的一系列图片，如图 7.16 所示。在无背景光的图片上可以获得火焰的辐射强度，由于相机高速拍摄，就可以对有背景光的图片通过前后相邻两张碳烟的辐射图片进行插值计算，得到此刻的火焰辐射强度，进而根据式（7-15）计算得到碳烟的 KL 值。

图 7.15　DBI 光学布置示意图

DBI 应用扩散光的主要目的是消除光路偏折引起的误差。由 7.4.2 小节所述光路偏折会导致穿透碳烟剩余的辐射光可能超出信号接收端的接收角。但是，如果光源为分布均匀的朗伯（Lambertian）扩散光，当任何光路在原有轨道发生偏折的时候，就会被同等的另外一条光路代替。Westlye[24] 等人对 DBI 的光路进行了深入研究，他们认为当 DBI 光路尺寸满足图 7.17 所示要求时，可以进一步有效控制"光路偏折"现象。

图 7.17 中，β 为工程扩散片的扩散角，ω 为相机接收角，D 为朗伯光源直径

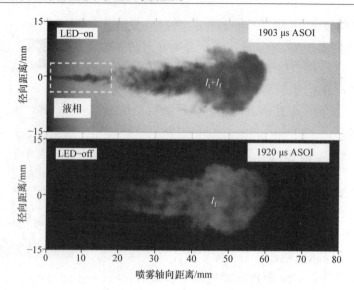

图 7.16　LED 灯打开、关闭相邻两张照片示例

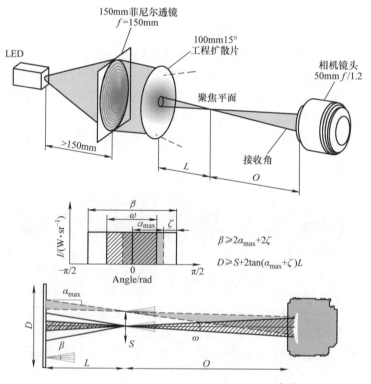

图 7.17　Westlye 等人对 DBI 的光路布置[24]

范围，L 为光源（扩散片）到聚焦平面（碳烟云）的距离，O 为聚焦平面到相机距离，S 为图像（碳烟云范围）大小，ζ 为水平线光路偏转角（可由 7.4.2 小

节中所述方法获得），$\alpha_{\max}$ 为相机接收的光源的最陡峭光线与光源平面法线的夹角。Westlye 等人的研究证明，当以上参数满足下列要求时，可有效控制光路偏折。

$$\beta \geqslant 2\,\alpha_{\max} + 2\zeta \tag{7-17}$$

$$D \geqslant S + 2\tan\,(\alpha_{\max} + \zeta)L \tag{7-18}$$

7.4.4　不确定性分析

虽然消光法被普遍认为是碳烟定量测量技术中相对较为准确的方法，然而由于大量假设的未知参数，使得它的测量结果还是存在较大的不确定性。其中一个不确定性就是光路偏折效应带来的误差，这部分误差对于应用扩散光的 DBI 技术来说相对较小，Manin 等人[25] 应用了两种不同波长进行了 DBI 的试验，他们的结果表明光路偏折而产生的 KL 值在 0.1 左右，远小于碳烟消光而得到的 KL 值。其次，另外一个主要的误差来源则是由于碳烟复合折射率的不确定性，而使得无量纲量消光系数 k_e 产生的误差。图 7.18 所示为 Manin 等人[25] 分别应用蓝光和绿光两种波长作为背景光，进行 DBI 试验而得到的 KL 比值空间分布和对应的喷雾轴线上的分布，此处两者的 KL 已经通过式（7-23）进行了对等

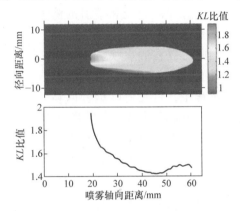

图 7.18　背景光分别为蓝光和绿光而得到的 KL 分布比值（$KL_{蓝光}/KL_{绿光}$）[25]

转换，计算中两个波长折射率应用了相同的值。图 7.18 中可以看出，波长较小时产生的 KL 值较高，尤其在初始碳烟生成位置。这种不确定性可能有两方面的原因：一是不同的波长对应的折射率应该不同，而目前还未能对此折射率进行较为准确的测试；另一方面较短的波长对于 H/C 比较高的初始碳烟具有较高的敏感性。此外，PAH 等碳烟前驱物对接近紫外线的较小波长的可见光，也可能产生一定的吸收作用。

7.5　消光辐射结合法

双色法可以同步获得碳烟 KL 因子和碳烟温度的分布，然而双色法的局限性在于它是基于光学路径上碳烟浓度和温度都是均匀分布的这一假设，并且在高碳

烟的工况下，碳烟自吸光效应的影响会使双色法计算得到的 KL 值远小于真实的 KL 值。消光辐射结合法（Combined Extinction and Radiation Methodology，CER）则可以考虑碳烟层的自消光效应，同时得到碳烟体积分数和温度在空间上的分布。此方法应用前需要假设碳烟火焰为中心对称结构，因此只能应用在静态环境下的稳态火焰，也就是燃烧弹中的碳烟火焰。在具有强烈的缸内气流运动的光学发动机中此技术很难实现。

7.5.1　基本原理

　　此方法需要对碳烟火焰的消光和辐射光进行同步拍摄，通过消光图像得到碳烟体积分数分布，再结合辐射光得到温度分布。消光和辐射的测量都是获得光学路径上积分的信息，因此可以在假设喷雾中心对称基础上重建空间上的局部信息。实践过程中，首先将碳烟云以喷雾轴线为中心将其划分为两部分，假设每半碳烟云都是以喷雾中心线为中心的对称结构。对每半个结构可以通过以下步骤进行处理，如图 7.19 所示。

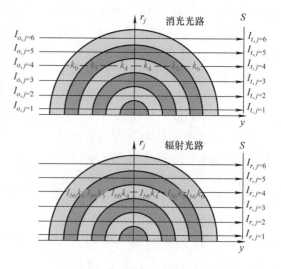

图 7.19　CER 技术原理示意图[26]

　　光谱辐射强度在某一方向上在路径 y 处的传递可以表示为：

$$\frac{\mathrm{d}I(y)}{\mathrm{d}y} = k(y)\left[I_b(y) - I(y)\right]$$

$$(7\text{-}19)$$

根据普朗克原理、黑体辐射强度为辐射波长和局部温度的函数，见式（7-20）。

　　对于给定的某个波长 λ，在投影线 S 上的总体辐射强度（I_r）是局部黑体辐射（$k\,I_b$）和各碳烟层自吸收作用在光学路径上积分的结果。通过对式（7-20）在光学路径上的积分，经过后续碳烟层吸收后在路径 y 处的穿透后在投影累积的黑体辐射强度可以表示为

$$I_r(y) = k(y)\,I_b(y)\,e^{-\int_y^{y_{max}} k(y')\mathrm{d}y'} \tag{7-20}$$

　　因此，在投影线上每个像素位置总体的投影辐射强度为

$$I_r = \int_{y_{min}}^{y_{max}} I_r(y)\,\mathrm{d}y \tag{7-21}$$

　　然后，再通过对消光图像得到的光学厚度（KL）进行层析重建，得到每个

碳烟层局部的消光系数（k）。碳烟的体积分数则可以通过式（7-13）获得。进一步的，可以将局部消光系数带入到辐射图像中进一步进行层析重建得到局部的光谱辐射率（I_bK）和温度（T）。

7.5.2　实验装置

CER 技术的实验布置只是在 DBI 基础之上增加了额外一个相机，在拍摄消光图片的同时捕捉碳烟的辐射图像，如图 7.20 所示。碳烟的辐射光被分光镜导入到另外一个高速数码相机中，为了避免背景扩散光的影响，拍摄辐射光的相机前加载了一个远离背景光中心波长的带通滤波片。跟双色法两台相机设置类似，CER 应用的两台相机尽量保持一样的分辨率、拍摄范围和曝光时间。由于此技术考虑自消光效应的影响，需假设碳烟云成中心对称分布进行层析重建，而真实的碳烟即使在稳定燃烧阶段，仍然具有较大的湍流波动，因此为了得到对称性较好的碳烟图像，在图像处理时往往需要对稳定阶段的碳烟图像进行时间求平均，最后对平均图像进行 7.5.1 小节所述的处理过程。

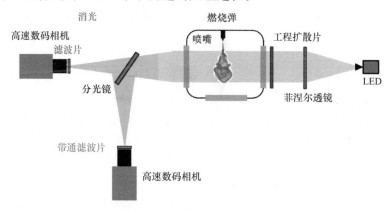

图 7.20　CER 技术光路示意图

7.5.3　不确定性

此技术中对于碳烟体积分数的求解跟 DBI 技术是一致的，因此对于碳烟量的不确定性也是一致的。文献［26］中对消光波长的选择（460nm 和 660nm）和辐射波长（550nm 和 660nm）的选择对碳烟温度的影响进行了研究，研究表明两种波长的选择而造成的误差相比较碳烟量的误差来说要小很多，误差范围在 40K 内，相比较 2000K 量级的碳烟绝对温度，波长选择造成的误差在 2% 以内。

文献［26］中还研究了相机数码灰度值误差对碳烟体积分数和局部火焰温度的影响，研究表明相机数码灰度值造成的碳烟体积分数和碳烟温度的较大误差，主要集中在火焰中心区域，这主要是由于 CER 技术在对碳烟云进行层析重建过程中，是由外围向内围递进进行的，由外围造成的误差会对内围数据进一步造成影响。但总体来说，数码灰度值而引起的碳烟体积分数和碳烟温度平均绝对误差分别为 1×10^{-6} 和 17K。

7.6 本章总结

本章分别对五种针对柴油机火焰中碳烟的光学诊断技术进行了详细介绍。显然，每种技术都有各自的优缺点。表 7.2 中所示为以上各种技术的特性的总结。

双色法在采用双相机结构布置时光路校准较为复杂，两台相机要保持高度一致性。由于采用高速数码相机可以获得碳烟发展的时序图像，具有较好的时空特性，然而获得结果为假设光路路径上均匀分布的温度和碳烟量。在高碳烟工况时，由于光学路径上碳烟云自吸收的效应会产生较大误差，试验时需要对碳烟辐射强度用标准设备进行标定。

表 7.2　本章所述碳烟光学诊断技术对比

技术	光路布置与校准复杂程度	时间特性	空间特性	误差	是否需要标定
双色法	双相机结构较复杂	较好	较好；光路累积	高碳烟工况误差较大	需要
LII	较简单	一般较差	较好；二维切面	高碳烟工况误差较大	需要
LEM	较简单	较好	较差；一维光路累积	相对较低	不需要
DBI	较复杂	较好	较好；光路累积	相对较低	不需要
CER	较复杂	较好	较好；光路累积	相对较低	需要

LII 光路的光源与相机成垂直分布，可以获得碳烟云各个切片上的信息，一般情况下由于激光频率的限制不能获得单次喷雾碳烟的瞬态发展过程，若应用高频率激光需要较高成本。LII 不能单独对碳烟进行定量测量，一般需要 LEM 等技术进行标定。

LEM 操作较为简单，应用的光源为连续点激光，获得结果为一维光路累积信息，具有较差的空间特性，若想获得碳烟的空间分布信息需要较高的试验成本，一般不需要进行标定。

DBI 技术可消除光路偏折效应，光路较为复杂，可以获得单次喷雾碳烟空间上较好的瞬态发展过程，一般不需要进行标定。

CER 技术需要假设碳烟云为中心对称分布，因此在非静态工况环境下测得结果较差，可以获得碳烟体积分数和温度较好的时空分布特性，试验中对碳烟辐射强度需要进行标定。碳烟折射率对 LEM、DBI 和 CER 误差影响较大，三个技术获得的碳烟量对背景波长选择较为敏感。通过 CER 技术获得的温度无论对于消光波长还是辐射波长的敏感度都相对较低。

知识拓展　双色法、DBI 和 LEM 技术的实例比较

此处应用双色法、DBI 和 LEM 三种光学技术对一种双燃料混合燃油（30%质量分数的葵烷和 70% 十六烷），在第 3 章所述的光学发动机中的三种工况下进行了实验。所用喷油器为孔径 138μm 的单孔喷油器。试验工况请见表 7.3。其中双色法和 DBI 为同步拍摄，LEM 试验单独进行。根据之前所研究的喷油压力、环境温度与碳烟生成量的关系，可知碳烟生成随喷油压力升高而降低，随环境温度升高而升高，因此将三种工况分别命名为高碳烟工况（HS）、中碳烟工况（MS）和低碳烟工况（LS）。喷油激励时间设定为 2ms，实际喷油时间为 4ms。每个工况拍摄了 20 次喷油循环。

表 7.3　试验工况

工况点	P_{inj}/MPa	P_a/MPa	T_a/K	含氧体积分数（%）
HS	50	5.3	870	21
MS	150	5.3	870	21
LS	150	5.3	782	21

1. DBI 与 LEM 的比较

由于相同的试验条件，可以认为不同技术所测得的碳烟体积分数和光学路径长度是一致的。由小颗粒的米散射原理可得：

$$f_v = \frac{K_{DBI} \cdot \lambda_{DBI}}{k_{eDBI}} = \frac{K_{LEM} \cdot \lambda_{LEM}}{k_{eLEM}} \tag{7-22}$$

式中　λ ——背景光的波长；

k_e——无量纲消光系数，可由 RDG 理论获得。DBI 波长 450nm，LEM 波长为 514.5nm，可得 $k_{eDBI} = 7.61$，$k_{eLEM} = 7.46$。因此，可以从 DBI 得到的碳烟光学厚度（KL_{DBI}）与 LEM（KL_{LEM}）得到的光学厚度之间的关系：

$$KL_{DBI} = \frac{k_{eDBI} \cdot \lambda_{LEM}}{k_{eLEM} \cdot \lambda_{DBI}} \cdot KL_{LEM} = 1.17 \cdot KL_{LEM} \tag{7-23}$$

图 7.21 所示为时间在 3000μs ASOE 时，两个技术在喷雾轴线上所测 KL 值的比较，其中 LEM* 为通过公式进行的转换。由图中可以看出，两个技术对参数变化表现了一致的敏感性且所得 KL 也较为接近。LEM 所测的 KL 值稍微高于 DBI 的结果，一方面这可能是由于两个技术的测试不是同步进行的，存在循环的差异；另一方面可能是碳烟折射率的不确定性对计算 Ke 时可能存在误差。

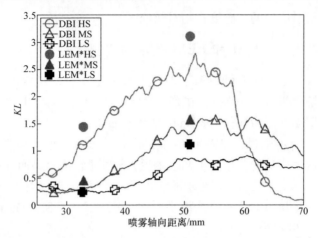

图7.21　三种工况下 DBI 和 LEM 喷雾轴线上 *KL* 值比较[27]

2. DBI 和双色法的比较

对于 DBI 技术，消光主要由粒子散射和吸收两部分构成。然而，散射效应在总体消光中所占比例很小，此应用中根据 RDG 原理散射/吸收比为 0.083，所以比较中可以忽略散射作用的影响。因此吸收率可以由式（7-24）得出：

$$\alpha_{\lambda_{DBI}} = 1 - \tau = 1 - \exp(-KL_{DBI}) \tag{7-24}$$

式中　τ——透射率。

再根据 Kirchhoff 定律，在热平衡状态下吸收率等于辐射率，因此：

$$1 - \exp(-KL_{DBI}) = 1 - \exp\left(\frac{-KL_{2C}}{\lambda_{DBI}^{\alpha}}\right) \tag{7-25}$$

将波长 450nm 和常数 $\alpha = 1.39$ 带入式（7-25）可得 DBI 和 2C 间 KL 的关系式：

$$KL_{DBI} = 3.034 \cdot KL_{2C} \tag{7-26}$$

图7.22 中所示为准稳态火焰（4000μs ASOE）喷雾轴线上 DBI 和双色法的 *KL* 值在三种工况下的比较。其中双色法的 *KL* 值通过式（7-26）进行了转换。除了 *KL* 值，图7.22 中还列出了双色法得到的喷雾轴线上的碳烟温度，用虚线表示。从图7.22 中可以看出 DBI 技术相对双色法而言，对环境工况具有更高的敏感性，随着工况向高碳烟的改变，*KL* 值呈现了明显的增加。而双色法所得 *KL* 值差别却比较小。

由本章7.2 节对双色法的介绍我们知道，双色法（2C）假设碳烟量和温度在光学路径上的分布是均匀的，这与真实值是有差别的，温度的不均匀性会导致碳烟量的误差。此外，碳烟云中距离相机传感器较近的碳烟层，会对路径上较远的碳烟层进行吸收（自吸收效应），且随着碳烟浓度的升高，自吸收效应变得更加明显。所以从图7.22 我们可以看到，高碳烟工况下（HS）两个技术的差别最大。而 *KL* 峰值接近1 时，自吸收效应较小，两个技术所测 *KL* 值比较接近。

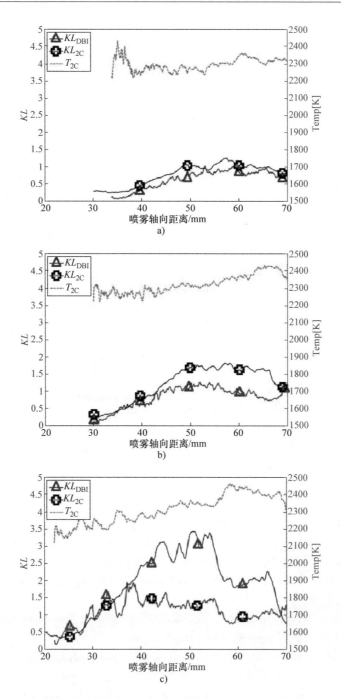

图 7.22　三种工况下 DBI 和双色法喷雾轴线上的 KL 值比较（4000μs ASOE）[27]

a）LS　b）MS　c）HS

参 考 文 献

［1］MATSUI Y , KAMIMOTO T, MATSUOKA S. A Study on the time and space resolved measurement of flame temperature and soot concentration in a D. I. diesel engine by the two – color method ［C］. Automotive Engineering Congress and Exposition. ［sl: sn］, 1979.

［2］STASIO S D, MASSOLI P. Influence of the soot property uncertainties in temperature and volume – fraction measurements by two – colour pyrometry ［J］. Measurement science and Technology, 1999, 5 (12): 1453.

［3］ZHAO H, LADOMMATOS N. Optical diagnostics for soot and temperature measurement in diesel engines ［J］. Progress in Energy and Combustion Science, 1998, 24 (3): 221 – 255.

［4］KAN Z. Development of a two – color optical diagnostic for the determination of engine in – cylinder soot temperature and volume fraction evolution with a flame – calibrated emissivity model ［D］. Detroit, Wayne State University, 2013.

［5］ZHAO H. Laser diagnostics and optical measurement techniques in internal combustion engines ［M］. Warrendale: SAE International, USA, 2012.

［6］MUSCULUS M. Measurements of the influence of soot radiation on in – cylinder temperatures and exhaust NOx in a heavy – duty DI diesel engine ［J］. SAE Technical Paper, 2005, 114: 845 – 866.

［7］MATSUI Y, KAMIMTO T, MATSUOKA S. A Study on the Application of the Two – Color Method to the Measurement of Flame Temperature and Soot Concentration in Diesel Engines ［J］. SAE Transactions, 1980, 45 (398): 1576 – 1586.

［8］HOTTEL H C, BROUGHTON F P. Determination of true temperature and total radiation from luminous gas flames ［J］. Industrial and Engineering Chemistry Analytical Edition, 1932, 4 (2): 166 – 175.

［9］YAN J, BORMAN G L. Analysis and in – cylinder measurement of particulate radiant emissions and temperature in a direct injection diesel engine ［J］. SAE Transactions, 1988, 97: 1623 – 1644.

［10］HIBBARD R R, Liebert C H. Spectral emittance of soot, national aeronautics and space administration ［J］. NASA – TN – D – 5647; E – 5435, 1970.

［11］SIDDALL R G. The emissivity of luminous flames ［J］. Symposium on Combustion, 1963, 9 (1): 102 – 110.

［12］ROSSLER F, H B. Bestimmung des absorptionskoeffizienten vonrussteilchenverschiedener-flammen ［J］. 1950, Optik 6 (1): 145.

［13］KAMIMOTO T, MURAYAMA Y. Re – examination of the emissivity of diesel flames ［J］. International Journal of Engine Research, 2011, 12 (6): 580 – 600.

［14］NERVA J G. An Assessment of fuel physical and chemical properties in the combustion of a diesel spray ［J］. Knowledge and Management of Aquatic Ecosystems, 2013, 347 (4): 135 – 152.

[15] MICHELSEN H A, SCHULZ C, SMALLWOOD G J, et al. Laser – induced incandescence: particulate diagnostics for combustion, atmospheric, and industrial applications [J]. Progress in Energy and Combustion Science, 2015, 51: 2 – 48.

[16] KERMIT C, SMYTH, SHADDIX C R. The elusive history of m ~ = 1. 57 – 0. 56i for the refractive index of soot [J]. Combustion and Flame, 1996, 107 (3): 314 – 320.

[17] ZHENG L, MA X, WANG Z, et al. An optical study on liquid – phase penetration, flame lift – off location and soot volume fraction distribution of gasoline – diesel blends in a constant volume vessel [J]. Fuel, 2015, 139: 365 – 373.

[18] EREMIN A, GURENTSOV E, POPOVA E, et al. Size dependence of complex refractive index function of growing nanoparticles [J]. Applied Physics B, 2011, 104 (2): 285 – 295.

[19] LESCHOWSKI M, THOMSON K A, SNELLING D R, et al. Combination of LII and extinction measurements for determination of soot volume fraction and estimation of soot maturity in non – premixed laminar flames [J]. Applied Physics B, 2015, 119 (4): 685 – 696.

[20] PICKETT L M, SIEBERS D L. Soot in diesel fuel jets: effects of ambient temperature, ambient density, and injection pressure [J]. Combustion and Flame, 2004, 138 (1 – 2): 114 – 135.

[21] KOYLU U O, FAETH G M. Optical properties of overfire soot in buoyant turbulent diffusion flames at long residence times [J]. Journal of Heat Transfer, 1994, 116 (1): 152 – 159.

[22] SKEEN S, YASUTOMI K, CENKER E, et al. Observations of soot optical property characteristics using high – speed, multiple wavelength, extinction imaging in heavy – duty diesel sprays [J]. SAE Technical Paper 2018, 11 (6): 805 – 816.

[23] MARK P B, MUSCULUS, LYLE M P. Diagnostic considerations for optical laser – extinction measurements of soot in high – pressure transient combustion environments [J]. Combustion and Flame, 2005, 141 (4): 371 – 391.

[24] WESTLYE F R, KEITH P, ANDERS I, et al. Diffuse back – illumination setup for high temporally resolved extinction imaging [J]. Applied Optics, 2017, 56 (17): 5028 – 5038.

[25] MANIN J, PICKETT L M, SKEEN S A. Two – color diffused back – illumination imaging as a diagnostic for time – resolved soot measurements in reacting sprays [J]. SAE International Journal of Engines, 2013, 6 (4): 1908 – 1921.

[26] XUAN T, DESANTES J M, PASTOR J V, et al. Soot temperature characterization of spray a flames by combined extinction and radiation methodology [J]. Combustion and Flame, 2019, 204: 290 – 303.

[27] GARCIA – OLIVER J M, XUAN T, PASTOR J V, et al. Soot quantification of single – hole diesel sprays by means of extinction imaging [J]. SAE International Journal of Engines 2015, 8 (5): 2068 – 2077.

第 8 章

光学技术在喷雾燃烧研究方面的应用

8.1 引言

近些年来，由于光学诊断技术的发展，人们对于直喷式柴油机喷雾燃烧过程的理解已经得到了极大改善。与此同时，计算流体力学模型的准确性和有效性也得到极大改进，并广泛应用于设计高效低排放的发动机中。然而，由于内燃机燃烧过程的复杂性以及试验的不确定性，仍然有很多问题未能得到很好解决。

之前的章节已经对各种光学诊断技术的基本原理、光路布置、误差分析、图像处理等方面做了详细介绍。本章会对如何利用不同的诊断技术作为工具，对喷雾燃烧过程中的具体前沿问题，特别是燃烧工况下的喷雾动力学和火焰中碳烟的生成、氧化过程，进行的应用示例，给出详细讨论和分析。

8.2 纹影法在燃烧工况下喷雾动力学方面的研究

目前，对于非燃烧喷雾的空气卷吸和混合过程已经完成了大量研究。然而，燃烧过程会对喷雾形状和空气卷吸产生重要影响，这一方面的研究还相对较少。本节内容在定压燃烧弹中应用高速纹影成像技术，针对三种不同组分燃油［正十二烷、正庚烷（PRF0）和 PRF20（80% 质量分数的正庚烷和 20% 异辛烷混合物）］，研究燃烧工况下的喷雾动力学特性。

8.2.1 实验设备

实验中应用的设备为 CMT 的定压燃烧弹，燃烧弹详细参数如 3.4.1 小节所示。实验中的光路布置如图 8.1 所示。纹影成像的光源由一个氙弧灯和一个直径 1mm 的光阑组成一个点光源，此点光源经过抛物面镜形成平行光，最后被一个凸透镜收集到高速数码相机里（Photron SA - 5）。相机运行速度 50kfps，像素比为 5.26 pixel/mm，曝光时间 4μs。一个直径 4mm 的小孔放在凸透镜焦距位置作为纹影刀口，小孔前放置一个低通滤波片来过滤掉大部分碳烟辐射光的影响。除了纹影外，此实验中还应用了 OH* 化学发光成像技术来获得火焰浮起长度，以辅助分析。OH* 化学发光成像的相机为 ICCD 相机（Andor I - star），相机配置一个焦距 100mm 的紫外线镜头和一个（310 ±5）nm 的滤波片，相机与喷雾同步，并且保持增强器门控开启时间为喷油开始后 2~5ms。两种技术的详细参数如表8.1 所示。除此之外，通过一个一维的数值模型对喷雾也进行了计算以辅助分析，模型的详细信息请见文献 [1 -2]。

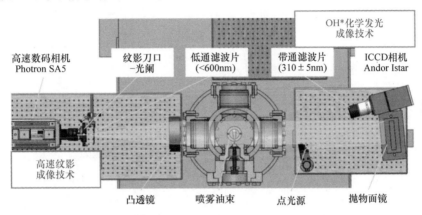

图 8.1 光路布置示意图

表 8.1 光路详细参数

	高速纹影成像	OH* 化学发光成像
相机	Photron SA - 5	Andor - Istar
传感器类型	CMOS	ICCD
镜头	50mm	100mm - U. V.
光阑	4mm	–
滤波片	–	（310 ± 5）nm
拍摄速度	50kfps	1 次/喷油
曝光时间	4μs	3ms（2~5ms ASOI）
喷油次数	8	15
像素比	5. 26pixel/mm	5. 85pixel/mm

8.2.2 实验方案

实验中应用的燃料为正十二烷、正庚烷（PRF0）和 PRF20（80% 质量分数正庚烷和 20% 异辛烷混合）三种不同燃油。三种燃油单质组分的物理化学特性如表 8.2 所示。应用一维模型对三种燃料进行计算，得到燃烧与非燃烧工况下的状态关系，如图 8.2 所示。从图 8.2 中可以看出三种燃料在燃烧和非燃烧状态下的混合状态基本一致，也就是说喷雾中的动力学若出现不同情况，将主要是由化学动力学造成的。PRF100 作为参考燃料在非燃烧工况下也进行了实验。

表 8.2 三种单质组分的特性

燃油	$\rho_f/(kg/m^3)$	LHV/(MJ/kg)	T_{boil}/K	十六烷值(CN)
正十二烷（$C_{12}H_{26}$）	752	44.2	356.2	87
正庚烷(PRF0)	684	44.6	371.5	53
异辛烷(PRF100)	690	44.3	372.4	14

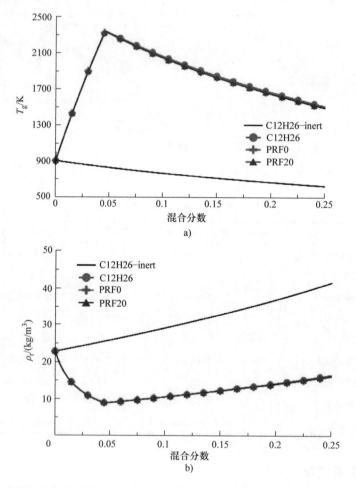

图 8.2 三种燃料的状态关系（$T_g = 900K$，$\rho_g = 22.8\ kg/m^3$）实线表示 $C_{12}H_{26}$ 非燃烧工况

a）为温度与混合分数的关系 b）为密度与混合分数的关系

实验中应用的喷油器为 ECN 组织提供的 Spray A 单孔喷油器（No. 210675），标准出口直径为 90μm。喷油激励时间为 3.5ms，实际喷油时间大约为 5ms。实验工况方案如表 8.3 所示。对于正十二烷，每个工况记录了 8 次喷油；其他两种燃料，每个工况记录了 15 次喷油。

表 8.3　实验方案

燃料	T_g/K	p_{inj}/MPa	ρ_g/（kg/m³）	O_2（%，体积分数）
$C_{12}H_{26}$	800，850，900	50，100，150	22.8	0，15，21
PRF0	900，1000	50，100，150	22.8	0，15，18，21
PRF20	900，950	50，100，150	22.8	15，18，21
PRF100	900	50，100，150	22.8	0

8.2.3　标准 Spray A 工况喷雾动力学分析

本小节选取了标准的 Spray A 工况（$p_{inj}=150$MPa，$T_g=900$K，$\rho_g=22.8$kg/m³）作为参考工况进行分析。由于此工况下温度、密度较高，着火延迟较短，相机可以在喷油结束前拍摄到充分发展的喷雾状态。

1. 喷雾贯穿速度

图 8.3 所示为 Spray A 工况下非燃烧和燃烧 [O_2（体积分数）= 15%] 工况下的喷雾贯穿距。图 8.3 所示时间以喷油初始时刻为基准（ASOI）。竖直红色虚线为从纹影图像处理得到的高温着火时刻。从图 8.3 中可以看出，喷雾贯穿距在非燃烧和燃烧工况下都呈现稳定增长，但是燃烧工况下的贯穿距在着火后开始出现明显加速。为了详细分析这一现象，应用 Desantes 等人的方法[3]，图 8.3b 展示了喷雾贯穿距的比值（每个时刻下燃烧工况的贯穿距 S_r 除以非燃烧工况的贯穿距 S_i）。由文献 [3] 的描述，可以将燃烧喷雾演变过程分为五个阶段：

1）非燃烧阶段（Non – reacting）：此阶段从喷油开始到高温着火，喷雾贯穿距比值接近于 1。

2）着火膨胀阶段（Autoignition）：此阶段从开始着火到喷雾贯穿距比值再次接近于 1。

3）稳定阶段（Stabilization）：从着火膨胀阶段结束到燃烧与非燃烧喷雾贯穿距开始分离，此阶段的长短取决于工况条件，在较弱反应工况此阶段较长。标准 Spray A 工况下此阶段几乎不存在。

4）加速阶段（Acceleration）：喷雾贯穿距比值随时间增加。

5）准稳态火焰阶段（Quasi – steady）：喷雾贯穿距比值达到稳定。

4ms 后喷雾贯穿距比值开始出现下降，这是由于燃烧工况下的喷雾已经达到可视化窗口的边界，如图 8.3a 所示。

由上可以看出，由于燃烧化学和流体力学耦合的影响，燃烧喷雾的贯穿距经历了几个不同的阶段，最后达到了一个准稳态阶段。为了避开之前阶段对最后稳态阶段累积的影响，后续对于喷雾贯穿速度（贯穿距与时间的导数）的分析只集中在最后的稳态阶段。图 8.3c 展示了由喷雾贯穿距与时间导数得到的非燃烧和燃烧工况下喷雾贯穿速度。两者都随着时间的发展而表现出下降趋势，不同的发展阶段燃烧工况下的贯穿速度表现出更加强烈的振荡。

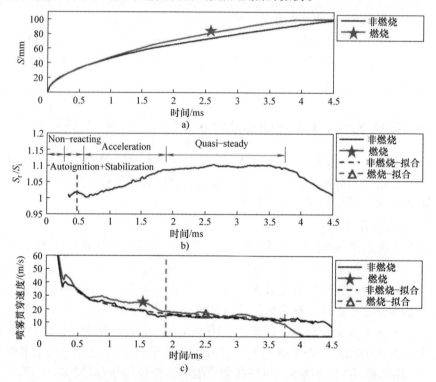

图 8.3 纹影图像处理得到的非燃烧和燃烧工况下喷雾贯穿距、贯穿距比值
和贯穿速度，竖直虚线表示着火时刻（Spray A 工况）

a) 喷雾贯穿距 b) 贯穿距比值 c) 贯穿速度

由之前的文献［4-7］所述，在非燃烧工况下，喷雾贯穿速度与时间的平方根成反比，因此实验中的非燃烧和燃烧工况下，喷雾贯穿速度都通过式（8-1）进行了拟合：

$$\frac{\mathrm{d}s}{\mathrm{d}t} = \frac{k}{\sqrt{t}} \tag{8-1}$$

对于非燃烧工况下的喷雾，拟合区间为 0.5ms ASOI 到 4.2ms ASOI。对于燃烧工况下的喷雾，拟合区间设定为喷雾贯穿距比值达到稳定时候的准稳态阶段。从图 8.3c 中拟合的虚线可以看出，式（8-1）可以很好地描述准稳态过程的喷雾贯穿发展。非燃烧喷雾的式（8-1）中的 k 值，可以通过准稳态定常密度下混合控制喷雾理论[8]，得出一个理论值（k_{th}），如式（8-2）所示：

$$k_{th} = \sqrt[4]{\frac{\log(100)}{8\pi}} \cdot \sqrt[4]{\frac{\dot{M}_0}{\rho_g}} \cdot \frac{1}{\sqrt{\tan(\theta/2)}} \tag{8-2}$$

从式（8-2）可以看出，对于非燃烧喷雾，喷雾贯穿速度只取决于动量流量 $\dot{M}_0$ 和环境气体密度 ρ_g，以及喷雾锥角 θ。图 8.4 所示为所研究的非燃烧工况下理论 k 值与实验拟合值的比较，其中式（8-2）中的动量流量、空气密度和喷雾锥角（$\theta = 24°$）都来自实验测定值。需要指出的是，非燃烧工况下对三种单质燃料（正十二烷、正庚烷、异辛烷）进行了实验，因此任何其他由此单质组成的混合燃料也会产生相同的结果。

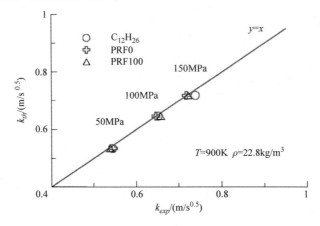

图 8.4　非燃烧工况下由式（8-2）得到的理论 k 值与实验拟合值的比较。喷雾锥角 $\theta = 24°$

2. 径向膨胀

图 8.5 所示为 Spray A 工况下非燃烧与燃烧喷雾的径向宽度的演变过程。图 8.5a 所示为 Spray A 燃烧标准工况下某一次喷雾的原始纹影图像的演变。如之前所述，本研究的有效视窗为 100mm，图 8.5a 中右上角的暗边为视窗边缘。图 8.5b 所示为对纹影概率图像处理得到的喷雾径向的一半宽度（喷雾半径）随时间的演变。竖直的红色虚线为 OH* 化学发光得到的平均火焰浮起长度。

在 320μs ASOI 时，燃烧喷雾与非燃烧喷雾表现一致，没有出现轴向和径向的膨胀。在 400μs ASOI 时，虽然由于冷焰作用，喷雾前端开始出现部分透明，非燃烧和燃烧喷雾轮廓并没有呈现明显差别。在 460μs ASOI 时，着火现象发生，使得燃烧喷雾头部径向和轴向与非燃烧喷雾开始出现了分离。在 660μs ASOI 时，燃烧喷雾可以观测到明显的径向膨胀，并且两种工况下的喷雾贯穿距保持了一致，这是由于动量守恒下径向的膨胀导致较小的喷雾贯穿速度。1600μs ASOI 时

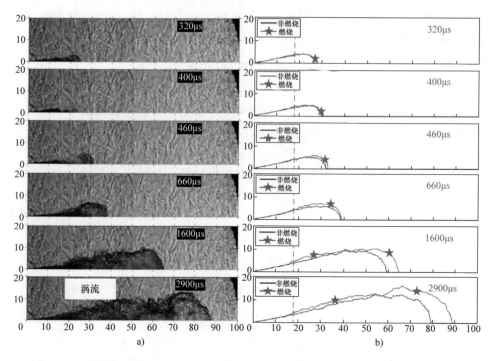

图 8.5　不同时刻下燃烧喷雾纹影轮廓和非燃烧与燃烧喷雾径向宽度（SprayA 工况）

a）纹影轮廓　b）径向宽度

的图像对应着喷雾贯穿的加速阶段，喷雾初始膨胀位置开始稳定在火焰浮起长度附近。此时，燃烧喷雾距离喷嘴 60mm 出现了一个"腰部"，使得其轮廓变得平缓，并与非燃烧喷雾轮廓重叠。最后一张图像对应喷雾贯穿的稳态阶段。由图 8.5 中可以看出，稳态喷雾部分大概存在于从喷嘴到相距约 50mm 的位置。无论是原始纹影图像还是概率轮廓图，都可以看到紧靠喷雾头部出现了一个明显的涡流区域，这也意味着喷雾的瞬态变化的头部主要被一个重复性较高的涡流控制，并且这个现象在不同的工况下都可以观测到，文献中把它归因于快速气体卷吸所产生[9]的。

　　之前的文献对于如何评估非燃烧和燃烧喷雾的径向分布，已经列出了很多方法[3,4,10]，并且一般是通过喷雾锥角的形式进行评估。然而，在燃烧工况下喷雾的几何形状远比一个锥形复杂，因此单一一个喷雾锥角并不能很好表征喷雾径向分布。因此，为了更好地理解燃烧喷雾的径向分布，图 8.6 比较了 Spray A 工况下燃烧与非燃烧工况下稳态阶段的喷雾径向半径，其中红线表示燃烧工况，蓝线表示非燃烧工况。竖直的红色虚线表示由 OH* 化学发光法得到的火焰浮起长度。需要指出的是，所比较的为相同的喷雾贯穿距时间，而非相同时刻的喷雾轮廓。通过对不同实验工况下的结果进行论证，燃烧喷雾轮廓可以分为以下三个部分：

1）准稳态非燃烧部分（Quasi - steady Inert）：此部分为从喷嘴到火焰浮起长度的区域。由于没有放热现象发生，此部分喷雾为非燃烧喷雾。

2）准稳态燃烧部分（Quasi - steady Reacting）：此部分为从火焰浮起长度到喷雾轮廓停止径向增长的位置。此部分由于氧化放热反应使得每个轴线位置的喷雾半径都呈现增长。在初始过渡区域之后，增长幅度几乎稳定在一固定常数上。

3）瞬态部分（Transient）：此部分从稳态部分结束到喷雾顶端。由于瞬态发展过程，此部分相比其他两个部分更加复杂，对于非燃烧的喷雾也同样存在此区域。如图 8.6 所示，对于充分发展的喷雾而言，稳态部分大概占据燃烧喷雾贯穿距的 50%，而非燃烧喷雾大概占据 60%。

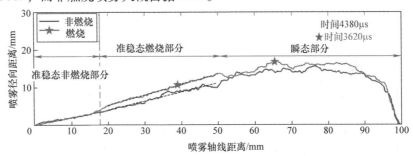

图 8.6　Spray A 工况下燃烧与非燃烧喷雾的径向半径（喷雾贯穿距 97mm）

本节的一个研究目标就是改善对准稳态燃烧部分径向膨胀的理解。因此，需要寻找到准稳态燃烧部分和瞬态部分的临界位置。图 8.7 所示为根据最小二乘法对非燃烧和燃烧喷雾的轮廓进行的线性拟合，拟合区间分别从 1.1 倍的 LOL 到三个不同的喷雾位置（40%，50% 和 60% 的喷雾贯穿距）。从图 8.7 中可以看出，50% 的喷雾贯穿距较好地匹配了准稳态燃烧区域。此外，由 50% 的拟合直线斜率，还可计算得到非燃烧与燃烧喷雾的喷雾锥角，如式（8-3）所示：

$$\tan(\theta_r/2) = k_r \tag{8-3}$$

式中　　θ_r——燃烧喷雾的锥角；

　　　　k_r——拟合直线的斜率。

由此得到了喷雾锥角随时间变化的曲线，如图 8.8 所示。

从图 8.8 中可以看出，非燃烧和燃烧喷雾的锥角，在达到稳定阶段后趋于同一个值。换而言之，两个拟合曲线是近乎平行的，这就意味着在准稳态的燃烧部分，在不同轴向位置的径向膨胀变化相似，只是非燃烧喷雾的轮廓平行移动了某一固定值。因此，可以计算得到 1.1LOL 到 50%S 径向膨胀的一个平均值，然后再对此空间平均再进行时间平均，得到一个单一变量 $\overline{\Delta R}$ 来评估准稳态燃烧喷雾部分的径向膨胀。此值将用在后续章节中，用于分析不同环境变量对喷雾径向膨胀的影响。

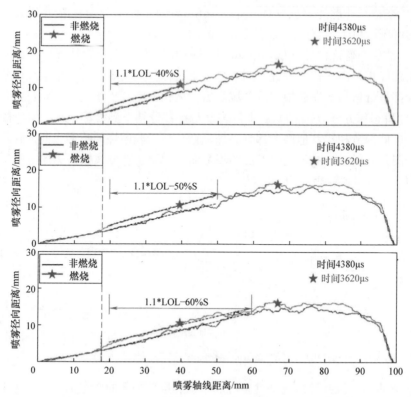

图 8.7 Spray A 工况下燃烧与非燃烧喷雾轮廓的线性拟合

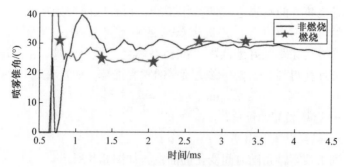

图 8.8 Spray A 工况下燃烧与非燃烧喷雾的锥角

8.2.4 工况变量影响分析

1. 喷雾贯穿速度

首先，分析不同燃油特性在标准 Spray A 工况对喷雾贯穿速度的影响，如图 8.9 所示。竖直虚线所示为着火延迟期，根据十六烷值的不同，三种燃油着火延迟期顺序为 $C_{12}H_{26} <$ PRF0 $<$ PRF20。从图 8.9a 中喷雾贯穿距曲线，可以看出

燃油活性越弱，燃烧工况下喷雾贯穿距越小。然而，喷雾贯穿速度则表现出不同的趋势，其主要不同点发生在着火和加速阶段，在准稳态阶段趋于一致，与燃油特性并没有明显相关性。换而言之，图 8.9a 中喷雾贯穿距的不同主要是由于喷雾贯穿早期的几个阶段造成的。图 8.9b 的模拟结果也展现了相同的规律。由于模型中的化学反应过程要远快于试验过程，所以模拟的喷雾贯穿速度三条曲线的重合，要早于试验结果。因此，对于所研究的工况来说，燃油的十六烷值仅在非燃烧到燃烧的过渡期对喷雾贯穿速度产生影响，并影响这一过渡期的时间。而对于准稳态过程，不同燃油由于相似的热化学特性，喷雾贯穿速度保持一致。

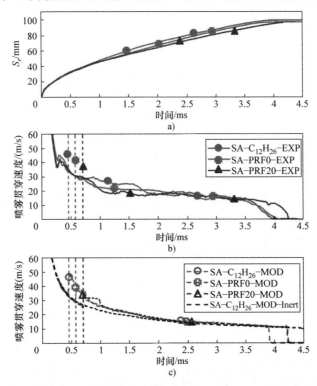

图 8.9　Spray A 工况下燃油特性对喷雾贯穿速度的影响。竖直虚线为试验着火时刻
a）贯穿距　b）试验贯穿速度　c）模拟贯穿速度

此标准工况下燃油特性的影响可以拓展到其他工况条件，如图 8.10 所示。此处所示为不同燃油准稳态阶段喷雾贯穿速度常数 k 值［式（8-1）拟合所得］。可以看出，燃油的十六烷值并未对 k 值产生影响，也就是说三种燃油在准稳态阶段喷雾贯穿速度一致。

图 8.11 所示为不同环境气体温度（图 8.11a）、氧含量（图 8.11b）和喷油压力（图 8.11c），对喷雾贯穿速度的 k 值的影响。k 值的试验值用实心标志表

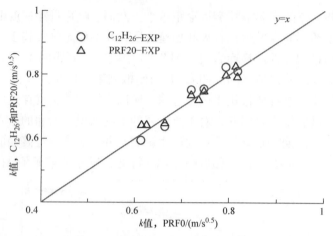

图 8.10　燃油特性对试验常数 k 的影响

示，模拟值用空心标志表示。此外，由式（8-2）得到的理论值 k_{th} 也列于此，表示非燃烧喷雾。从式（8-2）可以看出，当喷油压力、环境密度和喷雾锥角保持不变时，此理论 k_{th} 值不会发生变化。根据上述试验结果说明燃油特性对此 k 值不会产生显著影响，因此所有燃油数值以拟合曲线代替。

从图 8.11 中可以看出，燃烧工况下的 k 值总是高于理论值 k_{th}。这意味着燃烧工况下的喷雾贯穿速度在准稳态喷雾阶段总是快于非燃烧喷雾工况，这主要是由于燃烧导致的密度下降引起的。平均来看，燃烧工况下的喷雾贯穿速度相比非燃烧工况来说增加了约 15%，这与最近在相同工况下对正十二烷局部速度场的测量结果一致[11]。

图 8.12 所示为由一维模型计算得到的，燃烧工况与非燃烧工况密度比（ρ_r/ρ_i）和混合分数的关系曲线。对于所有工况，此比值在化学当量比条件下达到最小值，向富油区域和贫油区域都呈现增加趋势。对于环境温度的变量而言，密度比值在所有混合分数下都随温度的升高而升高，这解释了为什么图 8.11 中 k 值随温度增加而呈现略微减小，由于动量守恒导致流体贯穿速度在高密度环境中更慢。而对于氧含量的变量，局部密度在当量比处出现明显下降，而在稀油区没有明显变化。考虑到对于准稳态的喷雾而言，绝大部分喷雾区域处于贫油区，因此喷雾贯穿速度表现出与环境氧含量较低的敏感度。

最后，对于喷油压力的变化来说，较高的喷油压力意味着较高的动量流量和较高的喷雾贯穿速度，这和非燃烧喷雾趋势是一致的，所以在准稳态阶段时不同喷油压力的曲线并没有重合。这从 k 值随压力的变化也可以看出来，如图 8.11c 所示。另外，从图 8.11 中还可以看出，k 值在非燃烧和燃烧工况下随压力变化的敏感性是一致的。例如，喷油压力从 50MPa 增加到 150MPa，燃烧工况的 k 值增加了 $0.16\text{m/s}^{0.5}$，而非燃烧工况增加了 $0.18\text{m/s}^{0.5}$。

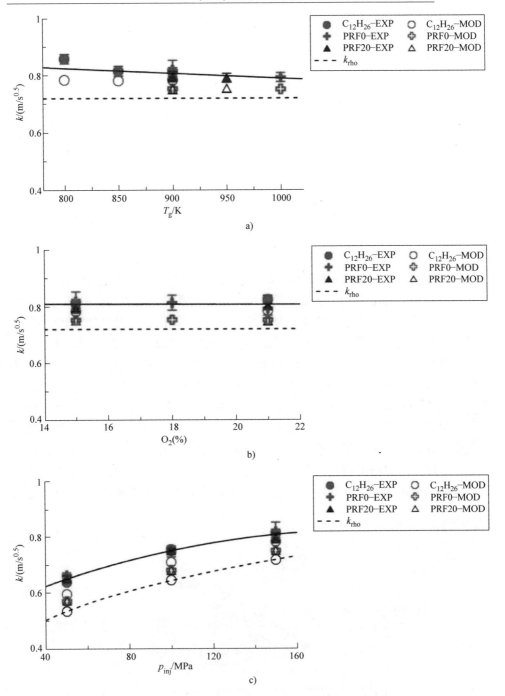

图 8.11　环境气体温度、氧体积分数和喷油压力对喷雾贯穿速度 k
值的影响。实心图标为试验值，空心图标为模拟值
a）温度　b）氧体积分数　c）喷油压力

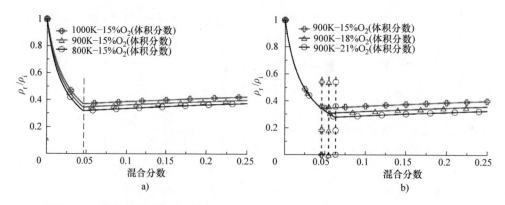

图 8.12　不同环境温度和氧含量局部燃烧与非燃烧密度比和混合分数的函数关系。
燃油 PRF0，密度 $\rho_g = 22.8 \mathrm{kg/m^3}$

　　图 8.13 比较了本研究中所有工况下的试验 k 值和一维模型计算值。可以看出，一维模型很好地预测了非燃烧喷雾的 k 值。对于燃烧喷雾模拟 k 值呈现了类似的趋势。然而，模型结果略小于试验结果。有些人可能认为模型结果略小是由于动量流量、局部密度和径向分布的原因，然而并非如此。首先，动量流量取决于喷油压力和环境压力，对于燃烧和非燃烧工况环境压力差只有 0.13MPa，因此可以认为动量流量是一致的。其次，局部密度与喷雾贯穿速度成反比，也就意味着模型高估了局部密度才导致低喷雾贯穿速率。而事实上，模型中非燃烧到燃烧的转换过程非常迅速，计算的局部密度应低于真实值。再次，后面的讨论中将会展现模型计算的径向膨胀低于试验值，这也应导致更快的贯穿速率。所以，以上推测并不能很好解释模型低估贯穿速率的现象。其中一个可能的原因是模型计算中假设喷雾为锥形分布，并没有涉及试验中提到的喷雾头部瞬态区域的涡状结

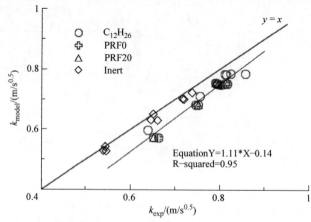

图 8.13　一维模型计算得到的喷雾贯穿速度的 k 值与试验值的比较

构。从前面的讨论中我们可以看到，对于非燃烧和燃烧喷雾而言，瞬态区域分布占到喷雾体积的 30% 和 50%。可能由于模型中这个高度的简化不能捕捉燃烧喷雾的全部发展过程。然而，可以看出的是，模型计算结果对辅助分析还是比较有效的，展现了与试验结果较好的敏感性。

2. 径向膨胀

图 8.14a 展示了环境气体温度对径向膨胀（$\Delta \bar{R}$）的影响。对于三种燃油，$\Delta \bar{R}$ 都随着环境温度的增加而减小。总体而言，测量误差随环境温度的增加而减小，也就是说高温环境下火焰结构具有更高的可重复性。模型也预测了相似的趋势，只是敏感性较低。根据上述讨论和本章知识拓展，温度对径向膨胀的影响主要有两方面原因：一是高温环境下由于更短的着火延迟和火焰浮起长度，导致燃烧混合物更加靠近喷嘴，使得着火时可燃混合气的半径减小，进而 $\Delta \bar{R}$ 减小。另外，图 8.12 已经展示了不同环境温度下燃烧/非燃烧密度比与混合分数的关系，密度比随温度升高而减少，这也同样导致非燃烧工况向燃烧工况转变时较少的径向膨胀。因此，试验值和模拟值都验证了径向膨胀随温度升高而减小。

环境氧浓度对 $\Delta \bar{R}$ 的影响如图 8.14b 所示，试验值和模型结果都显示氧浓度没有对径向膨胀产生明显影响。根据本章知识拓展 2 中模型的说明，密度的降低和可燃混合气的位置与 $\Delta \bar{R}$ 相关。图 8.14b 显示了氧含量对燃烧/非燃烧密度比的影响，在稀油区密度比与氧含量是无关的。也就是说燃烧导致的密度下降与氧含量无关。另一方面，氧含量从 15%（体积分数）增加到 21%（体积分数），着火延迟期减少了 100μs，火焰浮起长度减少 5mm，这些都使得可燃混合气的位置平均接近喷嘴约 4mm。综合两者的影响，相同的燃烧/非燃烧密度比，解释了氧含量对径向膨胀影响较小的原因。

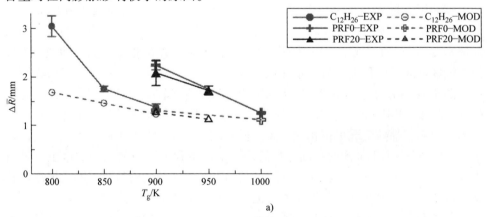

a)

图 8.14　$\Delta \bar{R}$ 随环境温度氧体积分数和喷油压力的变化。实线表示试验值，虚线表示模拟值
a）环境温度

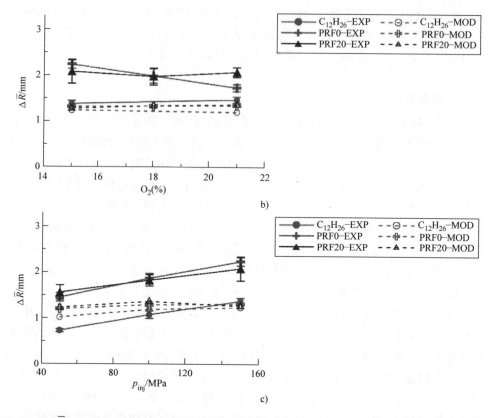

图 8.14　$\Delta\bar{R}$随环境温度氧体积分数和喷油压力的变化。实线表示试验值，虚线表示模拟值（续）
b）氧体积分数　c）喷油压力

　　喷油压力对 $\Delta\bar{R}$ 的影响如图 8.14c 所示。可以看出，随着喷油压力升高，$\Delta\bar{R}$ 呈现微弱增加，所有燃油对喷油压力都展现了相似的敏感度。首先，喷油压力对局部密度不会产生影响。另一方面，由于火焰浮起长度的提高，高的喷油压力将使燃烧区域向下游移动，由本章知识拓展 1 可知，这将会导致更大的径向膨胀。

　　图 8.15 显示了燃油特性对 $\Delta\bar{R}$ 的影响，每个点比较了两种燃油在相同工况下的径向膨胀，PRF0 的十六烷值处于中间位置被作为参考值。总体而言，三种燃油的径向膨胀都随工况呈正相关关系。PRF0 和 PRF20 的径向膨胀比较接近，正十二烷的 $\Delta\bar{R}$ 略小于其他两种油，数值计算中也得到了同样的结果。这主要是由于正十二烷的十六烷值比较高，导致了相同工况下较短的着火延迟和火焰浮起长度，这使得可燃混合气更靠近喷嘴，进而导致了更小的径向膨胀。

　　总体而言，一维模型计算的径向膨胀虽然趋势与试验值一致，但是总是小于试验值，与环境变量的敏感度略低。导致这一现象可能有两方面原因：首先，试验和数值计算对喷雾边界的定义不一致，试验结果定义的喷雾边界为纹影图像的

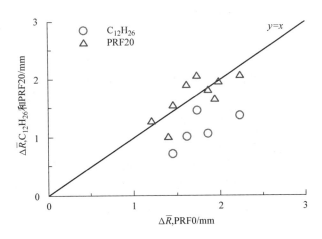

图 8.15　燃油特性对 $\Delta\bar{R}$ 的影响

"平均"轮廓边缘，而模型则定义轴线速度 1% 为喷雾边界。最近的研究[11] 也比较了纹影和 PIV 速度试验的喷雾边界，与本研究一致，速度定义边界的喷雾半径小于纹影法的定义。其次，计算结果基于一维模型的简化描述，喷雾径向在燃烧开始后就被模型获得。而试验值显示这个径向膨胀初始值要小于准稳态时期的膨胀值。

8.3　消光辐射结合法在碳烟诊断方面的研究

ECN 组织已经对"Spray A"火焰中的碳烟定量测量做了一些研究，然而对碳烟温度的研究却很少。本节首先选用不同消光波长和辐射波长，利用消光辐射结合法（CER），考虑自吸收效应的影响，对柴油机准稳态火焰中碳烟的浓度和温度进行了测量，验证了不同波长选择对 CER 技术的误差的影响，研究了不同工况下碳烟量和碳烟温度的影响机理。然后，利用 CER 技术，对分段喷雾中碳烟的瞬态发展过程进行了测量，研究了不同的分段喷油策略对碳烟生成以及温度分布的影响。本节研究内容的试验，也是在 CMT 的定压燃烧弹上进行的，喷油器为 ECN 中的 Spray A 喷油器，除了 CER 技术也应用了纹影法、OH* 化学发光法，以及一维计算模型进行辅助分析。

8.3.1　实验设备和光路布置

CER 技术对于碳烟的测量和纹影成像法测量喷雾轮廓，都是在 CMT 的较大定压燃烧弹上进行的，燃烧弹的详细信息见本书第三章。对于高速 OH* 化学发光法，则是在埃因霍温理工大学（TU/e）的定容燃烧弹上进行的。喷油器都是

ECN 的 Spray A 单孔喷油器，CMT 所用喷油器编号#210675，TU/e 所用喷油器编号#306.22，标准出口直径都是 90μm。

　　CER 的实验布置示意图如图 8.16 所示。对于碳烟消光的测量应用了一个脉宽 2μs，峰值波长 460nm 的 LED 作为背景光源。燃烧弹前放置了一个工程扩散片，用于创建均匀的扩散背景光。燃烧弹另外一侧，应用了一个焦距 800mm 的凸透镜来减小光路偏折。当光路穿过透镜后通过一个分光镜（50%：50%），穿过火焰剩余的 LED 的光以及火焰自身的辐射光被高速数码相机（Photron SA-5，25khz）接收，相机前加载了一个与 LED 峰值波长对应的带通滤波片（460nm，10FWHM）。相机曝光时间 1.91μs，分辨率 704×384 像素，像素比 6.48 像素/mm。为了研究消光背景波长对实验结果造成的误差，还应用了一个峰值 660nm 的 LED，同样进行了 DBI 实验。

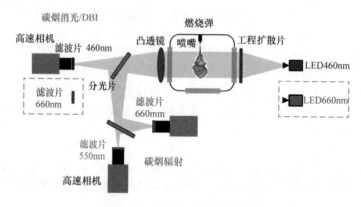

图 8.16　CER 实验布置示意图

　　与此同时，碳烟的辐射光通过两个分光片（50%：50%）之后被导入到另外两个高速数码相机中（Photron SA-5，25khz）。两台相机的曝光时间 6.64μs，分辨率 704×384 像素，像素比 6.54 像素/mm。为了将图片灰度值转换为辐射强度，一个标准钨带灯（Osram Wi17G）放在燃烧弹中喷雾的相同位置，进行了标定实验。

　　对于单次喷雾的准稳态火焰，除了 CER 技术外，还应用了 OH* 化学发光法来，用来分析 OH 自由基和碳烟的相对位置。根据 ECN 的处理方法[12][13]还得到了火焰浮起长度。另外，后续分析过程中，还对 OH* 化学发光的图像进行了层析重建，获得了 OH 自由基在对称面的轮廓分布，如图 8.17 所示。对于分段喷雾实验，为了捕捉火焰的瞬态发展过程，则选用了高速 OH* 化学发光法，获得了 OH 的瞬态过程，来辅助分析碳烟的发展过程。此部分实验数据来自 TU/e，有关光路布置详细信息见文献［14］。除此之外，对于分段喷雾，还在 CMT 燃烧弹中进行了纹影法的实验，获得了喷雾的几何轮廓、喷雾贯穿距和着火延迟期，光路布置与图 8.16 类似。关于单次喷雾 OH* 化学发光和分段喷雾相机的详细设置信息见表 8.4。

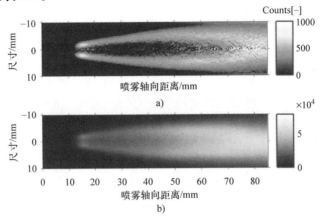

图 8.17　OH* 层析重建图像和原始图像

（$p_{inj}=150\text{MPa}$，$\rho_g=22.8\text{kg/m}^3$，$T_g=1000\text{K}$，$[O_2]=15\%$）

a）重建图像　b）原始图像

表 8.4　高速纹影和 OH* 化学发光相机设置信息

	高速纹影成像	OH* 化学发光成像
相机	Photron SA – 5	Andor – Istar
传感器类型	CMOS	ICCD
镜头	50mm	100mm – U. V.
光阑	6mm	–
滤波片	310 ~ 440nm	(310 ± 5) nm
拍摄速度	50kfps	1 次/喷油
曝光时间	4μs	3ms（2 ~ 5ms ASOE）
喷油次数	15	40
像素比	5. 26pixel/mm	8. 94pixel/mm

8.3.2　实验方案

　　实验中所用喷油器为 Spray A 单孔喷油器，燃油为 ECN 标准的正十二烷。对于单次喷雾的激励时间为 3.5ms，实际喷油持续时间为 5ms，每个实验工况记录喷油 40 次。单次喷油的实验方案如表 8.5 所示。对于分段喷油（表 8.6），喷油用来固定为 150MPa，环境密度和环境温度分别固定在 22.8kg/m³ 和 900K，高速纹影成像、CER 技术和高速 OH* 化学发光法分别记录喷油次数为 15、40、17 次。

表 8.5   单次喷油实验工况

实验工况	p_{inj}/MPa	T_g/K	ρ_g/(kg/m³)	O_2(%)
1	150	800	22.8	15
2	150	900	22.8	15
3	150	1000	22.8	15
4	100	900	22.8	15
5	150	900	22.8	21

表 8.6   分段喷油实验工况

实验工况	O_2（%）	第一次喷油时间/μs	喷油间隔/μs	第二次喷油时间/μs	测试技术
Single500	0	500	–	–	纹影
500 – 300 – 500	15	500	300	500	CER
500 – 700 – 500	0 + 15	500	700	500	纹影 + CER
500 – 500 – 500	0 + 15	500	500	500	纹影 + CER + OH*
300 – 500 – 500	15	300	500	500	CER
700 – 500 – 500	0 + 15	700	500	500	纹影 + CER

8.3.3   单次喷射准稳态火焰

1. 诊断方法

CER 技术是基于假设目标火焰为中心对称结构。对于准稳态火焰，为了得到更好的对称图像，碳烟的辐射图像和消光图像除了进行喷油次数上的平均外，还进行时间平均处理。因此，首先必须选择合适的计算平均图像的时间窗口。图 8.18 展示了由波长 660nm 的火焰自发光图像，在所有轴线位置径向积分得到的 IXT（Intensity – Axial – Time）图像[15]，此图像可通过式（8-4）获得：

$$I(x,t) = \int_{-y_1}^{y_2} I(x,y,t)\,\mathrm{d}y \tag{8-4}$$

式中　x——喷雾轴向方向；

　　　　y——径向方向，y_1 和 y_2 分别表示火焰的边缘位置。

时间平均范围起始于喷雾头部到达视窗边缘到喷油结束的这一区间，平均时间窗口在图 8.18 中分别用竖直虚线表示。

如第六章所述，对于消光法而言，RDG 方法计算无量纲消光系数 k_e 还存在较大误差。本研究中应用 RDG 计算 k_e 时应用的参数（如粒子直径、聚合尺寸、折射率等），参考了 ECN 标准数值[16]。最后，对于 460nm、550nm、660nm 三种应用的波长得到的 k_e 值分别为 7.59、7.40 和 7.27。在计算碳烟体积分数 f_v 和局部碳烟温度三维重建过程中，应用的数学方法为 onion‑peeling 方法。

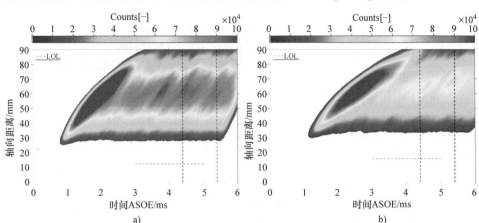

图 8.18　IXT 图像示例。竖直黑色虚线表示碳烟时间平均的区间

a）$p_{inj} = 150MPa$，$\rho_g = 22.8kg/m^3$，$T_g = 1000K$，$[O_2] = 15\%$

b）$p_{inj} = 100MPa$，$\rho_g = 22.8kg/m^3$，$T_g = 900K$，$[O_2] = 15\%$

　　下面展示了消光和辐射波长的选择对温度敏感性的影响。图 8.19 中所示为两种消光波长下（660nm 和 460nm）轴向和径向上碳烟温度，其中保持辐射波长为 660nm。为了避免由于层析重建在对称轴上造成的误差，此处轴向上的数值比较选取了距离喷雾轴线 1mm 远处的轴向数据。由第六章我们知道，消光波长的选择对表征碳烟量的 KL 因子会产生较大误差，而从图 8.19 我们可以看出，消光波长的选择对碳烟温度并没有产生较大影响，特别是在喷雾中心区域，两种波长得到的温度的差别小于 20K（1%）。较大误差出现在碳烟初始区域，这主要

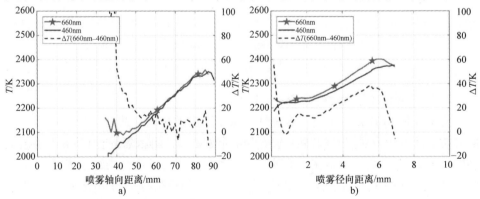

图 8.19　不同消光波长下距离喷雾轴线 1mm 处轴向温度的分布和距离喷嘴 65mm 处径向温度分布（$p_{inj} = 150MPa$，$\rho_g = 22.8kg/m^3$，$T_g = 1000K$，$[O_2] = 15\%$）

a）轴向温度分布　b）径向温度分布

是由于初生碳烟对波长的选择较高的敏感性造成的。此外，较低的信噪比可能是

另外一个重要原因，如图 8.20 所示。从图 8.20 中可以看出，较低信噪比区域主要分布在碳烟初始位置和火焰边缘。

图 8.21 中所示为两种辐射波长下（660nm 和 550nm）轴向和径向上碳烟温度，其中保持消光波长为 460nm。此处曲线的趋势跟图 8.19 非常相似，两种波长下较大温差分布在火焰上游和边缘位置，误差在 40k 左右（2%）。由于碳烟的辐射强度在可见光范围内随波长增加而增加。因此，为了增加信噪比获得较小误差，选取了 660nm 的辐射光波长用于后续的分析。

图 8.20 消光波长和辐射波长都为 660nm 时的信噪比

$(p_{inj}=150\text{MPa}, \rho_g=22.8\text{kg/m}^3, T_g=1000\text{K}, [O_2]=15\%)$

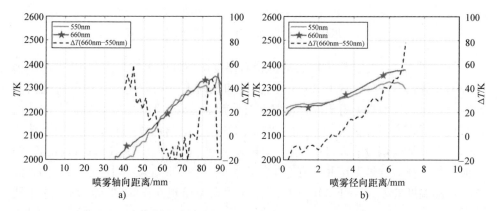

a)

b)

图 8.21 不同辐射波长下距离喷雾轴线 1mm 处轴向温度的分布和距离喷嘴 65mm 处径向温度分布

$(p_{inj}=150\text{MPa}, \rho_g=22.8\text{kg/m}^3, T_g=1000\text{K}, [O_2]=15\%)$

a）轴向温度分布 b）径向温度分布

2. 理论分析和不确定性分析

为了评估 CER 技术试验不确定性对碳烟温度的影响，此处进行了理论方法的分析。此方法中对消光和辐射选取了相同波长，以消除碳烟折射系数不确定性的影响。如图 8.22 所示，在离喷嘴某一距离处，假设了两个局部消光系数（k）的径向分布（图 8.22a，对应的碳烟体积分数 f_v 的峰值分别为 40×10^{-6} 和 80×10^{-6}）和一个温度的径向分布（图 8.22b）。在投影面上由以上假设的 k 和温度 T 积分获得的总体辐射强度如图 8.22a 中的黑色曲线所示。根据理论辐射强度和碳烟分布重建得到了温度的分布，并与原有假设温度进行了对比。两个温度的差

别如图 8.22 中红色线所表示，可以看出即使在碳烟量差别如此大的情况下，最后计算得到的碳烟温度与原温度都保持一致。因此，这也就说明此方法可以从碳烟量和辐射强度，很好地重建碳烟温度。此外，此温度和碳烟分布是依据本研究中最大碳烟工况（环境温度 1000K）进行假设的，因此说明本研究中的计算结果都是有效的。

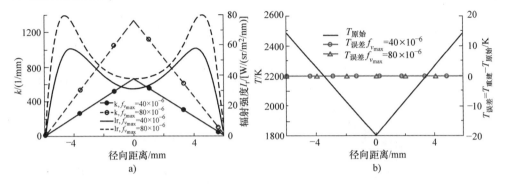

图 8.22　假设的在喷雾中心对称面上 K 的分布和投影的辐射强度，
以及在喷雾中心对称面假设的和重建的碳烟温度分布
a）辐射强度　b）温度

由图 8.22 中的信息，可以认为局部黑体辐射强度（I_b）主要被局部温度所控制，温度随着径向距离的增加而增加。此外，随着径向距离增加碳烟体积分数减小，这就导致了更少的自消光效应，进而有助于增加穿透的背景强度。与此同时，更小的 k 又会导致更小的局部光谱辐射率（$I_b K$）和投影辐射强度。综合上述平衡结果，总体投影辐射强度随着径向距离增加到距离喷雾轴线约 4mm 处，然后开始减小到火焰边缘（5mm）。此外，由图 8.22 可以看出，由于碳烟量的辐射和自吸收的平衡，总体投影强度对碳烟量 k 并没有展现出较强的敏感性，在径向距离 4mm 范围内碳烟体积分数峰值增加了一倍，而投影辐射强度只增加了 16%。

　　基于上述理论分析，对于图片数码值不确定性对重建碳烟体积分数和温度所造成的误差也进行了评估。为此，相机拍摄到的辐射数码信号值被人为附加了一个随机噪声来检测其对测量值的影响。对于碳烟体积分数，背景光强假设一个恒定的强度值（3000 A. U.），对于背景光穿透后的光强（从图 8.22 中径向分布计算得出）附加了一个平均值为 0，标准差为 20 A. U. 的高斯分布噪声。此处应用的消光波长为 460nm。对于碳烟温度的信号噪声影响，在假设碳烟体积分数没有噪声基础上，同样将火焰辐射强度数值加入了一个相同的高斯噪声分布。

　　图 8.23 展示了通过 CER 方法计算得到的原始输入数值和重建数值的关系，此处碳烟体积分数应用了图 8.23 中 $f_{v_{max}} = 4 \times 10^{-6}$ 的径向分布，温度应用了

图 8.23 中径向分布。虽然 $f_{v\,\mathrm{max}} = 80 \times 10^{-6}$ 时的分布的重建结果此处没有显示，但是结果十分相似。从图 8.23 中可以看出，重建的碳烟体积分数和温度都在较高体积分数和较低温度处展现了比较大的波动。换而言之，CER 方法中数码值导致的不确定性，在喷雾轴线位置较高。这是由于重建过程是从喷雾边缘的最外层开始逐步向喷雾轴线递进的过程。因此，外层重建时导致的不确定性，会在向内重建时逐步累积。碳烟体积分数和碳烟温度的整体绝对误差分别为 1×10^{-6} 和 17K。通过此分析可以得出 CER 计算结果在数码噪声的不确定性上是可靠的。

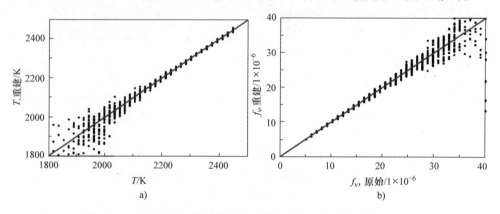

图 8.23 重建的碳烟体积分数和碳烟温度与原始输入数据的关系
a）碳烟体积分数 b）碳烟温度

3. 环境工况变量对碳烟温度影响

本小结将分析不同环境工况下的碳烟温度和碳烟量的分布。如图 8.24 所示，图中列举了四个不同的工况。图 8.24a 为标准 Spray A 工况，图 8.24b 为相比较标准工况增加了环境温度，图 8.24c 为相比较标准工况降低了喷油压力，图 8.24d 为相比较标准工况增加了环境氧含量。火焰对称面的碳烟体积分数 (f_v) 和碳烟温度 (T) 是由 460nm 消光的 KL 云图和 660nm 碳烟辐射光图像层析重建得到的。除此之外，本文中对 OH^* 的图像进行了类似三维重建，得到了对称面上 OH^* 的轮廓，同时也得到了火焰浮起长度（LOL）。需要指出的是，OH^* 化学发光的可视化窗口要比碳烟的窗口小 5mm。图 8.24 中还列出了 LOL 处接面的平均当量比 $(\overline{\phi_H})$，Pickett 和 Siebers[17] 指出其值可以作为碳烟的形成多少的有效指标。

我们已经知道碳烟净生成量是碳烟生成和碳烟氧化相互竞争的结果。从碳烟生产初始位置到 f_v 峰值位置，碳烟的生成速率高于氧化速率，而从 f_v 峰值位置到火焰尖端，氧化速率又高于生成速率。因此，图 8.24 中所示对于所有工况来说，较高碳烟浓度区域位于火焰中心，此处碳烟温度高于 2200K，并且没有 OH

自由基。而当由峰值位置向下游移动时，由于稀油混合物和 OH 自由基的出现使得碳烟的生成速率较低，氧化速率较高，进而碳烟量又急剧减小，这与之前的文献［16］［18］［19］中的研究结果是一致的。另一方面，高温区域与 OH* 区域是一致的，在喷雾上游温度梯度较大，且从喷油轴线到火焰边缘呈递增趋势。然而，在喷雾下游区域温度的分布则变得更加均匀。这与 Aizawa 等人[20]应用热电偶测得的柴油火焰中温度的分布是一致的。

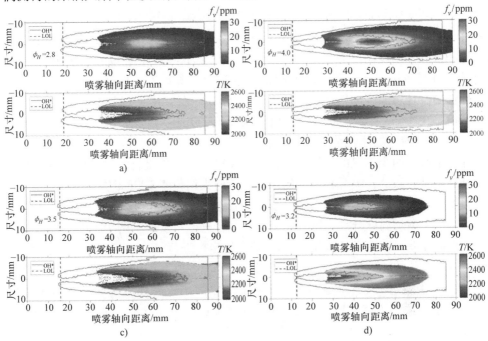

图 8.24　火焰对称面碳烟体积分数（f_v）和温度（T）分布。

竖直虚线表示火焰浮起长度，红色曲线表示 OH* 轮廓

a）$p_{inj} = 150MPa$，$\rho_g = 22.8kg/m^3$，$T_g = 900K$，$[O_2] = 15\%$

b）$p_{inj} = 1500bar$，$\rho_g = 22.8kg/m^3$，$T_g = 1000K$，$[O_2] = 15\%$

c）$p_{inj} = 100MPa$，$\rho_g = 22.8kg/m^3$，$T_g = 900K$，$[O_2] = 15\%$

d）$p_{inj} = 150MPa$，$\rho_g = 22.8kg/m^3$，$T_g = 900K$，$[O_2] = 21\%$

接下来将对不同环境变量对碳烟量和温度分布的影响做详细分析。为了从相同当量比角度使分析标准化，后续分析中应用了所谓的火焰坐标$[1/\phi_{cl}(x)]$。$\phi_{cl}(x)$为基于喷雾轴线任一位置上的当量比得到的混合分数，由式（8-5）获得：

$$\phi_{cl}(x) = \frac{Z_{cl}(x)}{1 - Z_{cl}(x)} \cdot \frac{1 - Z_{st}}{Z_{st}} \tag{8-5}$$

式中　$Z_{cl}(x)$——由一维模型计算得到的喷雾轴线上燃油的混合分数，最近研究

表明此值可以比较合理地反映燃烧火焰的混合过程分布[11]；

Z_{st}——化学当量比的混合分数。

Idicheria 和 Pickett 等人[21]应用了一个相似的定义，但是他们的火焰坐标是基于截面上的平均当量比计算得到的。本书中火焰坐标的定义的优势是对火焰尖端达到统一的一个数值，比 Pickett 等的定义更加直观。

4. 环境温度

图 8.25a 和 b 展示了环境温度变量对碳烟体积分数（f_v）和碳烟温度（T）对称面二维云图的影响。图 8.25 则展示了物理坐标和火焰坐标下喷雾轴线上碳烟体积分数和温度的分布。可以看出，高温环境下导致了更短的 LOL 和更高的 $\overline{\phi_H}$，进而导致了更高的碳烟温度和碳烟生成量。图 8.25a 所示，碳烟体积分数的峰值随着环境温度的增加向上游移动了 5mm，而应用火焰坐标时，两个工况的峰值都在 $1/\phi_{cl} \sim 0.5$ 时达到峰值。从图 8.25b 还可以看出，较高环境温度（1000K）下的碳烟体积分数的峰值，大约是低温度（900K）工况峰值的三倍。在峰值下游，两个工况的差别减小，最后在窗口边界处重合。这与一维喷雾模型计算结果是一致的，喷雾轴线上的化学计量面大约位于 100mm 处。

另一方面，碳烟温度的差别在喷雾轴线上基本保持不变。随着向喷雾下游移动，轴线上碳烟温度升高，这意味着油气混合进一步发展。两个工况喷雾轴线上的平均温度差只有 48K（从 0.4~0.6 的火焰坐标进行平均），这与绝对燃烧温度的区别是一致的。这也可以进一步说明，高环境温度下产生的高碳烟体积分数并不是较高的火焰温度所决定的。一个可能的原因是较高环境温度下的 LOL（高 $\overline{\phi_H}$ 处）的富燃料燃烧，导致了更多的碳烟前驱物，进而导致了更快的碳烟生成。

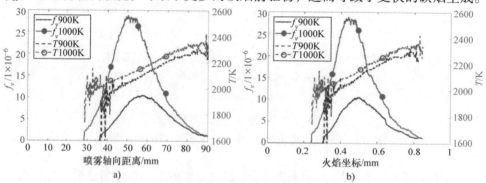

图 8.25　喷雾轴线上碳烟体积分数和温度的分布
a）物理绝对坐标　b）火焰坐标

两个环境温度工况的 $\phi-T$ 图如图 8.26 所示，此处的温度和体积分数由图 8.24 所得，当量比 ϕ 由一维喷雾模型所得。此处所展示的 $\phi-T$ 图为碳烟的净生成量，是碳烟生成和氧化过程相互竞争的结果，这与传统的只考虑碳烟生成的

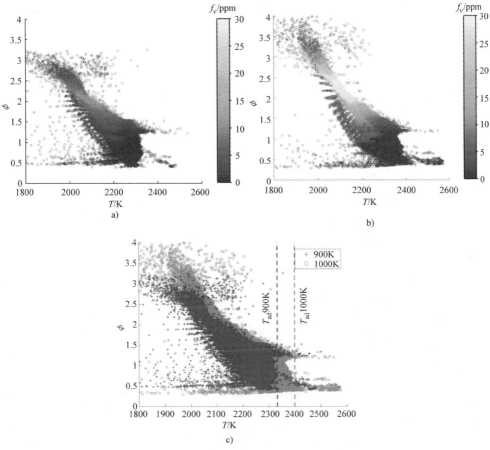

图 8.26　两个环境温度工况下的 $\phi-T$ 图和它们的相对分布

（$p_{inj}=1500bar$，$\rho_g=22.8kg/m^3$，$[O_2]=15\%$）

a）$T=900K$　b）$T=1000K$　c）碳烟相对分布

$\phi-T$图有所不同[22][23]。从图 8.26 中可以看出，碳烟分布开始于 LOL 下游的较低温度区域，然后随着当量比的减小和温度的增加碳烟体积分数开始增加，并在当量比在 2～2.5 时达到峰值，这与上文基于火焰坐标轴线上的结果一致。再向下游区域，当量比继续减小，温度继续升高并趋向化学当量比位置，碳烟体积分数减小。两个环境温度工况下在当量比小于 1 时，由于喷雾处在了化学当量比区域表面的外围，加速了碳烟氧化，碳烟体积分数迅速减小。

从图 8.26c 中两个工况云图的重合区域可以看出，高环境温度工况下的 $\phi-T$图相比较低温度工况来说向高温区域进行了移动，这与相同当量比下较高的局部火焰温度是一致的。另外还可以看出，高环境温度工况下 LOL 较短，碳烟的初始云图出现在较高当量比区域。这也证实了上述内容，高环境温度工况下的高碳烟生成与碳烟的形成过程相关，也就是在更短的 LOL 下形成了更多的碳烟前驱物，这主导了高环境温度下的碳烟生成，并不是略高的局部温度导致的。此外，图 8.26c 中还列出了两个工况下化学当量比条件下的绝热火焰温度，如竖直虚线所示。从中可以看出，几乎所有的点都要低于绝热火焰温度，最接近绝热火焰温度的点发生在化学当量比附近，这也表明试验数据是可靠的。超出绝热火焰温度的极少数部分点可能与测量技术的不确定性相关，这些点都发生在低当量比区域，这部分碳烟体积分数较低误差较高。

5. 喷油压力

喷雾对称面碳烟体积分数和碳烟温度随喷油压力的变化如图 8.24a 和 c 所示，轴线上的分布如图 8.27 所示。由于喷油压力不改变喷雾锥角和绝对火焰温度，所以两个工况下相同的轴向位置处空气卷吸率是一致的。因此，两个喷油压力下的火焰坐标转换是完全一致的。

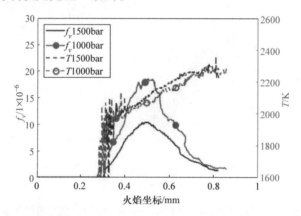

图 8.27　两个喷油压力工况下轴线上碳烟体积分数和碳烟温度分布
($T_g = 900\text{K}$，$\rho_g = 22.8\text{kg/m}^3$，$[O_2] = 15\%$)

与预期一致，低喷油压力导致了更高的碳烟生成，碳烟体积分数峰值的位置十分接近，如图 8.27 所示。然而，由于相似的混合分数分布，两个工况的平均温度差只有 35K（从 0.4~0.6 的火焰坐标进行平均），基本接近试验误差。因此，再次说明局部火焰温度可能并不是碳烟生成量的决定性因素。如图 8.24a 和 c 所示，较低的喷油压力导致了较短的 LOL 和 $\overline{\phi}_H$，这可能为碳烟生成的主要相关因素。低喷油压力导致高碳烟生成的另外一个因素，是由于低速下较长的高温驻留时间所致。

从 $\phi - T$ 图（图 8.28）中也可以观测到上述结果。在图 8.28 的坐标系下，两个工况的碳烟分布十分相似。高碳烟的位置也十分相似（$T \approx 2050\text{K}$，$\phi \approx 2$），只是峰值位置略有不同。再次，温度的分布都低于化学当量比的绝热火焰温度。从图 8.28 还可以看出喷油压力对于当量比和火焰局部温度并没有明显差别，也就是说低喷油压力下较高的净碳烟量生成，可能主要是较长的驻留时间决定的。

6. 环境氧浓度

图 8.29 中分别展示了物理坐标和火焰坐标下，不同氧含量对喷油轴线上碳烟体积分数和碳烟温度的影响。从中可以看出，绝对物理坐标下 f_v 峰值位置随

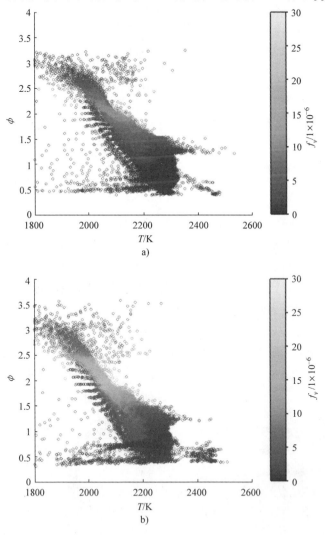

图 8.28   两个喷油压力工况下的 $\phi - T$ 图和它们的相对分布

（$T_g = 900\mathrm{K}$，$\rho_g = 22.8\mathrm{kg/m}^3$，$[\mathrm{O_2}] = 15\%$）

a）$p_{\mathrm{inj}} = 150\mathrm{MPa}$ b）$p_{\mathrm{inj}} = 100\mathrm{MPa}$

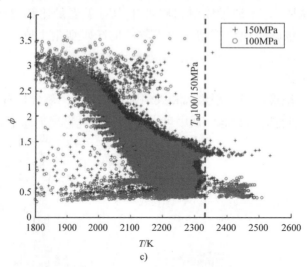

图 8.28　两个喷油压力工况下的 $\phi-T$ 图和它们的相对分布
（$T_g=900\mathrm{K}$，$\rho_g=22.8\mathrm{kg/m^3}$，$[\mathrm{O_2}]=15\%$）（续）
c）碳烟相对分布

氧浓度降低远离喷嘴，这是由氧气稀释作用造成的。然而，由于火焰坐标标准化了氧气卷吸效应，碳烟分布则变得十分相似。在碳烟体积分数升高区域，可以看见一些差异，并且高氧含量的工况下碳烟峰值出现在更高的当量比位置。但是，峰值过后两条曲线开始几乎完全重合。与环境温度和喷油压力变化不同，氧含量对碳烟温度的影响更为剧烈。轴线上平均温度差别到达了 168K（从 0.4～0.6 的火焰坐标进行平均）。然而，氧含量对轴线上碳烟净生成量的影响是比较微弱的，这也再次说明本研究工况下，局部火焰温度并不是碳烟生成量的决定性因素。由火焰坐标的图 8.29 可以看出，火焰中碳烟的生成量似乎与 LOL 处当量比

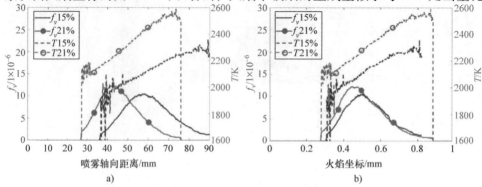

图 8.29　不同氧体积分数下喷雾轴线上碳烟体积分数和温度的分布
a）物理绝对坐标　b）火焰坐标

的区别相关，也就是与火焰根部的碳烟前驱物的生成多少相关。此外，火焰坐标相似的分布还说明物理坐标下的差异主要与卷吸效应相关。

图 8.30a 所示为相同火焰坐标处碳烟体积分数和碳烟温度在喷雾径向上的分布（0.42，分布对应着 15% 和 21% 氧体积分数工况的 49.5mm 和 40mm 的绝对物理坐标）。相比较低氧体积分数工况而言，高氧体积分数工况下碳烟云半径更窄 f_v 梯度更大。另外，碳烟温度的差别也随着火焰半径增加而增加。这主要是由于更高氧体积分数下较大的当量比梯度造成。图 8.30b 展示了火焰坐标下轴向的光学厚度（KL）值。KL 为一个积分参数，它与光学路径上累积的碳烟量成正比。可以看出，KL 随氧体积分数的减少而增加，这与 f_v 相对氧浓度趋势是相反的。这主要是由于 15% 氧体积分数的工况光学路径更长，在径向 2mm 后 f_v 的值就已经高于 21% 氧体积分数的工况。因此，15% 氧体积分数的工况下总体的碳烟净生成量要更高。

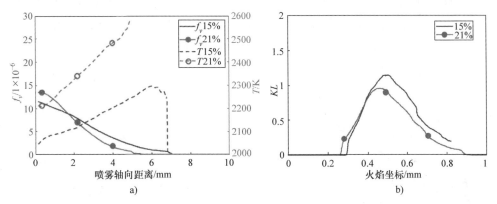

图 8.30　碳烟体积分数径向分布（$p_{inj} = 150MPa$，$T_g = 900K$，$\rho_g = 22.8kg/m^3$）

a）不同氧浓度下，在 0.42 火焰坐标处碳烟体积分数径向分布　b）火焰坐标下 KL 的轴向分布

图 8.31 展示了 $\phi - T$ 图。由于 21% 氧体积分数的工况下更高的火焰温度，整体 $\phi - T$ 图显著向更高温度区域移动。再次，两个工况下的最大碳烟温度基本都在化学当量比下的绝热火焰温度之内。

8.3.4　分段喷射策略瞬态火焰

8.3.3 小节是利用 CER 技术对单次喷雾的稳态火焰的碳烟进行研究。本小节则将用 CER 技术测量不

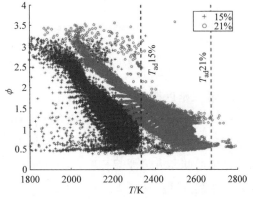

图 8.31　两个氧浓度工况下的 $\phi - T$ 图

（$p_{inj} = 150MPa$，$T_g = 900K$，$\rho_g = 22.8kg/m^3$）

同的分段策略下碳烟量和碳烟温度的瞬态变化过程，用以研究不同的第一次喷雾时间和两次喷雾间隔对第二次喷雾碳烟形成特性的影响。

1. 非燃烧喷雾贯穿距

为了研究第一次喷雾如何影响第二次喷雾，坐标系的初始时间移到了第二次喷雾初始时刻（ASOI2）。另外，此处还应用了单次喷雾（Single500）的结果作为参考。图8.32所示为非燃烧工况下，喷雾贯穿距随喷雾间隔和第一次喷雾脉宽的变化。

此结果与之前在单缸二冲程光学发动机上的研究结果相一致[24]，由于"滑流"（splipstream）效应，第二次喷雾贯穿速度快于第一次喷雾[25]。当第一次喷雾脉宽固定，变换两次喷雾间隔时可以看出，更短的喷雾间隔导致了更快的喷雾贯穿速度，这是由于第一次喷雾剩余更多的动量所致。然而，增加第一次喷雾脉宽对第二次喷雾的贯穿速度并没有产生任何影响，这说明喷雾结束后相同时间内，第一次喷雾剩余的动量是一致的。类似结果已经在一维模型的模拟中进行了验证[24]。

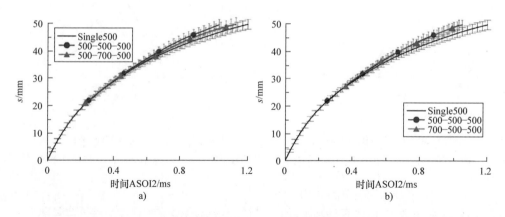

图8.32　非燃烧工况下喷雾贯穿距

a）喷雾间隔的影响　　b）第一次喷雾脉宽的影响

2. 着火延迟期和火焰浮起长度

图8.33所示为由纹影法（Sch）和OH*化学发光法得到的不同喷雾策略下两个喷雾脉冲的着火延迟期和火焰浮起长度。ID1和LOL1分别表示第一次喷雾的着火延迟期和火焰浮起长度，ID2和LOL2分别表示第二次喷雾的着火延迟期和火焰浮起长度。从图8.33中可以看出两个技术在LOL上展现了较好的一致性。如之前所述，纹影法得到的ID是基于喷雾内的数码强度增量计算的，而第二次喷雾的着火过程发生在第一次喷雾的燃烧产物中，因此很难检测到其初始膨

胀过程，但是此处可以用来做定性分析。可以看到，由于第一次喷雾燃烧产生的高温环境，第二次喷雾的 ID 和 LOL 明显低于第一次喷雾。另外，从图 8.33 中还观测到不同的喷雾策略对第二次喷雾的 ID 和 LOL 并没有产生明显影响，这主要是由于 LOL1 十分相似，所以 ID2 的数值主要取决于第二次喷雾进入第一次喷雾燃烧产物的时间。从图 8.33 可以看出，不同喷雾策略的喷雾在喷雾早期的贯穿基本保持一致，因此导致了相似的 ID2 和 LOL2。

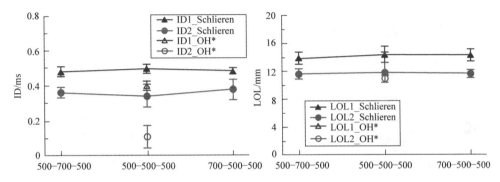

图 8.33 纹影法和 OH* 化学发光法得到的两个喷雾脉冲的着火延迟期和火焰浮起长度。蓝色代表第一次喷雾结果，红色表示第二次喷雾结果

3. 标准工况下碳烟的瞬态发展过程（500 – 500 – 500）

图 8.34 展示了标准工况对称面碳烟体积分数（SVF）和碳烟温度（T）的空间分布。此外，从纹影概率云图（50%）得到的喷雾轮廓和由 OH* 化学发光图像重建得到的对称面上 OH* 自由基的轮廓也在图 8.34 中列出，并分别用黑色曲线和红色曲线表示。此处的参考时间为第一次的喷雾开始时间（ASOI1）。

在 480μs ASOI1 时，在喷雾轮廓的轴线和边缘的中间位置已经检测到 OH* 的化学发光，此时快速的燃烧放热已经导致喷雾头部开始膨胀。在 600μs ASOI1 时，第一次喷雾结束后出现的"卷吸波"（entrainment wave）[26] 现象导致喷嘴附近快速的形成了稀薄混合气，因此密度梯度过低而不能被纹影法检测到。在 800μs ASOI1 时，第一次喷雾的碳烟在喷雾头部开始形成，但是碳烟量和温度都相对较低。与此同时，喷嘴附近发生了"回火"现象，火焰由 LOL 向喷嘴传播，喷雾附近的未燃碳氢被消耗掉。在 1240μs ASOI1 时，（240μs ASOI2），可以观测到第二次喷雾已经产生了 OH* 化学发光，意味着第二次喷雾着火开始发生。所以，由于第一次喷雾产生的高温环境和燃烧自由基，使得第二次喷雾的着火延迟期大幅缩短。在 1600μs ASOI1 时，第二次喷雾的头部出现了碳烟辐射。然而，由于喷雾头部的氧含量的卷吸，第一次喷雾的碳烟温度要远高于第二次喷雾。最后两张图（1920μs ASOI1，920μs ASOI2）中，碳烟量急剧增加，高碳烟区域分布在喷雾中心，OH 自由基分布在两侧与高温区域一致，"回火"现象再次发生。

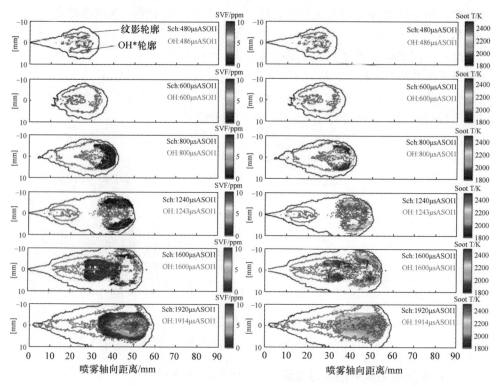

图 8.34　标准工况（500 - 500 - 500）下燃烧喷雾发展过程。黑色曲线代表纹影图像得到的喷雾轮廓，红色曲线代表由 OH* 图像得到的对称面上的 OH* 自由基轮廓

进一步，第二次喷雾结束后的"卷吸波"从喷嘴向喷雾下游快速贯穿，加速了碳烟的氧化。

图 8.35 展示了标准工况的碳烟 $m_{soot}(x,t)$ 云图和 $I_{OH}(x,t)$ 轮廓以及喷雾贯穿距。蓝色线表示喷雾时间。总体来看，三个光学技术展现了较好的一致性。和图 8.33 一致，第二次喷雾的 LOL 比第一次更短，因此第二次喷雾的碳烟初始位置比第一次喷雾也更靠近喷嘴。另外，可以看出第二次喷雾的碳烟贯穿速度明显快于第一次喷雾，在 2ms ASOI1 就到达了第一次喷雾头部。一个原因是前面提到的"滑流"效应，另一方面是由于第一次喷雾放热形成的高温低密度环境。

4. 不同喷雾策略对碳烟形成特性的影响

（1）喷雾间隔的影响

为了研究两次喷雾间隔如何影响第二次喷雾中碳烟的生成，图 8.36a 中展示了总体碳烟质量 $m_{soot}(t)$ 随时间（ASOI2）的发展过程。此外，图 8.36b 和图 8.36c 还分别列出了对称面上的平均碳烟温度，以及 $m_{soot}(x,t)$ 的轮廓。

总体来看，与之前发动机中的试验相比[24]，此处喷雾间隔对总体碳烟量的

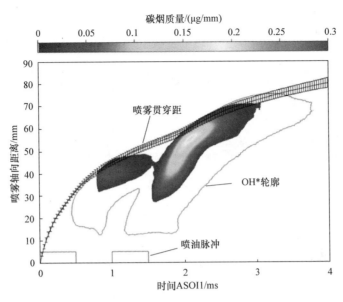

图 8.35　标准工况（500 - 500 - 500）的 $m_{soot}(x,t)$ 云图、$I_{OH}(x,t)$ 图轮廓以及喷雾贯穿距

影响相对较小（500 - 700 - 500 工况除外）。这主要是由于在文献 [24] 中的试验工况下，并没有发生明显的回火现象。然而，本研究的工况下全部发生了回火现象。因此，本研究中第一次喷雾残存的未燃碳氢化合物在回火过程中被消耗掉，并没有对第二次碳烟的形成产生重要影响。然而，500 - 700 - 500 工况出现了一个较小的碳烟峰值，这可能是由于较长的喷雾间隔使得第一次喷雾的燃烧产物开始冷却。此工况下二次喷雾初始时刻较低的温度环境在图 8.36b 中温度曲线上也可以看出。然而，在初始碳烟形成之后，喷油间隔对二次喷雾的平均碳烟温度并不会产生明显影响。因此，可以推断出 500 - 700 - 500 工况较低的碳烟峰值，主要是二次喷雾初期较低的碳烟形成导致，而不是峰值时间的碳烟形成速率。

　　此外，图 8.36 中还可以看出，碳烟初始时间（约 0.5ms ASOI2）、峰值时间（约 1ms ASOI2）和温度峰值时间（约 1.5ms ASOI2），对于不同的工况来说基本没有发生明显变化。虽然第一次喷雾燃烧创造的高温环境，会随着喷雾间隔发生变化，但是当第二次喷雾进入第一次喷雾燃烧产物时，都足够迅速将其点燃。图 8.33 中不同工况下相同的 ID2 和 LOL2 也证明了这一点。

　　图 8.36c 中还可以看出，500 - 700 - 500 工况的二次喷雾碳烟贯穿速度要慢于其他两个工况。这可能是由于此工况下较长的喷雾间隔导致了更多的环境气体卷吸，进而导致了喷雾中较低的温度和较高的密度。

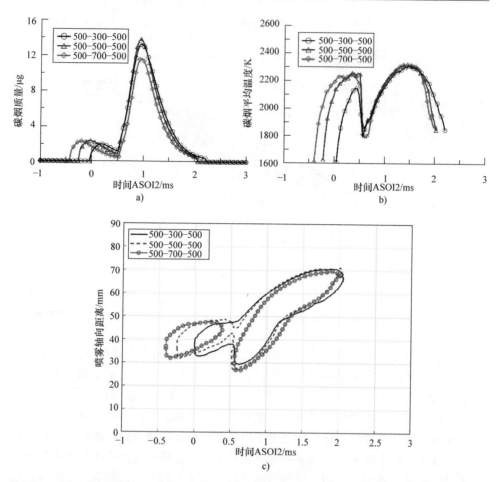

图 8.36　喷雾间隔不同工况，总体碳烟量，平均碳烟温度和 $m_{soot}(x,t)$ 云图轮廓（基于时间 ASOI2）

a）总体碳烟量　b）平均碳烟温度　c）云图

（2）第一次喷雾持续期的影响

关于第一次喷雾持续期与图 8.36 相同的内容显示如图 8.37 所示。再一次，碳烟初始位置、初始时间、峰值时间和温度峰值时间，并没有随着第一次喷雾持续期的变化而有明显变化，这也主要是由于相似的 ID2 和 LOL2 造成的。从图 8.37c 可以看出，较长的一次喷雾时间导致了较快的二次喷雾碳烟云的贯穿，这与图 8.32 中非燃烧工况下喷雾贯穿距的趋势不同。图 8.37 中已经展示了二次喷雾的碳烟火焰贯穿速度较第一次喷雾更快。但是，在其到达喷雾头部后，贯穿速度出现了明显的下降。更长的一次喷雾时间会为二次喷雾创造更大的低密度燃烧区域，也就导致了二次喷雾更长时间的快速贯穿。然而，碳烟云分布的不同，并没有引起碳烟峰值明显的差异。一方面，峰值前，碳烟生成速率高于氧化速率，净碳烟的生成量主要取决于其生成速率，相似的 LOL2 导致了相似的生成速率。另一方面，峰值前碳烟的分布并没有明显差别。然而，峰值过后却可以观测到不同工况的明显差异（1.5ms ASOI2）。此时，碳烟净生成量主要取决于碳烟氧化速率。较长一次喷雾持续期工况引起的快速碳烟贯穿，会导致更多空气卷吸和更快的碳烟氧化。考虑到发动机尾气碳烟排放的控制，这可以在一定程度上有益于促进碳烟的氧化。

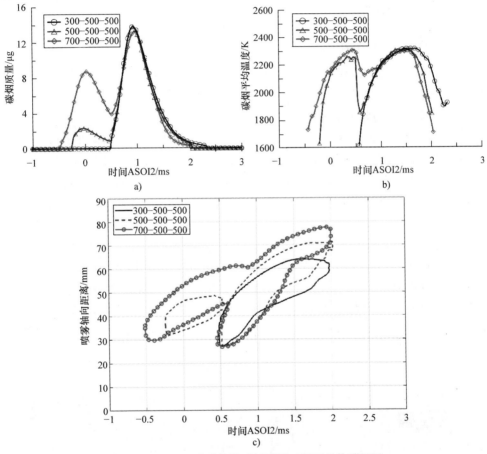

图 8.37　第一次喷雾持续时间不同工况下总体碳烟量，
平均碳烟温度和 $m_{soot}(x,t)$ 云图轮廓（基于时间 ASOI2）
a）总体碳烟量　b）平均碳烟温度　c）云图

8.4　光学诊断技术在非静态工况下对喷雾动力学和碳烟的研究

之前的章节阐述了光学技术对处于静态工况条件下的，柴油机喷雾燃烧的动力学特性和碳烟的生成特性方面的研究。然而，缸内的气流运动对于喷雾发展也可能会产生重要的影响。因此，本节中，针对一个装配有单孔喷油器的二冲程光学发动机，进行了非燃烧工况和燃烧工况下的喷雾可视化试验。高速纹影法和OH*化学发光法同时应用，以获得喷雾贯穿距和火焰浮起长度，扩散背景光消光法也进行了应用，来测量相同 TDC 热力条件下的碳烟生成。此外，对于非燃烧喷雾还进行了米散射测试，得到液相长度。测试结果与之前章节中 ECN 的数据也进行了对比分析。

8.4.1 实验设备和光路布置

本节的实验是在 CMT 一个二冲程的单缸光学发动机上进行的，有关此发动机的详细信息介绍见第 2 章。

1. 纹影成像和紫外消光法

此处应用了纹影成像和紫外消光（UV – LA）两种技术来测量非燃烧状态下的喷雾贯穿距。光路示意图如图 8.38 所示。纹影的光路布置与本章 8.2 节中燃烧弹中的纹影光路十分相似。纹影刀口应用一个光阑代替（直径 6mm）。高速数码相机（Phatron SA – 5）拍摄速度为 30kfps，像素比为 6.8pixel/mm。对于燃烧喷雾的纹影测试，纹影刀口前放置了一个带通滤波片（310～440nm），并且曝光时间由非燃烧喷雾的 9.85μs 降低到了 0.37μs，以消除碳烟辐射的影响。其他设置与非燃烧喷雾一致。UV – LA 的光路布置与纹影法十分相似，光源应用了一个连续的 1000W 与弧灯来创建紫外线。信号接收端用一个高速像增强器相机（Photron I2）来代替高速数码相机，并且相机前放置了一个紫外线的滤波片（峰值波长 280nm，FWHM = 10nm），如图 8.38 中红色虚线框内所示。其他光路设置与

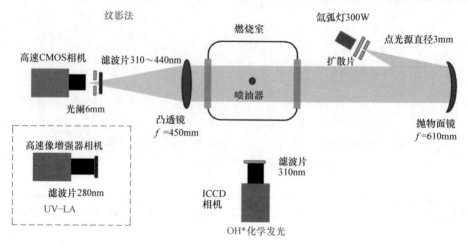

图 8.38　纹影成像和 UV – LA 的光路布置

纹影成像法一致。对于 UV – LA 法，相机运行速度为 8kfps，像素比为 8pixel/mm。此外，还应用了一个 ICCD 相机（Andor Solis iStar）进行了 OH^* 化学发光的拍摄，镜头为焦距 100mm 的 UV 镜头，前面放置了一个峰值 310nm 的滤波片（FWHM = 10nm），此相机拍摄时间为激励时间后 4 ~ 5ms ASOE，像素比为 10.9pixel/mm。

2. 扩散背景光消光法（DBI）

DBI 光路布置与图 7.15 十分相似。不同的只是光学元件的相对距离和相机的设置。光源 LED 峰值波长为 450nm，脉冲时间为 0.9μs。扩散片形成扩散光，一个焦距 7mm 的菲尼尔透镜放大光束范围。信号接收端，穿透碳烟剩余的背景光和燃烧的辐射光经过一个光学透镜（f = 450mm）后被一个加载滤波片（450nm，FWHM = 10nm）的高速数码相机（Photron SA – 5，拍摄速度 35khz）接收。相机的曝光时间为 6.62μs，分辨率 264 × 640 像素，像素比为 7.71pixel/mm。此处，由 DBI 图像也得到了碳烟质量的 $m_{soot}(x,t)$ 云图。着火延迟期通过放热率曲线获得。

3. 粒子图像测速法（PIV）

为了更好地研究缸内气流运动对喷雾的影响，此处还应用了 PIV 技术测量了倒拖工况下缸内的气流运动特性。有关 PIV 技术的详细介绍见第二章。由于 PIV 是基于测量粒子团连续两张图片的相对位移的技术，需要应用脉冲激光创建强片光照亮示踪粒子。散射光被 CCD 相机接收。光学布置图如图 8.39 所示。一个 ND：YAG 激光器用于创建两束波长 532nm 的连续激光。激光束通过一个激光反光镜导入到燃烧室内，之前一个焦距 10mm 的柱面镜把光束形成片光，频率变化范围 0 ~ 15Hz。一个球面透镜（焦距 1000mm）用于减小目标区域的光束厚度，CCD 相机以"跨帧"模式运行，频率为每秒 7.5 对。

PIV 的测量是在发动机倒拖工况下进行的，也就是只测量了活塞导致的气流运动。上止点的热力学工况为 ρ_g = 19.27kg/m³，T_g = 760K。气缸内的空气通过喷油器喷入试验燃油作为示踪粒子。为此，在排气门关闭后（ – 90°ATDC）喷入脉宽较长的燃油，由于试验燃油较低的挥发性和相对较低的 TDC 温度，油滴并没有蒸发。喷油压力设置为 100MPa，可以得到较好的均匀性和较好的图片质量。两个激光脉冲的间隔为 10μs，分别测试了燃烧室内六个位置的截面速度场，图 8.40 展示了测试区域的分布。两个垂直面穿过喷雾中心（C 面和 CC 面），然后在这两个面前后相隔 10mm 又分别测试了两个平行面（分别标注为 L，R，F，B）。F – CC – B 面是与纹影图像和 UV – LA 在同一个光路通道上，所以将用于后续喷雾的分析。测量区间为 – 10° ~ 15°，每隔 1°进行一次拍摄，对于每个面和每个角度拍摄 75 个循环。

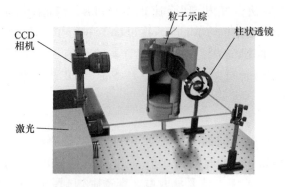

CCD
相机

粒子示踪

柱状透镜

激光

图 8.39　PIV 光路布置示意图

L

R

F
C B

图 8.40　PIV 测试面的分布

8.4.2　实验方案

实验方案如表所示。工况点是根据上止点的温度（T_a）和密度（ρ_g）进行设定的。NO（Nominal condition，$T_a = 870\mathrm{K}$，$\rho_a = 22.8\mathrm{kg/m^3}$）点为基准工况。然后，其他工况点在非燃烧工况下（环境气体为氮气）和燃烧工况下（空气）分别变换了喷油压力，以及上止点的热力学条件（环境温度和环境密度）。此外，试验方案里还包含了一个命名为 SA 的工况，此工况与 ECN 中标准的 Spray – A 工况保持一致，只是氧体积分数为 21%，此工况是为了与之前章节中的 Spray – A 工况的数据进行对比。PIV 的工况条件见表 8.7 最后一行。

此实验中应用的喷油器为一个喷孔直径 82μm 的单孔喷油器。整个实验中的燃油为正十二烷，只有 UV – LA 实验中应用的燃油加入了体积分数 20%，对紫外光具有强吸收特性的混合燃油。关于此燃油的详细信息请见文献 [27]。对于喷雾可视化的实验，每个工况点记录了 30 次喷油以求平均值减小实验测量的不确定性。

表 8.7　实验方案

工况点	p_{inj}/MPa	T_g/K	ρ_g/(kg/m³)	O_2 (%)	注释
NO	150	870	22.8	0/21	基础工况
SA	50/100/150	900	22.8	0/21	ECN – Spray A 工况
MT	150	830	22.8	21	中温工况
LT	150	780	22.8	21	低温工况
LD	150	870	15.2	0	低密度工况
PIV	–	760	19.27	0	倒拖工况

　　为了确定进气压力和进气温度以获得目标 TDC 工况，试验前对发动机进行了详细的标定。应用热力学第一定律，根据测得的缸内压力计算缸内的热力学条件。图 8.41 展示了 NO 基准工况下缸内压力和缸内气体密度的时间变化曲线。喷油器激励时间设定为 −6.35° ATDC，实际喷油时间则为 −5.35° ATDC，以减小喷油过程中活塞导致的气体体积变化。喷油持续期大约为 5ms（15°）。

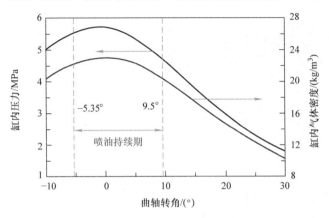

图 8.41　NO 工况下气缸内的热力学条件

8.4.3　结果与讨论

1. 倒拖工况下缸内气流运动

　　图 8.42 显示了 CC 测试截面上空气流动的速度场，此速度场为 75 次重复测量的平均值。图中从 −5° 到 9°，每隔 2°曲轴转角展示了一个速度云图。颜色表示速度大小，黑色线表示流线。在 −5° ATDC 时，气流以大于 20m/s 的速度进入燃烧室，燃烧室顶端速度降低到大约 5m/s。当活塞向上止点移动时，速度值下降，但是高速度区域更加靠近喷嘴，并向燃烧室左侧移动。在接近上止点时

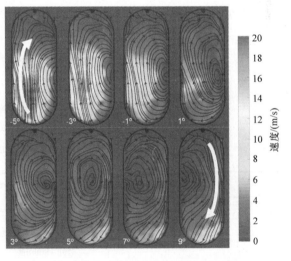

图 8.42　CC 测试截面上平均气流速度场随时间的变化

高速度区域迅速较小，燃烧室右侧出现了一个顺时针方向的涡流结构。此涡流结

构由右侧逐渐向左侧移动，并随着活塞向下移动而消失。

图 8.43 比较了在 −5° ATDC 时不同截面处的平均速度场。可以看出，不同的截面上的速度大小和分布都不相同，也就意味着燃烧室内的速度场不是中心对称的。L 面和 B 面的速度大小往往比 R 面和 F 面更高，这很可能导致的结果是使喷雾在气流作用下，向燃烧室的一次弯曲，详细分析在后面会讨论。

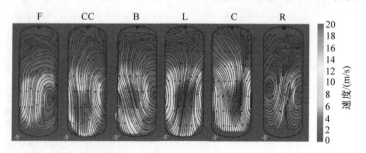

图 8.43　不同截面上的速度场分布

2. 非燃烧工况下的喷雾

图 8.44 中显示为 NO1500 和 LD1500 工况下的正十二烷的喷雾贯穿距。此处以及后续中的时间起点，都是以喷油开始时间（ASOI）为参考，并且所有结果都是 30 次喷油的平均结果。图 8.44 中还列出了 95% 置信区间的标准差（SE）。从图 8.44 中可以看出 LD1500 的气相喷雾比 NO1500 要快一些，这是由于较低的空气卷吸所致。然而，在大约 50mm 后这些曲线趋于水平，虽然有效光学窗口尺寸为 80mm，此现象仍可以被认为是由于纹影成像的局限性造成的。

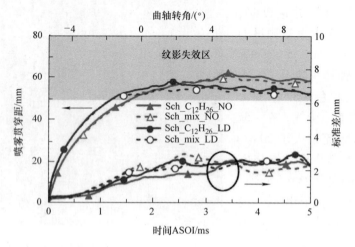

图 8.44　由纹影成像得到的正十二烷（$C_{12}H_{26}$）和混合燃油（mix）在 NO1500 和 LD1500 工况下的喷雾贯穿距

　　图 8.45 上半部分展示了两个不同时刻纹影图片的处理结果的例子。在喷油初始时刻（1200μs），气相混合物中燃油的质量分数还比较高，因子密度梯度也较高，这使得基于一定的边界值可以对纹影图像有效处理，以区分喷雾边界。然而，当油束持续向下游贯穿，远离喷嘴的部分逐渐增加空气卷吸，燃油质量分数下降，这使得喷雾中的密度梯度下降。另一方面，在燃烧室下端的气流速度比喷雾上游处的气流速度高很多，如 PIV 云图所示，这可以进一步增加空气卷吸降低燃油浓度。此外，燃烧室下部的高速气流运动，也会使纹影的背景光路发生偏折，产生随时间高速变化的不均匀的背景。进而，纹影不能准确地区分喷雾区域和背景区域。从图 8.45 中 3200μs 时的图像可以看出，此时处理得到的喷雾轮廓长度几乎与 1200μs 时的喷雾一致，这也解释了图 8.44 中喷雾贯穿距变平缓的原因。

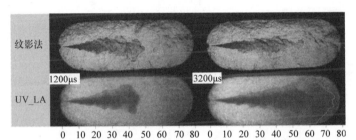

图 8.45　NO1500 工况下纹影成像和 UV – LA 技术的比较

　　为了避免纹影成像技术的不足，此处还应用了 UV – LA 技术来捕捉喷雾轮廓。如上文所述，为了获得较高的紫外线吸收率，在进行 UV – LA 试验时，正十二烷燃油中掺混了 20%（质量分数）对紫外线具有强吸收效应的替代燃料。针对此替代燃料，除了进行 UV – LA 试验外，还进行了纹影成像和米散射的试验。图 8.46 和图 8.47 比较了两种燃油在 NO1500 和 LD1500 工况下分别，由纹影得到的喷雾贯穿距和米散射得到的液相长度。显然，燃油特性对喷雾气相贯穿距的影响是可以忽略不计的，这主要是由于喷雾贯穿距的决定性因素，也就是动量流量，在喷油压力一致的情况下与燃油特性关系不大，这与之前的研究结果一致[28]。因此，可以应用混合燃油的气相贯穿距代替正十二烷的结果。混合燃油由于较低的蒸发特性，液相长度相对较长，但是最大差别也小于 2mm，因为混合燃油的主要成分还是正十二烷。由于从 3°ATDC 后活塞开始下行，缸内密度减小，可以看出液相长度整个喷雾过程中呈现略微增加。因此，可以应用混合燃油的气相贯穿距代替正十二烷的气相贯穿距。

　　最后，图 8.46 中展示了 NO1500 和 LD1500 工况下应用纹影成像和 UV – LA 技术获得的气相贯穿距随时间的变化。在 50mm 以内，两个技术展现了较好的一

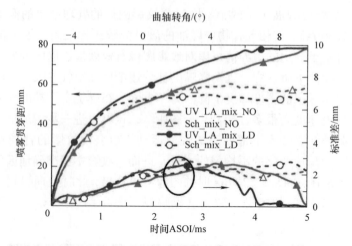

图 8.46　NO 工况下纹影法和 UV - LA 测得的喷雾贯穿距的比较

（$T_g = 870K$，$O_2 = 0$，$p_{inj} = 150MPa$，$\rho_g = 22.8kg/m^3$）

致性。之后 UV - LA 还能很好地捕捉喷雾前端直到视窗边界，这在图 8.45 中 UV - LA 在 3200μs 处的结果也可以看出。这是由于环境气体相对混合燃油的喷雾来说，对紫外线的吸收效应很低，因此处理程序可以比较容易地将深色喷雾从较亮的背景中区分开来。因此，UV - LA 技术在非静态工况条件下相比较纹影成像法，可以更好地捕捉喷雾头部，接下来可以忽略燃油特性的影响，应用混合燃油的贯穿距代替正十二烷的贯穿距进行分析。

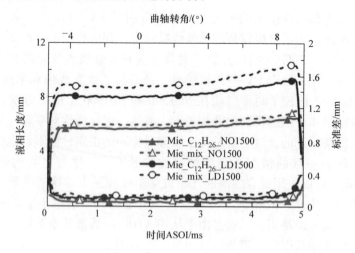

图 8.47　正十二烷（$C_{12}H_{26}$）和混合燃油（mix）在 NO1500 和 LD1500 工况下的液相长度

3. 与静态环境的结果比较

ECN 中的 SprayA 工况下的试验数据，与本研究中的 SA 工况 TDC 时具有相同的温度和密度，在此可以作为参考试验进行对比研究。ECN 中的数据是应用正十二烷在静态的定压燃烧弹中获得，喷油器和燃烧弹信息如第三章所述。

　　另外，对于静态环境中的混合控制喷雾来说，在固定喷油压力和环境工况下的喷雾贯穿距可以用式（8-6）表示。

$$S = k \sqrt{u_0 \cdot d_0 \sqrt{\frac{\rho_g}{\rho_f}} \cdot t} \tag{8-6}$$

式中　d_0——喷孔直径；

　　　　u_0——喷射速度；

　　　　ρ_g——环境气体密度；

　　　　ρ_f——燃油密度；

　　　　t——喷油开始后的时间；

　　　　k——与空气卷吸有关的常数。

　　与 ECN 数据相比，此处应用了相同的喷油压力和燃油，因此可以得到相似的喷雾速度。此外，发动机 SA 工况下的平均燃烧室密度也应该与 ECN 的环境密度接近。因此，将 ECN 的数据按照式（8-7）依照喷孔尺寸对进行比例缩放：

$$S_{scale} = S \cdot \sqrt{\frac{d_{0ENG}}{d_{0ECN}}} \tag{8-7}$$

式中　　　S_{scale}——用于后续比较缩放后的喷雾贯穿距；

d_{0ENG} 和 d_{0ECN}——分别为光学发动机和 ECN 中应用的喷孔直径。

　　图 8.48 中展示了两个设备、三种喷油压力，非燃烧 SA 工况下喷雾贯穿距随时间的变化曲线。需要说明的是此处 ECN 的气相贯穿距来自纹影成像技术，

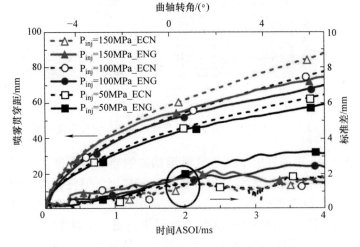

图 8.48　非燃烧工况下与 ECN 喷雾贯穿距的比较

而发动机数据来自 UV – LA 技术。可以看出，喷油开始后，两个设备的气相贯穿距展现了较好的一致性。但是在 40mm 后，两组数据开始出现差异，此差异随时间而增大。虽然活塞的运动可以导致发动机缸内密度降低，但是此差别由 TDC 到喷油结束只有 2.5kg/m³，因此密度差异带来的影响可以忽略。那么可以推断气流运动起着主要的作用。

图 8.49 列出了 SA1500 工况下由 UV – LA 获得的喷雾轮廓随时间变化的示例。每张图对应的喷油时间和曲轴转角分别标识在图上方的左右两侧。可以看出，在喷油早期（−3.25° ATDC），油束展现锥形形状，这和静态环境中的油束形状是一样的。这是因为喷雾距离视窗底部还比较远，喷嘴附近的环境气体运动速度相对喷油速度较低，如 PIV 图像所示。然而，从 2° ATDC 到 5° ATDC，喷油几何形状远比一个锥形复杂得多。首先，油束头部变平，然后部分开始向两侧的后方移动。PIV 得到的流线覆盖在了 UV – LA 图像上方。需要注意，为了避免示踪粒子蒸发，PIV 的结果来自不同的工况。但是，由于相同的发动机转速，此流场可以近似假设一致。由流场可以看出燃烧室底部具有强烈的气流运动方向与油束发展方向相反的运动，并形成了一个顺时针方向的涡流。喷雾也展现与流场相一致的发展，导致了一个更宽的不对称的喷雾头部。

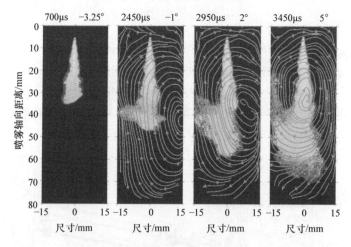

图 8.49 UV – LA 测得的喷雾轮廓随时间变化以及 PIV 测得速度流线（SA1500）

此外，图 8.48 中还列出了由于气流运动影响导致的标准差（SE）。发动机的 SE 值在喷雾初期与静态环境下 ECN 的值比较接近。但是，在 1.5ms 后发动机的 SE 值明显高于 ECN 的结果，这基本上与两个设备平均贯穿距出现差异的位置一致，尽管发动机的数据相比较 ECN 的数据来自更大的样本尺寸。因此，气流运动对喷雾贯穿距的影响既体现在了平均值上也体现在了循环的不稳定性上。另一方面，在喷油后期，较低的喷油压力展现了更高的 SE 值，这可能是由于更低的喷油动量下，油束受气流影响更为显著。

4. 燃烧工况下的喷雾

燃烧工况下产生的密度梯度已经足够高，可以产生较强的纹影信号，纹影法可以很好地将喷雾从背景中区分开来，因此此处燃烧工况下的喷雾贯穿距是通过高速纹影成像获得的。图 8.50 呈现了 SA1500 工况下燃烧工况下的喷雾的纹影图像。同时，左侧列出了由 UV – LA 对应工况下非燃烧喷雾的图像以作为参考。在初始喷雾阶段（200μs），燃烧还未发生，因此喷雾与非燃烧喷雾表现一致，没有出现径向或者轴向上的膨胀，并且此时气流运动的高速度区距离喷雾还较远，对其没有产生显著影响。大约在着火阶段（700μs），燃烧已经导致了喷雾快速的径向膨胀，使得喷雾贯穿速度减小，要小于非燃烧喷雾的贯穿距。从 1200μs 到 2200μs（大约 – 2°到 1°ATDC），喷雾贯穿到了高速度环境区域。可以看出，燃烧喷雾的贯穿距一直小于非燃烧喷雾的贯穿距。可以推测，由于燃烧作用导致的喷雾内部的低密度，气流运动对燃烧喷雾贯穿距的影响要强于非燃烧喷雾。

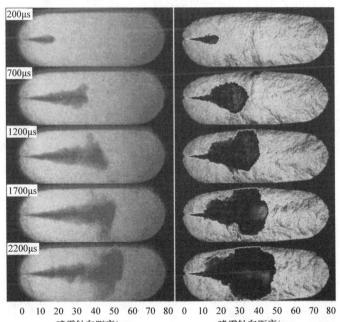

图 8.50　SA1500 工况下非燃烧喷雾（左图）和燃烧喷雾（右图）的瞬态发展

图 8.51 中展示了 SA1500 工况下的燃烧喷雾贯穿距与 ECN 数据的对比，非燃烧工况的数据也列于此作为参考。竖直实线和虚线分别代表发动机和静态工况的着火延迟期（ID）。如图 8.51 所示，两种设备在喷雾着火初期，非燃烧喷雾和燃烧喷雾的贯穿距都未呈现明显差别。基于动量守恒，燃烧导致的密度降低应

柴油机喷雾燃烧光学诊断技术及应用

该导致快速的喷雾贯穿。然而，这被初始的径向膨胀所弥补。之后，两个设备的燃烧喷雾的贯穿距开始出现差异。对于 ECN 的数据，燃烧喷雾贯穿距开始加速，并明显快于非燃烧喷雾。然而，发动机的燃烧工况下的喷雾贯穿距却比非燃烧喷雾要慢。这可能是由于燃烧喷雾更低的密度，由气流运动导致的空气阻力、涡流和更多的环境气体卷吸，都会导致比非燃烧喷雾更大的径向分布。

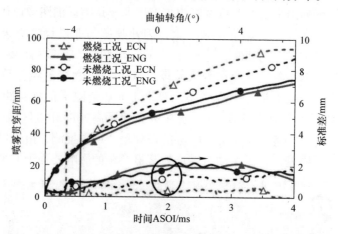

图 8.51 SA1500 工况下的燃烧喷雾贯穿距与 ECN 数据的对比

　　SA 工况喷雾贯穿距在发动机非静态和 ECN 静态环境中，与氧浓度的敏感性如图 8.52 所示。再次，由于发动机中气流运动影响，ECN 的贯穿距更快。8.2.4 小节中已经证明氧浓度对稳态阶段的喷雾贯穿速度没有明显影响。然而，对于高氧浓度工况来说，着火延迟期更短（见图 8.53a），这使得喷雾贯穿距的加速更

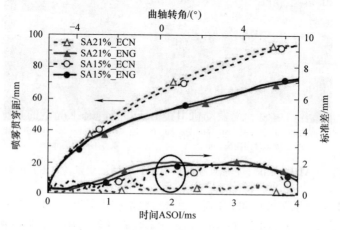

图 8.52　SA 工况喷雾贯穿距与氧浓度的敏感性

（$p_{\text{inj}} = 150\text{MPa}$，$T_g = 900\text{K}$，$\rho_g = 22.8\text{kg/m}^3$）

早，因此静态环境中高氧含量工况产生了更远的贯穿距。另一方面，发动机中的氧浓度对着火延迟期的影响几乎是可以忽略不计的，见图 8.53a，所以发动机的两个工况下的喷雾贯穿距曲线几乎重合。

SA 燃烧工况下 ID 和 LOL 在两个设备中随氧含量的变化如图 8.53 所示。喷孔直径或许对 ID 有一定影响，但是没有类似喷雾贯穿距的缩放规律，此处的 ID 并没有校改。对于 LOL，ECN 的数据根据 Siebers 的经验公式做了缩放：

$$LOL_{scale} = LOL \cdot \left(\frac{d_{0ENG}}{d_{0ECN}} \right)^{0.34} \tag{8-8}$$

我们可以看出，发动机的着火延迟期要远高于 ECN 的数据。然而，两个设备中的 LOL 却十分相似。另外，发动机非静态环境下 ID 和 LOL 随氧浓度的敏感性要远低于 ECN 的结果。但是发动机的 LOL 表现出比 ECN 更高的循环波动。

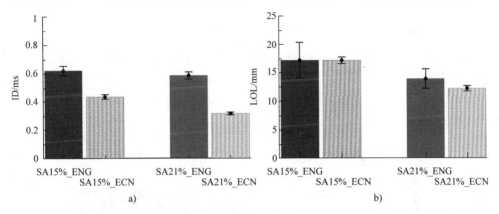

图 8.53　SA 工况下不同氧浓度时的着火延迟期和火焰浮起长度

$(p_{inj} = 150\text{MPa}, \ T_g = 900\text{K}, \ \rho_g = 22.8\text{kg/m}^3)$

a）着火延迟期　b）火焰浮起长度

图 8.54a 和图 8.54b 分别展示了 TDC 温度对着火延迟期和火焰浮起长度的影响。此外，ECN 相同试验环境密度、温度、氧含量和喷油压力工况下的数据也列于此作为参考。可以看出发动机 ID 和 LOL 和静态工况下的数据相比展现了与温度较低的敏感性。当温度高于 850K 时，几乎保持不变。另一方面，两个设备的 ID 的标准差十分接近，而发动机的 LOL 的标准差要远高于静态环境下的数据，这和之前的研究结果是一致的[30]，这可能是气体运动所致。

图 8.55 中展示的为 SA 工况下 $m_{soot}(x,t)$ 云图和总体碳烟质量与 ECN 数据的对比。总体碳烟质量都是在距离喷嘴 70mm 可视化窗口内进行积分获得的。显然，ECN 碳烟产生的初始时间比发动机更早，这和图中着火延迟期的趋势是一致的。有意思的是，发动机中产生碳烟的初始位置要比碳烟的稳定时的起始位置

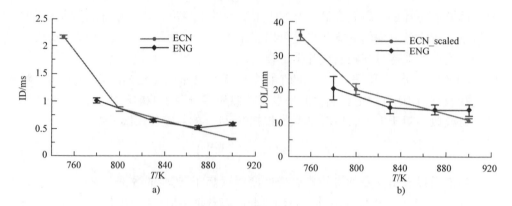

图 8.54　不同环境温度下的着火延迟期和火焰浮起长度

($p_{inj} = 150\text{MPa}$，$O_2 = 21\%$，$\rho_g = 22.8\text{kg/m}^3$)

a) 着火延迟期　b) 火焰浮起长度

更靠近喷嘴，这和 ECN 的数据是相反的。这是由于缸内气流运动推动燃烧混合物向喷雾后方移动产生的。另外，可以看到发动机中碳烟火焰的前端（小于60mm）也比 ECN 的数据（大于70mm）要小很多，这再次证实了气流运动的影

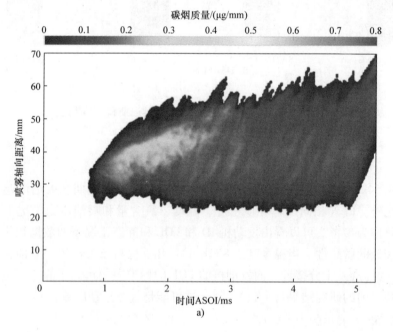

图 8.55　SA 工况下 $m_{soot}(x,t)$ 云图和总体碳烟质量与 ECN 数据的对比

($p_{inj} = 150\text{MPa}$，$T_g = 900\text{K}$，$O_2 = 21\%$，$\rho_g = 22.8\text{kg/m}^3$)

a) 发动机

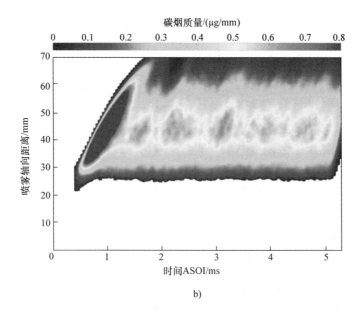

b)

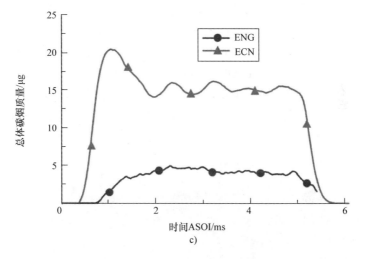

c)

图 8.55　SA 工况下 $m_{soot}(x,t)$ 云图和总体碳烟质量与 ECN 数据的对比

（$p_{inj} = 150\text{MPa}$，$T_g = 900\text{K}$，$O_2 = 21\%$，$\rho_g = 22.8\text{kg/m}^3$）（续）

b) ECN　c) 总体碳烟质量

响。图 8.55c 中可以看出，ECN 总体的碳烟质量要远高于发动机的结果。这有如下几个原因：首先 ECN 喷油器喷孔直径略大，使得其燃油质量流量和混合分数略高于发动机。其次，SA 工况下 ECN 的 LOL 比发动机的 LOL 要短，这也会导

致富油燃烧和更高碳烟生成。再次，气流运动引起的更多的空气卷吸，可以导致更快的碳烟氧化使得发动机中的净碳烟生成变少。

8.5 非静态碳烟在临界生成条件下的光学测试研究

根据以上章节的碳烟研究，无论是静态环境还是非静态环境，都是针对高碳烟燃油在高碳烟工况下的测量结果。但是随着内燃机低温燃烧模式的发展，火焰中的碳烟生成将逐渐减少，由此对碳烟临界生成条件下的准确测量和生成特性研究，将有助于低温燃烧模式的发展。然而，目前在此临界工况下火焰中碳烟的研究还比较少见。本节将利用双色法和 DBI 两种技术，研究临界工况条件下的碳烟生成特性和诊断技术的适用性。

8.5.1 实验设备和光路布置

本节所讨论的实验设备与 8.4 节的一致，也是在上述的二冲程光学发动机中进行的，所用喷油器为孔径 $138\mu m$ 的单孔喷油器，燃油为较低碳烟生成的正庚烷。此外，为了与高碳烟燃油进行比较，8.4 节中正十二烷对应工况的测试结果也列于此作为参考，正十二烷所用喷油器为孔径为 $82\mu m$ 的单孔喷油器。

碳烟测试的光路示意图如图 8.56 所示。此处应用的 DBI 的相机参数设置等与 8.4 节中的完全一致。与此同时，碳烟的辐射光还通过两个分光片导入到了另外两个高速数码相机中，以同步进行双色法的实验，两个相机前分别配置有峰值为 660nm 和 550nm 的带通滤波片。有关双色法的详细论述见第 7 章 7.2 节。

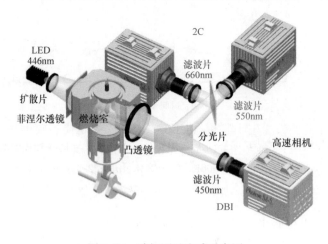

图 8.56 碳烟测试光路示意图

虽然图 8.56 中没有展示，除了碳烟的测量处，本项研究还应用了 OH^* 化学发光法进行了火焰浮起长度的测量，应用的相机和设置参数也与 8.4 节中的完全一致。

8.5.2　实验方案

本节的实验工况如表 8.8 所示。总共包括四种工况，每种燃油两个工况，根据不同的环境温度分别标识为高温（HT）、低温（LT）和中温（MT）工况，每个工况下分别进行了三种不同喷油压力的实验。为了对不同的气体卷吸条件进行标准化分析，根据文献 [35] [36]，此处应用了一个当量喷孔直径

$$d_{eq} = d_0 \sqrt{\frac{\rho_f}{\rho_a}}$$

式中　d_0——喷孔直径；

　　　ρ_f——燃油密度；

　　　ρ_a——环境密度。

喷油激励时间设定为 4ms，实际喷油时间大约为 5ms。对于正十二烷和正庚烷的试验分别进行了 40 次和 30 次燃油喷射记录。

表 8.8　实验工况

工况点	燃油	p_{inj}/MPa	T_a/K	ρ_a/(kg/m³)	O_2（%）	d_{eq}/mm	注释
HT	正十二烷（C12）	50/100/150	870	22.8（C12）	21	0.471	高温
	正庚烷（C7）			21.2（C7）		0.756	
LT	正十二烷（C12）	50/100/150	780	22.8	21	0.471	低温
MT	正庚烷（C7）	50/100/150	826	21.2	21	0.756	中温

8.5.3　结果与讨论

1. 碳烟循环的概率

图 8.57 展示了燃油正十二烷（C12）LT500（500 代表喷油压力为 50MPa）工况下，在 3200μs ASOI（ASOI 喷油开始后）DBI 消光图像和双色法碳烟辐射光图像（660nm）上，9（9/40）次喷雾的碳烟循环波动。燃油从上向下喷出，DBI 喷嘴附近的消光主要是由于燃油液相的米散射造成。从图 8.57 中可以看出，两个技术在碳烟量和碳烟分布上展现了较好的一致性，并且都可以观测到碳烟不同循环之间的巨大波动。比如，第 2、3、8 竖排的循环可以观测到强烈的碳烟辐射光和消光信号，然而第 5、6 竖排的循环中却观测不到碳烟。通过燃烧室上压力传感器记录缸压曲线计算得到的放热率曲线（AHRR），如图 8.58 所示，带三

角形符号曲线为 40 次喷油的平均放热率（AVG）。可以看出，所有循环的着火时刻具有非常高的可重复性，着火延迟期的标准差只有 0.05ms。因此可以推断，碳烟的循环波动并不是由于着火延迟期和放热率的波动产生的。

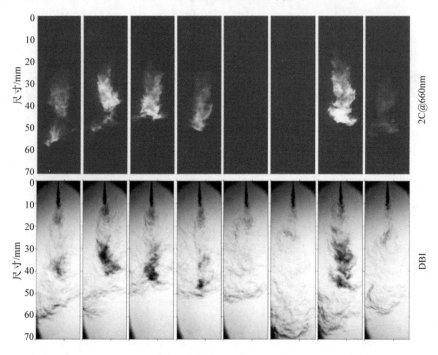

图 8.57　在 3200μs ASOI 处碳烟的循环波动（C12，LT500）

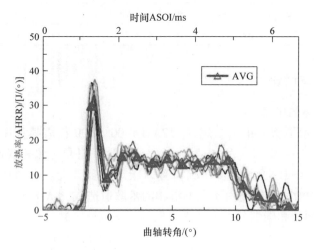

图 8.58　与图 8.57 对应循环的放热率（AHRR）曲线和 40 次循环的平均值 t（C12，LT500）

　　下面通过应用双色法波长为 660nm（信噪比高于 550nm）的辐射光图像，对碳烟/非碳烟的循环进行了界定。此处，应用了碳烟辐射光图像而没有应用消光图像，是因为只要足够高的温度碳烟就会发生热辐射，而 DBI 技术存在气相密度梯度导致的光路偏折而引起的消光误差，此误差也决定了消光法的测试下限。对于循环中每个帧数中所有像素上的数码灰度值（I_{pixel}）进行积分，则得到其随着时间发展的曲线，如图 8.59a 所示。接下来，对图 8.59a 每帧的灰度值在时间上再次进行积分，得到每个循环的总体辐射数码灰度值（I_{cycle}），见式（8-9）：

$$I_{cycle} = \iint I_{pixel}\mathrm{d}n_{pixel}\mathrm{d}n_{frame} \tag{8-9}$$

式中　n_{pixel}——每帧的像素个数；

　　　n_{frame}——每个喷油循环的帧数。

　　由此，就可以得到所有循环的总的积分辐射强度的循环波动，如图 8.59b 所示。最后选取了平均背景噪声的 1.2 倍，乘以每循环的总体帧数作为一个边界值，来判定此循环是否为碳烟/非碳烟循环。如图 8.59b 所示，在横线之上的星状定义为碳烟循环。但是，有人可能认为碳烟辐射强度主要取决于局部温度而不是碳烟量，如果从辐射强度上定义碳烟循环缺乏说服力。因此，图 8.60 展示了由 DBI 图像积分得到的每个循环总体碳烟量，与总体碳烟辐射强度之间的关系。可以看出，在所研究的工况下，碳烟量随碳烟辐射强度增长几乎呈线性增加。另一方面，DBI 技术中很难将光路偏折造成的消光影响消除掉，这可能对碳烟的工况带来较大不确定性。因此，最后选取了辐射图像来判断碳烟/非碳烟循环。

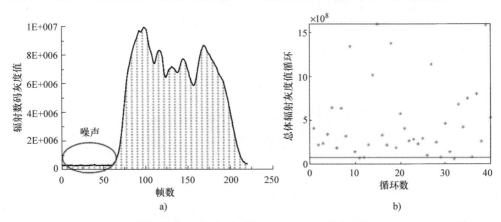

图 8.59　应用辐射图像判断碳烟/非碳烟循环的步骤（C12，LT500）

a）单个喷油循环每帧图像的灰度值的积分　b）不同循环的总体辐射强度

　　基于图 8.59，得到了不同燃油不同工况下的碳烟循环的概率（碳烟循环次数/总的循环次数），如图 8.61 所示。显然，碳烟循环的概率随着环境温度和环

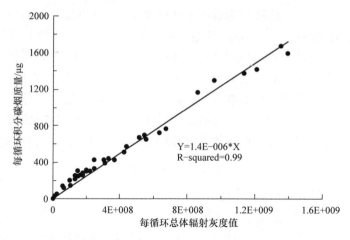

图 8.60   每循环总体碳烟量与总体碳烟辐射强度的关系（C12，LT500）

境密度的增加而增加，随着喷油压力的增加而减小。这与所有循环都产生碳烟时的碳烟生成量与环境变量的关系是一致的。此外，图 8.61 中还可以看到虽然正庚烷应用的喷油器喷孔大于正十二烷的喷油器，但是在 HT 工况下正庚烷的碳烟循环概率还是小于正十二烷，另一方面轴线上的 KL 值却相对较高。

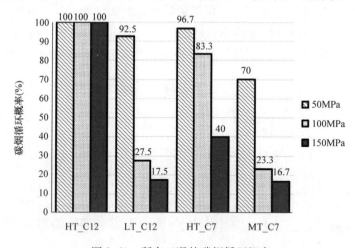

图 8.61   所有工况的碳烟循环概率

导致碳烟/非碳烟循环相互转变的一个可能性，是活塞运动导致的缸内气流运动具有强烈的循环波动，在 8.5 节中已经应用 PIV 技术对此发动机的气流特性进行了测试。测试中发现，气流运动的循环波动的标准差值甚至跟平均速度数值在一个数量级。8.5 节已经证实，气流运动对着火延迟期并没有产生较大的波动，这主要是由于着火位置通常处于喷嘴附近的上游区域，此处的气流运动速度量级很小。然而，它对下游喷雾确实产生显著影响。图 8.62 展示了喷雾轴向速度（由一维喷雾模型得出[1][2]）和轴向环境速度（由 8.5 节 PIV 数据获得）在非燃烧工况下的曲线。可以看出，喷嘴处的气流运动速度值大概 5m/s，相对比喷雾开始时刻（−4° ATDC）速度（约 60m/s）几乎可以忽略不计。然而，当喷雾贯穿距离在 −2° ATDC 超过 40mm 时，环境气体速度变得非常重要，大概是喷雾贯穿速度的 25%。因此，可以推断缸内气流运动强烈的循环波动，将会对非燃烧的油气混合物产生重要影响，进而对燃烧喷雾的油气混合物与碳烟生成也会产生重要影响。

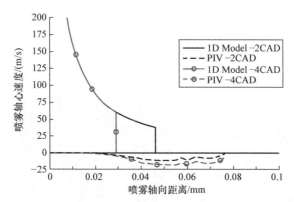

图 8.62　喷雾轴向速度（实线）与环境气体轴向速度
（虚线）的对比（$T_a = 760K$，$\rho_a = 19.3kg/m^3$）

　　另外，气流对火焰浮起长度的循环波动也会产生显著影响。图 8.63 中展示了正十二烷在 LT500 工况条件下的原始 OH* 图像和对应的火焰浮起长度值（LOL）。可以看出，LOL 在相同工况下的不同的循环间变化范围，从 10.3mm 到 24.2mm。这可能主要是由于燃烧的热混合气向喷雾上游移动的循环波动产生的。Fuyuto 等人[37][38]也在多孔喷油器的发动机燃烧室中观测到了类似的结果。

　　之前的大量文献已经证实火焰浮起长度与碳烟生成有着紧密的联系[17]。图 8.64 展示了正十二烷所有工况下 LOL 与在 LOL 处截面的平均当量比（$\overline{\Phi}_H$），误差线代表循环波动。$\overline{\Phi}_H$ 值由式（8-10）[17,39-40]计算得出：

$$\overline{\Phi}_H = \frac{2 \cdot (A/F)_{st}}{\sqrt{1 + 16 \cdot \left(\dfrac{H}{x^+}\right)^2} - 1} \tag{8-10}$$

式中　$(A/F)_{st}$——给定燃油化学当量的空燃比；

　　　　H——LOL 的数值；

　　　　x^+——燃油喷雾的特征长度，由式（8-11）获得：

$$x^+ = \sqrt{\frac{\rho_f}{\rho_a}} \frac{\sqrt{C_a} \cdot d_0}{a \cdot \tan(\theta/2)} \tag{8-11}$$

式中　C_a——喷孔面积的收缩系数；

　　　a——常数0.75；

　　　θ——喷雾锥角。

如之前的文献［39-40］所证实，当 $\overline{\Phi}_H < 2$ 时喷雾燃烧中将不产生碳烟。图8.64中对于每一个工况分别列出了 LOL 上下极限位置处（$LOL \mp std$）的 $\overline{\Phi}_H$ 值。LT1000 和 LT1500 工况下的上极限的 $\overline{\Phi}_H$ 小于2，因此会产生非碳烟燃烧的循环。另一方面，其他四个工况下所有的上极限的 $\overline{\Phi}_H$ 值都大于2，那么所有的喷雾燃烧循环都会产生碳烟。这和图8.61中展示的碳烟循环概率是一致的。需要指出的是，OH* 的测量与碳烟测试并不是同步进行的，这也是为什么 LT500 工况下图8.61 和图8.64 中的结果没有完全一致的原因。

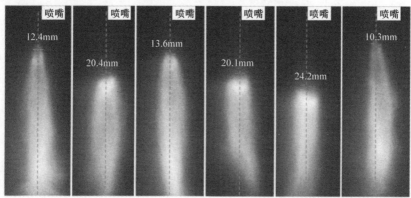

图8.63　正十二烷在 LT500 工况下 OH* 图像六次喷雾的示例

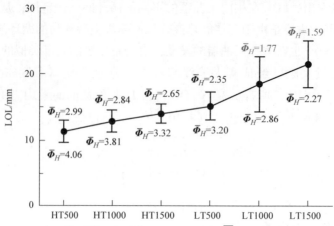

图8.64　正十二烷不同工况下的 LOL 和对应的 $\overline{\Phi}_H$。误差条表示循环波动

2. 碳烟的定量测试

为了对火焰中碳烟进行参数比较，对 DBI 图像所有循环进行计算得到了平均的 KL 值。图 8.65 分别展示了在 $3800\mu s$ ASOI 时刻，正十二烷和正庚烷两种燃油分别在 LT 和 MT 工况下所有喷油压力轴线上的 KL 值。轴向距离根据喷嘴尺寸应用当量直径进行了标准化处理。总体而言，两种燃油的碳烟生成与之前文献的结论一致，KL 值都是随着喷油压力的减小而增加的，这主要是由于更小的 LOL 和更长的驻留时间。然而，正十二烷 LT1000 和 LT1500 工况下的 KL 差别非常小。在本试验的光路布置下，由于并不完美的朗伯光源，试验过程中仍然有较为强烈的光路偏折，这主要决定着试验技术对碳烟测试的下限值。图 8.66a 中展现了对于正十二烷的非碳烟循环下得到的轴线上的 KL 值，此处的消光效应主要由光路偏折造成。图 8.66b 展示了在 LT1000 工况下轴线上所有循环平均的 KL 值，与非碳烟循环平均的 KL 值的比较。可以看出，由光路偏折得到的 KL 值和整体平均的 KL 值十分接近，也就意味着在如此低的碳烟工况下（$KL < 0.2$），已经超出了本 DBI 技术光路布置的下限值。因此，虽然我们可以推测 LT1000 由于较小的 LOL 和更长的驻留时间，本应该比 LT1500 拥有更高的碳烟生成，但是此处由 DBI 得到的结果几乎不能区分。

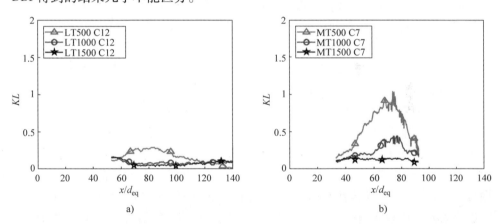

图 8.65　由 DBI 图像所有循环平均得到的三种喷油压力下的喷雾轴线上的 KL 值

（$3800\mu s$ ASOI）

a) LT，正十二烷　b) MT，正庚烷

在如此低的碳烟生成工况下，碳烟生成量和碳烟辐射强度都非常低，这将会导致较低的信噪比和不确定性。因此，为了比较 DBI 和 2C 技术对环境工况的敏感性，后续分析中应用的 KL 值，仅仅是基于存在碳烟的循环的图像计算得到的平均 KL 值，以此来增加信噪比。为了使 DBI 和 2C 的 KL 值进行比较，需要将其进行转换，具体转换过程见第七章。经过计算，DBI 得到的 KL（KL_I）与 2C 得

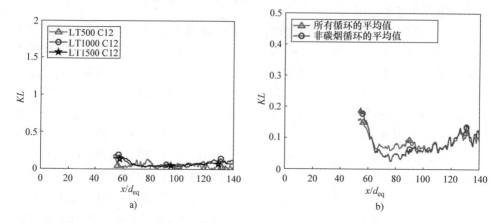

图 8.66　光路偏折效应对正庚烷 KL 值的影响（3800μs ASOI，LT 工况）

a）所有碳烟循环平均得到的轴线上 KL 值　b）LT1000 工况下的轴线上 KL 值

到的 KL（KL_{2C}）存在如下关系：

$$KL_I = 3.034 \cdot KL_{2C} \qquad (8\text{-}12)$$

图 8.67 中展示了两种技术得到的轴线上的 KL 值，以及 2C 得到的轴线上的碳烟温度，每种油都分别列出了相对的高碳烟工况和低碳烟工况。从图 8.67c 可以看出，当 KL 峰值接近 1 时，两个技术展现了较好的一致性，这和第六章中的结果一致。也就意味着此碳烟工况下由碳烟信号自吸收效应造成的误差是可以忽略不计的。然而，当减小 KL 峰值时，如图 8.67b 和图 8.67c，两个技术的 KL 值出现了明显差别，此时 2C 的 KL 值要高于 DBI 的 KL 值，并且此差别随着碳烟的持续降低而更加明显。这和第七章中的结果是相反的，第七章中显示当 KL 峰值大于 1 时 DBI 的 KL 值，要大于 2C 的 KL 值。其中一个可能原因是在如此低的碳烟工况下，DBI 消光的敏感性较高碳烟工况低，这可能是由于低碳烟工况下碳烟颗粒较小，发生的光的衍射效应起到了更重要的作用。因此，用于计算 KL 值的穿透背景光将比真实值要小。总体而言，碳烟温度结果的趋势与之前文献的结论一致，温度随着轴线距离增加而增加。

结合第 7 章和第 8 章可以推断 DBI 和 2C 两个技术，在火焰中的碳烟测试上各有各自的优势和局限，具体总结如下：

1）当碳烟量过高（$KL_{\max} \gg 1$）时，DBI 相对碳烟量的比 2C 展现更高的敏感性。

2）当 $KL_{\max}$ 接近于 1 时，DBI 和 2C 展现较好的一致性。

3）当碳烟量过低时（$KL_{\max} < 0.2$），可能超出了 DBI 光路的下限值，2C 展现更高的敏感性。

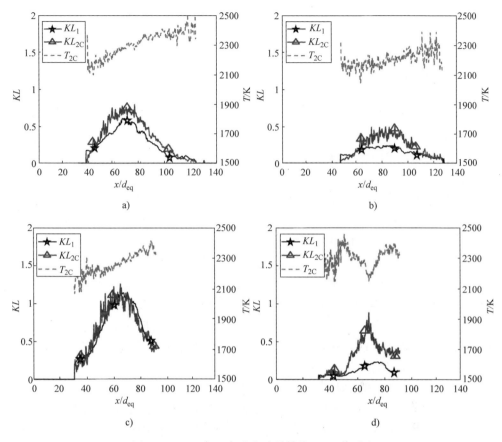

图 8.67　DBI 与双色法在喷雾轴线上 KL 值对比

a) HT500，C12（碳烟循环概率 = 100%）　b) LT500，C12（碳烟循环概率 = 92.5%）

c) HT500，C7（碳烟循环概率 = 96.7%）　d) MT1000，C7（碳烟循环概率 = 23.3%）

<h2>8.6　本章总结</h2>

　　本章列举了光学诊断技术在内燃机喷雾燃烧领域具体研究内容方面的应用，特别是在静态和非静态环境中，对于喷雾动力学和火焰中碳烟研究方面的应用。对于静态环境工况下的研究，是在一个定压燃烧弹上进行的，此部分内容为 ECN 框架下的工作，应用的喷油器为 Spray A 单孔喷油器。本章首先研究了不同燃油（正十二烷，正庚烷，PRF20）燃烧而导致的径向和轴向膨胀。然后，应用一个消光辐射结合技术，研究了准稳态火焰中的碳烟特性和分段喷油策略下的碳烟演化过程。最后，在一个二冲程的单缸光学发动机的非静态环境中，研究了由

活塞导致的气流运动对喷雾动力学特性和碳烟生成特性的影响，并在此非静态环境中，对碳烟临界生成条件下的特性和相应光学技术的适应性进行了研究。本章中得到的一些重要成果总结如下：

1）首先应用高速纹影成像技术，以 ECN 标准燃油为研究对象，获得了喷雾的贯穿距和径向宽度，研究了燃烧导致的喷雾轴向和径向膨胀。对于喷雾贯穿距随时间的导数定义了一个比例因子（k），来判定喷雾准稳态时燃烧对喷雾贯穿速度的影响。非燃烧喷雾的 k 值取决于动量通量、气体密度和喷雾锥角，而燃烧喷雾的 k 值要高于非燃烧喷雾的 k 值。通过对 k 值的分析得出，环境温度、氧含量和燃油十六烷值对研究工况下的准稳态喷雾的贯穿，并没有产生明显作用。然而，喷油压力的升高会增加 k 值，但是和非燃烧喷雾具有相同趋势。

2）对于径向膨胀，首先通过纹影二值图像的概率密度图，得到喷雾的径向宽度。通过对结果的分析得出燃烧喷雾的几何轮廓可以分为三个区域：

① 从喷嘴出口到火焰浮起长度的准稳态非燃烧区域。

② 从火焰浮起长度到喷雾轮廓停止增长的准稳态燃烧区。

③ 从上一个区域结束到喷雾前端的瞬态区域。

研究发现准稳态燃烧区域的喷雾轮廓于非燃烧喷雾轮廓几乎平行。通过不同环境参数结果对比发现，径向膨胀随喷油压力的增加和环境温度、密度的减小而增加，氧浓度对径向膨胀不会产生明显影响。

3）本章应用消光辐射结合法，成功进行了研究，同时获得了碳烟体积分数和碳烟温度。通过研究环境变量对碳烟特性的研究发现，所研究的工况下碳烟温度似乎对碳烟生成并没有起着重要角色。不同的碳烟量的形成，更多取决于碳烟形成的历史过程，也就是碳烟前驱物的形成。

4）纹影法在检测有强烈气流运动的环境中的喷雾气相贯穿距时有较大局限性，而 UV－LA 技术可以在此环境下对喷雾轮廓进行很好的捕捉。通过与 ECN 的数据对比发现，发动机的喷雾贯穿距在喷雾开始时与 ECN 结果一致，但是由于气流运动，下游某个位置后发动机的喷雾贯穿开始慢于静态环境下的 ECN 数据。

5）发动机中的着火延迟期和火焰浮起长度较 ECN 结果来说，与温度变量展现了较低的敏感性。在 ECN 的 Spray A 工况下（$O_2 = 21\%$，体积分数），非静态的发动机工况下的瞬态碳烟生成量，远小于静态的燃烧弹中的碳烟生成量，结果发现活塞运动导致的气流运动可以增加喷雾的空气卷吸，加速碳烟氧化。

6）在本研究中二冲程发动机工况条件下，碳烟循环/非碳烟循环主要是由于强烈循环波动的气流运动引起的，在较低碳烟生成工况下，双色法对碳烟生成量具有更高的敏感性。

知识拓展

1. 一维喷雾模型

本章中应用了一个一维喷雾模型[1-2,31]来辅助试验结果分析。此模型针对不同的轴向位置，根据轴线方向上的动量守恒和混合分数守恒公式进行求解。径向分布则是假设轴向速度和混合分数呈高斯自相似分布。此模型已经被证实可以成功预测非燃烧工况下的喷雾贯穿距和液相长度[1-2]。之前类似的模型[32-33]假设局部密度径向是均匀分布的，并且并不总是与动量方程耦合[33]。此一维模型则是把状态方程中的局部密度放到了与混合分数径向分布的守恒方程中。这就可以通过考虑放热率而改变局部密度因素，加入放热率对流体的影响，这会进一步影响速度分布。

在非燃烧工况条件下，模型的输入参数为

1）喷口处燃油的质量和动量流量。

2）燃油组分、温度和密度。

3）环境气体组成、压力、温度和密度。

4）喷雾锥角。

除了喷雾锥角，其他输入都是通过测量获得的。喷雾锥角是对于标准工况条件下，根据模型与试验喷雾贯穿距的不同而进行调节的标定参数，这在多数类似模型下都是一致的[10]。

对于燃烧工况条件，应用了一个简化的假设：一步化学反应的 Burke – Schuman 方法。由于没有化学反应动力学的影响，此方法不能预测着火延迟期和火焰浮起长度，因此需要两个额外的输入参数：

1）着火延迟期 t_{SOC}，用来定义燃烧初始时刻。一维模型假设非燃烧到燃烧在着火延迟期时刻发生一步瞬态变化（$t = t_{SOC}$）。

2）火焰浮起长度处的轴线上的混合分数（$f_{cl,LOL}$），此参数可以将模型在空间上把非燃烧区域和燃烧区域区分开。此参数通过试验得到的火焰浮起长度以及非燃烧工况模型计算的火焰浮起长度处当量比结果转换而来。

除了上述参数，模型中还加入了非燃烧喷雾向燃烧喷雾过渡而导致的径向膨胀的信息。初始，此影响通常应用一个"燃烧喷雾锥角表示"[2]。然而，最新的试验结果[34]显示，燃烧喷雾的几何形状不是仅仅表现为跟非燃烧喷雾类似的锥角形状，而是一个增长的径向宽度。因此，本方法将应用一个参数，也就是预测的喷雾半径的径向增长值ΔR，来考虑径向膨胀。此ΔR是基于下列假设计算得到的（图 8.68）：

1）径向膨胀过程只发生在着火开始时刻（$t = t_{SOC}$），这和此模型简化的燃烧过程是一致的，认为喷雾从非燃烧到燃烧状态的转变，只是在着火延迟时刻瞬时间发生的，没有经历时间尺度。

2）在燃烧开始时刻，喷雾只在火焰浮起长度（LOL）位置到喷雾贯穿距头部（S_{soc}）膨胀。此外，膨胀只发生在径向方向，并用一个固定值ΔR表示。此值在整个喷雾燃烧部分都是一个定值。轴向膨胀被忽略有两个原因。首先，试验值证明轴向膨胀相对径向来说比较小。其次，体积随轴向呈线性增长，却随轴向呈二次曲线增长，这意味着轴向增长对于后续喷雾发展过程更为重要。

3）混合分数在轴线上的分布和自相似径向分布，在非燃烧－燃烧转变过程中都没有发生变化。但是，后续燃烧喷雾演化过程由于放热导致的低密度，则会产生明显影响。

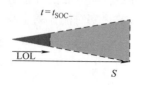 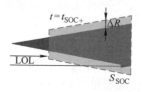

图8.68 模型中简化的非燃烧喷雾（左图，$t = t_{SOC-}$）在着火时刻向燃烧喷雾
（右图 $t = t_{SOC+}$）瞬态变化的过程

计算径向膨胀的方程说明了混合物由非燃烧到燃烧过渡时质量是守恒的。因此，可以通过对从$x = $LOL到$x = S_{SOC}$之间的总体质量在$t = t_{SOC}$时刻进行积分。

$$\int_{LOL}^{S_{SOC}} \int_{0}^{R} \rho_{inert} \cdot 2\pi r \cdot dr \cdot dx = \int_{LOL}^{S_{SOC}R+\Delta R} \int_{0}^{R} \rho_{react} \cdot 2\pi r \cdot dr \cdot dx \qquad (8-13)$$

公式两侧进行了相似的积分，左边为非燃烧喷雾，右边为着火开始时刻的燃烧喷雾。由于着火时刻的混合分数分布是已知的，可以用来考虑非均相密度分布喷雾的ΔR求解。

本章知识拓展2中将说明对于均匀密度情况下，如何基于上述公式完成简单计算，通过8.6.2小节分析得到ΔR主要取决于两个参数

1）非燃烧喷雾与燃烧喷雾的密度之比$\rho_{inert}/\rho_{react}$。

2）距离喷嘴可燃混合气的形状和位置，也就是LOL到S_{SOC}之间的反应混合物的形状和位置。可燃混合物位置越靠近下游，在每个喷雾截面径向会有更多质量的可燃物，有利于形成更大的径向膨胀。

一维模型在一个非均匀密度分布下求解了相同问题，意味着$\rho_{inert}/\rho_{react}$还取决于空间位置，这样更接近真实情况。对于给定的喷雾例子，此密度的降低取决于燃油和空气的热力学状态以及成分。这就使得当可燃混合气位置向下游移动而导致更多的径向膨胀，因此我们必须考虑可燃混合气的位置因素，同时也要考虑非均匀混合气密度降低的因素。

2. 均匀密度喷雾下的简单膨胀

此处计算非燃烧到燃烧过渡导致的径向膨胀，是基于两个工况下喷雾内部均匀密度分布的假设。以图 8.68 为例，模型假设非燃烧喷雾向燃烧喷雾在着火开始时刻（$t = t_{SOC}$.）过渡时间为 0，计算得到 ΔR。这就意味着密度可以从式（8-14）中提出来：

$$\rho_{inert} \int_{LOL}^{S_{SOC}R} \int_{0} 2\pi r \cdot \mathrm{d}r \cdot \mathrm{d}x = \rho_{react} \int_{LOL}^{S_{SOC}R+\Delta R} \int_{0} 2\pi r \cdot \mathrm{d}r \cdot \mathrm{d}x \tag{8-14}$$

所以，剩余的积分项就代表着可燃混合气的体积。假设非燃烧喷雾为锥形，则积分体积可通过式（8-15）获得：

$$\int_{LOL}^{S_{SOC}R} \int_{0} 2\pi r \cdot \mathrm{d}r \cdot \mathrm{d}x = \frac{\pi}{3} \tan^2(\theta/2)\left[S_{SOC}^3 - LOL^3 \right] \tag{8-15}$$

将此方法应用到燃烧喷雾，在 LOL 下游得到一个更宽的截面，如式（8-16）所示：

$$\int_{LOL}^{S_{SOC}R+\Delta R} \int_{0} 2\pi r \cdot \mathrm{d}r \cdot \mathrm{d}x = \frac{\pi}{3} \tan^2(\theta/2)\left[\left(S_{SOC} + \frac{\Delta R}{\tan\left(\frac{\theta}{2}\right)} \right)^3 - \left(LOL + \frac{\Delta R}{\tan\left(\frac{\theta}{2}\right)} \right)^3 \right]$$

$$\tag{8-16}$$

再带入到原始方程中得到如下径向膨胀的分析结果：

$$\Delta R = \tan\left(\frac{\theta}{2}\right) \cdot \frac{S_{SOC}+LOL}{2} \cdot \left[\sqrt{1 - \left(1 - \frac{\rho_{inert}}{\rho_{react}}\right) \cdot \left(\frac{2}{S_{SOC}+LOL}\right) \cdot \frac{2}{3} \cdot \frac{S_{SOC}^3 - LOL^3}{S_{SOC}^2 - LOL^2}} - 1 \right]$$

$$\tag{8-17}$$

上述方程总结了径向膨胀的主要决定因素：

1）燃烧导致的密度下降，式中表示为 $\frac{\rho_{inert}}{\rho_{react}}$。

2）燃烧喷雾的体积，也就是 $x = LOL$ 到 $x = S_{SOC}$ 的锥形部分。两个因素描述了它的影响：

- $R_{avg} = \tan\left(\frac{\theta}{2}\right) \cdot \frac{S_{SOC}+LOL}{2}$　表示从 $x = LOL$ 到 $x = S_{SOC}$ 平均距离上的半径。

- $\frac{4}{3} \frac{S_{SOC}^3 + LOL^3}{(S_{SOC}^2 - LOL^2)(S_{SOC}+LOL)}$　此项考虑了此体积在轴向上有一定高度。

如果 $S_{SOC} - LOL$ 趋近于 0 此值为 1，它随着 LOL 与 S_{SOC} 之间的距离增长而增长。

图 8.69 中展现了对于一个给定的密度降和非燃烧喷雾的锥角，简化模型预

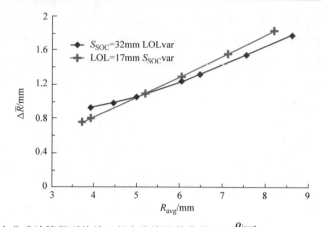

图 8.69 由公式计算得到的关于径向膨胀的简化描述 ($\frac{\rho_{\text{inert}}}{\rho_{\text{react}}} = 1.45$, $= 24°$)。膨胀

参考区间，分别假定 LOL = 17mm 不变，S_{SOC} 变化，以及假定 $S_{\text{SOC}} = 32$mm 不变，LOL 变化

测径向膨胀分别与 S_{SOC} 和 LOL 的关系。可以看出，径向膨胀取决于用平均直径表示的混合物分数几何形状。增长 S_{SOC} 和 LOL 任意一个值，都会使可燃混合物向喷嘴下游移动，进而导致径向膨胀的增加。此假设的密度值为整个喷雾体积的平均值，此结论可以拓展到非均相密度分布的情况。总结来说，加快密度降低，以及可燃混合物向下游移动都会增加径向膨胀。

参 考 文 献

［1］ PASTOR J V, LÓPEZ J J, J M GARCÍA, et al. A 1D model for the description of mixing – controlled inert diesel sprays ［J］. Fuel, 2009, 87 (13): 2871 – 2885.

［2］ DESANTES J M, PASTOR J V, GARCIA – OLIVER J M, et al. A 1D model for the description of mixing – controlled reacting diesel sprays ［J］. Fuel, 2009, 156 (1): 234 – 249.

［3］ DESANTES J M, PASTOR J V, GARCIA – OLIVER J M, et al. An experimental analysis on the evolution of the transient tip penetration in reacting dieselsprays ［J］. Combustion and Flame, 2014, 161 (8): 2137 – 2150.

［4］ NABER J D, SIEBERS D L. Effects of gas density and vaporization on penetration and dispersion of diesel sprays ［J］. SAE Technical Papers, 1996, 105 (3): 82 – 111.

［5］ HIROYASU H, ARAI M. Structures of fuel sprays in diesel engines ［C］. SAE Technical Paper. New York: SAE, 1990.

［6］ PAYRI F, BERMADEZ V, PAYRI R, et al. The inuence of cavitation on the internal ow and the spray characteristics in diesel injection nozzles ［J］. Fuel, 2004, 83: 419 – 431.

［7］ DESANTES J M, PAYRI R, SALVADOR F J. Development and validation of a theoretical model for diesel spray penetration ［J］. Fuel, 2006, 85 (7/8): 910 – 917.

［8］ DESANTES J M, GARCIA – OLIVER J M, XUAN T, et al. A study on tip penetration velocity and radial expansion of reacting diesel sprays with different fuels ［J］. Fuel, 2017, 207: 323 –

335.

[9] KOSAKA H, AIZAWA T, KAMIMOTO T. Two‐dimensional imaging of ignition and soot for‐ mation processes in a diesel flame [J]. International Journal of Engine Research, 2005, 6 (1): 21‐42.

[10] PICKETT L M, JULIEN M, GENZALE C L, et al. Relationship between diesel fuel spray va‐ por penetration/dispersion and local fuel mixture fraction [J]. SAE International Journal of En‐ gines, 2011, 4 (1): 764‐799.

[11] GARCIA‐OLIVER J M, MALBEC L M, Toda H B, et al. A study on the interaction between local flow and flame structure for mixing‐controlled diesel sprays [J]. Combustion and Flame, 2017, 179: 157‐171.

[12] SIEBERS D L, HIGGINS B. Flame lift‐off on direct‐injection diesel sprays under quiescent conditions [J]. SAE Technical Papers, 2001, 110: 400‐421.

[13] BENAJES J, PAYRI R, BARDI M, et al. Experimental characterization of diesel ignition and lift‐off length using a single‐hole ECN injector [J]. Applied Thermal Engineering, 2013, 58 (1‐2): 554‐563.

[14] NOUD M, BAKKER P C, NICO D, et al. Transient flame development in a constant‐volume vessel using a split‐scheme injection strategy [J]. SAE International Journal of Fuels & Lubri‐ cants, 2017, 10 (2). 318‐327.

[15] MOIZ A A, AMEEN M M, LEE S Y, et al. Study of soot production for double injections of n‐dodecane in CI engine‐like conditions [J]. Combustion and Flame, 2016, 173: 123‐131.

[16] MANIN J, PICKETT L M, SKEEN S A. Two‐color diffused back‐illumination imaging as a diagnostic for time‐resolved soot measurements in reacting sprays [J]. SAE International Jour‐ nal of Engines, 2013, 6 (4): 1908‐1921.

[17] PICKETT L M, SIEBERS D L. Soot in diesel fuel jets: effects of ambient temperature, ambi‐ ent density, and injection pressure [J]. Combustion and Flame, 2004, 138 (1‐ 2): 114‐135.

[18] MANIN J L, PICKETT L M, DALEN K R. Extinction‐based imaging of soot processes over a range of diesel operating conditions [C]. 8th U. S. National Combustion Meeting, Canyons re‐ sort in Park, USA, 19 May‐22 May, 2013. [Sl: sn], 2013.

[19] BARDI M, BRUNEAUX G, NICOLLE A, et al. Experimental methodology for the understand‐ ing of soot‐fuel relationship in diesel combustion: fuel characterization and surrogate validation [C]. SAE Technical Papers. NewYork: SAE 2017.

[20] AIZAWA T , HARADA T, KONDO K, et al. Thermocouple temperature measurements in diesel spray flame for validation of in‐flame soot formation dynamics [J]. International Journal of Engine Research, 2016, 18 (5): 453 ‐ 466.

[21] IDICHERIA C A, PICKETT L M. Soot formation in diesel combustion under high‐EGR condi‐ tions [J]. SAE Technical Paper, 2005, 114: 1559‐1574.

193

［22］ KAMIMOTO T, BAE M H. High combustion temperature for the reduction of particulate in diesel engines ［J］. SAE Paper, 1988, 97: 692 – 701.

［23］ PICKETT L M, CATON J A, MUSCULUS M, et al. Evaluation of the equivalence ratio – temperature region of diesel soot precursor formation using a two – stage lagrangian model ［J］. International Journal of Engine Research, 2006, 7 (5): 349 – 370.

［24］ DESANTES J M, JM GARCÍA – OLIVER, ANTONIO G , et al. Optical study on characteristics of non – reacting and reacting diesel spray with different strategies of split – injection ［J］. International Journal of Engine Research. 2019, 20 (6): 606 – 623.

［25］ SKEEN S, MANIN J, PICKETT L M. Visualization of ignition processes in high – pressure sprays with multiple injections of n – dodecane ［J］. International Journal of Pharmaceutics, 2015, 8 (2): 696 –715.

［26］ MUSCULUS M, KYLE K. Entrainment waves in diesel jets ［J］. SAE International Journal of Engines, 2009, 2 (1): 1170 – 1193.

［27］ RECHE C M. Development of measurement and visualization techniques for characterization of mixing and combustion processes with surrogate fuels ［D］. Valencia: Universitat Politecnica de Valencia, 2015.

［28］ KOOK S, PICKETT L M. Liquid length and vapor penetration of conventional, fischer – tropsch, coal – derived, and surrogate fuel sprays at high – temperature and high – pressure ambient conditions ［J］. Fuel, 2012, 93 (1): 539 – 548.

［29］ ABRAHAM J. Entrainment characteristics of transient gas jets ［J］. Numerical Heat Transfer, Part A: Applications, 1996, 30 (4): 347 – 364.

［30］ FRANCISCO P, PASTOR J V, JEAN – GUILLAUME N, et al. Lift – off length and KL extinction measurements of biodiesel and fischer – tropsch fuels under quasi – steady diesel engine conditions ［J］. SAE International Journal of Engines, 2011, 4 (2): 2278 – 2297.

［31］ PASTOR J V, GARCIA – OLIVER J M, PASTOR J M , et al. One – dimensional diesel spray modeling of multicomponent fuels ［J］. Atomization and Sprays, 2015, 25 (6): 485 –517.

［32］ TAUZIA X, MAIBOOM A, MA G. A 1D model for diesel sprays under reacting conditions ［C］. International Conference on Engines & Vehicles. Septembe 12, 2015 ［Sl: sn］, 2015.

［33］ KNOX B W , GENZALE C L. Reduced – order numerical model for transient reacting diesel sprays with detailed kinetics ［J］. International Journal of Engine Research, 2016, 17 (3): 261 –279.

［34］ PAYRI, RAUL, BARDI, ET AL. A study on diesel spray tip penetration and radial expansion under reacting conditions ［J］. Applied Thermal Engineering, 2015. 90: 619 –629.

［35］ RICOU F P, SPALDING D B. Measurements of entrainment by axisymmetrical turbulent jets ［J］. Journal of Fluid Mechanics Digital Archive, 1961, 11 (01): 21 –32.

［36］ THRING M W. Combustion length of enclosed turbulent jet flames ［J］. Symposium (International) on Combustion, 1953, 4 (1): 789 –796.

［37］ TAKAYUKI F, YOSHIAKI H, HAYATO Y, et al. Backward flow of hot burned gas surrounding high – pressure diesel spray flame from multi – hole nozzle ［J］. SAE International Journal of Engines，2015，9（1）：71 – 83.

［38］ TAKAYUKI，FUYUTO，YOSHIAKI，et al. Set – off length reduction by backward flow of hot burned gas surrounding highpressure diesel spray ame from multi – hole nozzle ［J］. International Journal of Engine Research，2017，18（3）：173 – 194.

［39］ PICKETT L M，SIEBERS D L. Non – sooting，low flame temperature mixing – controlled di diesel combustion ［J］. Office of Scientific and Technical Information Technical Reports，2009，113：614 – 630.

［40］ POLONOWSKI C J，MUELLER C J，GEHRKE C R，et al. An experimental investigation of low – soot and soot – free combustion strategies in a heavy – duty，single – cylinder，direct – Injection，optical diesel engine ［J］. Heat Exchangers，2011，5（1）：51 – 77.

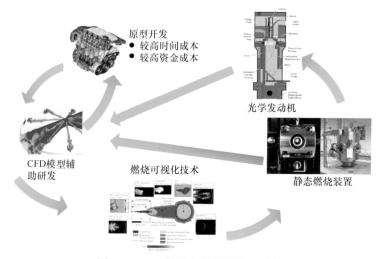

图 1.1　CFD 辅助内燃机研发的过程

原型开发
● 较高时间成本
● 较高资金成本

光学发动机

CFD模型辅助研发

燃烧可视化技术

静态燃烧装置

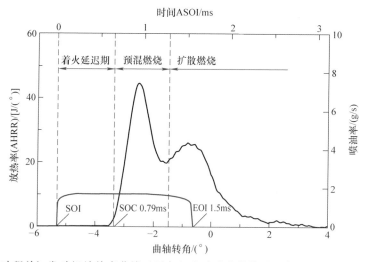

图 2.1　二冲程单缸发动机放热率曲线（黑色）和喷油率曲线（蓝色）。喷油持续期为 1.5ms
[T_g=870K，ρ_g=22.8kg/m³，O_2=21%（体积分数）]

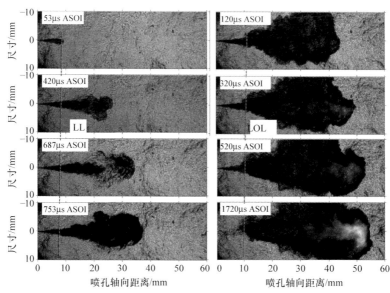

图 2.2　工况与图 2.1 一致条件下的纹影图像。竖直蓝色线和红色线分别
表示液相长度和火焰浮起长度

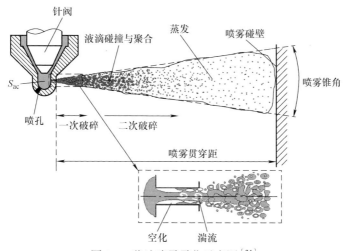

图 2.3　柴油喷雾雾化示意图[24]

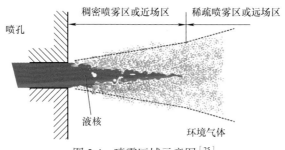

图 2.4　喷雾区域示意图[25]

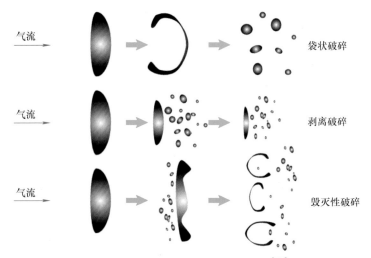

图 2.5　不同种类的二次破碎示意图[39]

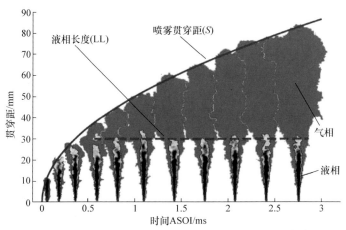

图 2.6　非燃烧状态下的液相长度和喷雾贯穿距[55]

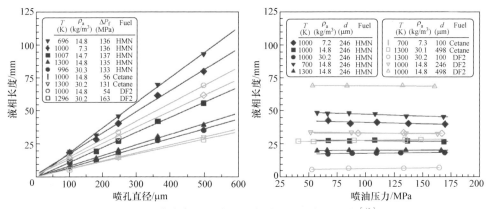

图 2.7　喷孔直径和喷油压力对液相长度的影响[43]

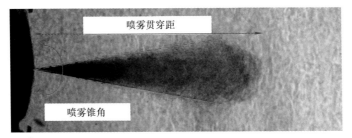

图 2.8　喷雾贯穿距和喷雾锥角定义

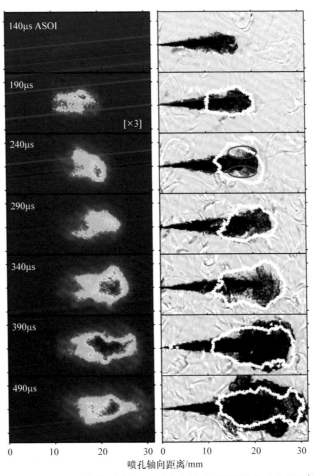

喷孔轴向距离/mm

图 2.9　着火过程中的甲醛 PLIF（左侧）和纹影图像（右侧）[14]

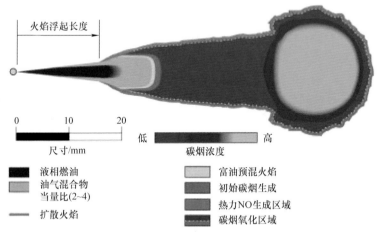

图 2.10 直喷式柴油机混合控制燃烧阶段概念模型[15]

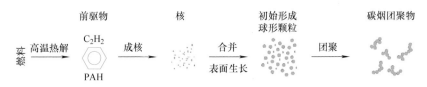

图 2.11 碳烟生成过程示意图[107]

初始扩散火焰

准稳态扩散火焰

🥔 低温燃烧燃油裂解(HCHO, LIF355)

🫘 高温燃烧气体(OHLIF)

🫘 扩散火焰反应区域

🥔 碳烟前驱物(HCHO, LIF355)及碳烟

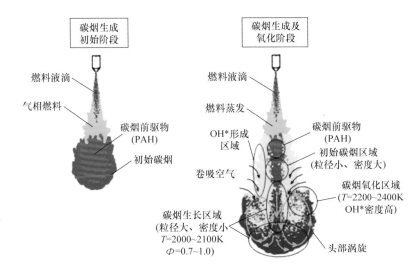

碳烟生成初始阶段

碳烟生成及氧化阶段

燃料液滴

气相燃料

碳烟前驱物(PAH)

初始碳烟

燃料液滴

燃料蒸发

OH*形成区域

卷吸空气

碳烟前驱物(PAH)

初始碳烟区域(粒径小、密度大)

碳烟氧化区域(T=2200~2400K OH*密度高)

碳烟生长区域(粒径大、密度小 T=2000~2100K Φ=0.7~1.0)

头部涡旋

图 2.12 柴油机火焰中碳烟生成、氧化过程的概念模型[87, 9]

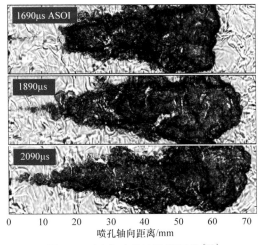

1690μs ASOI

1890μs

2090μs

喷孔轴向距离/mm

图 2.13 回火过程的纹影图像[13]

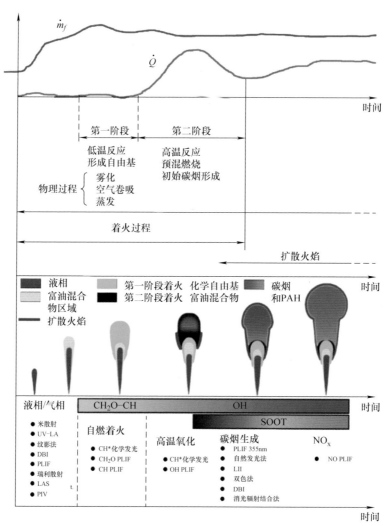

图 2.14 直喷式柴油机喷雾燃烧过程和对应的光学诊断技术

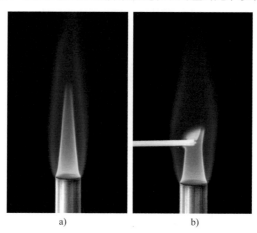

图 3.1 热电偶测量预混火焰温度

a）原始火焰形态 b）热电偶干扰后的火焰形态

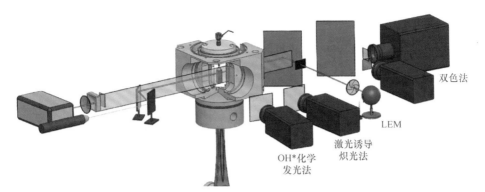

图 3.2 光学发动机中多重光学诊断技术同步测量示意图

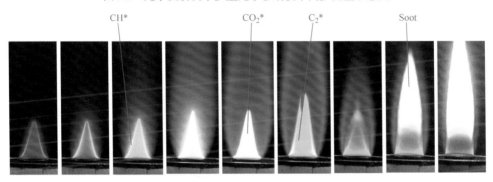

图 3.3 乙烯和空气的预混火焰

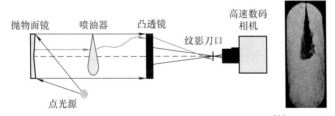

图 3.4 纹影法光路布置和所测结果示意图[2]

图 3.6 江苏大学的定容燃烧弹

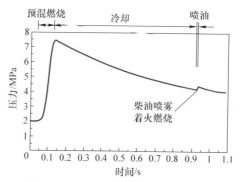

图 3.7　Sandia 实验室定容燃烧弹缸内压力变化曲线[8]

SNL

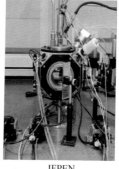
IFPEN

TU/e

图 3.8　几个研究机构的定容燃烧弹

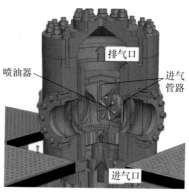

图 3.9　CMT 实验室的连续流动定压燃烧弹及其剖视图

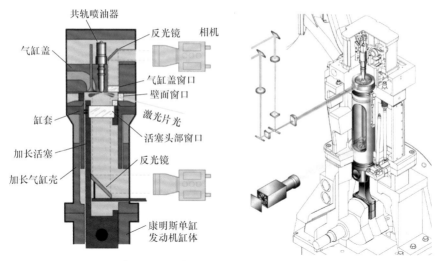

图 3.10　美国 Sandia 实验室的一款四冲程重型光学发动机

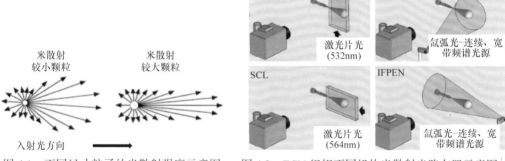

图 4.1　不同尺寸粒子的米散射强度示意图　　　图 4.2　ECN 组织不同机构米散射光路布置示意图[1]

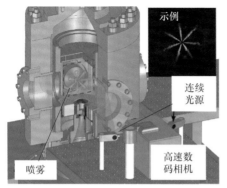

图 4.4　燃烧弹中多孔喷油器米散射
光路布置示意图

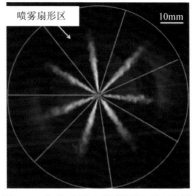

图 4.5　多孔喷雾米散射图片处理划分

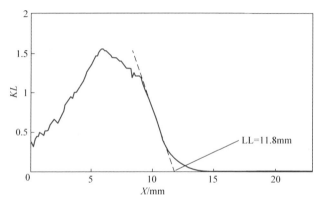

图 4.8　喷雾轴线上的光学厚度分布[5]

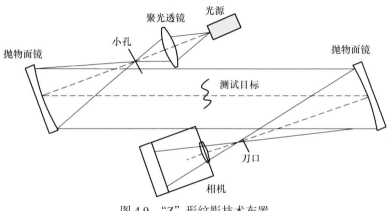

图 4.9　"Z"形纹影技术布置

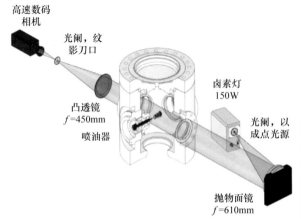

图 4.10　单孔柴油喷雾纹影布置示意图[7]

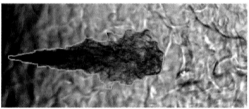

图 4.11　单孔柴油喷雾纹影图像

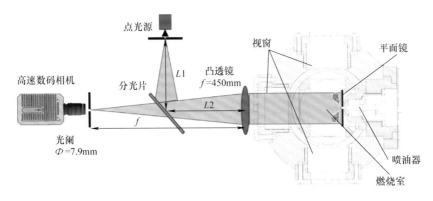

a)

b)

图 4.12 多孔喷油器双通路纹影光路及其拍摄结果

a）双通路纹影光路　b）拍摄结果

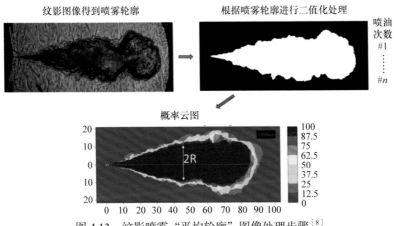

图 4.13 纹影喷雾 "平均轮廓" 图像处理步骤[8]

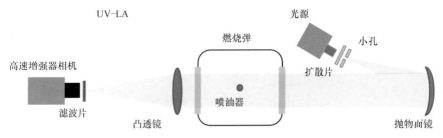

图 4.14　二冲程光学发动机紫外光消光法

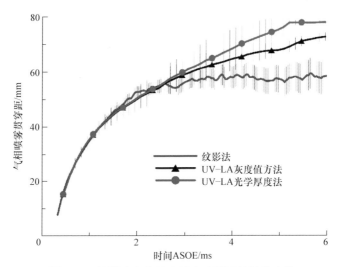

图 4.15　纹影法和紫外光消光法测试结果的比较

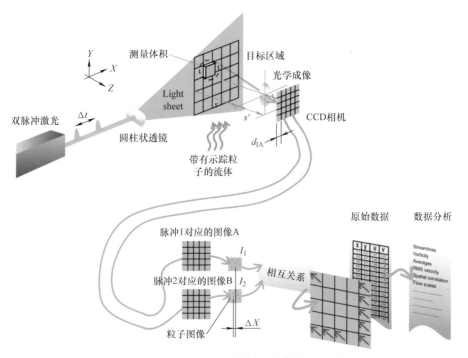

图 4.16　PIV 测试原理示意图

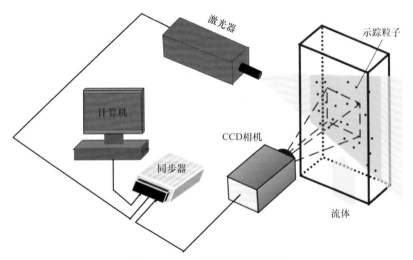

图 4.17 PIV 测试系统示意图

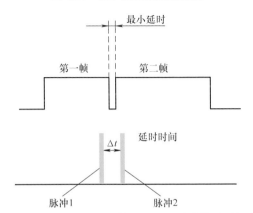

图 4.18 跨帧 CCD 相机曝光信号与激光脉冲信号时间序列[16]

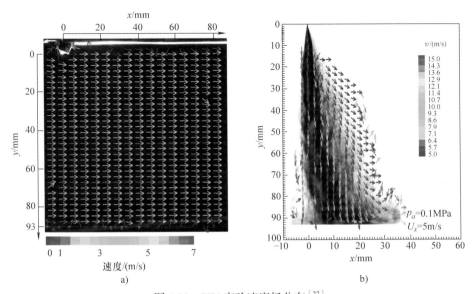

a)

b)

图 4.20 PIV 实验速度场分布[27]

a) 横风速度分布 b) 汽油喷雾速度场分布

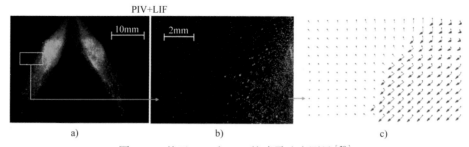

PIV+LIF

10mm   2mm

a)   b)   c)

图 4.21 基于 PIV 和 LIF 的喷雾速度测量[28]

a) 喷雾整体结构 b) 局部放大 c) 气相及液相的两相速度分布

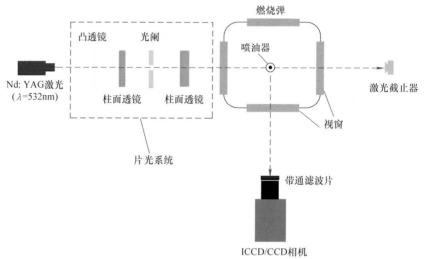

图 5.1 瑞利散射试验光路布置图

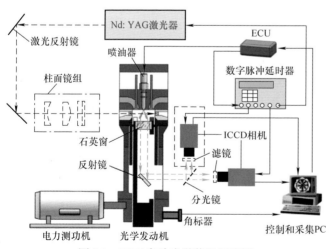

图 5.3 PLIF 实验光学装置原理图

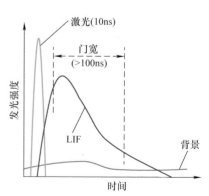

图 5.4 激光，PLIF 信号和 ICCD 相机
拍摄门宽之间的时序示意图

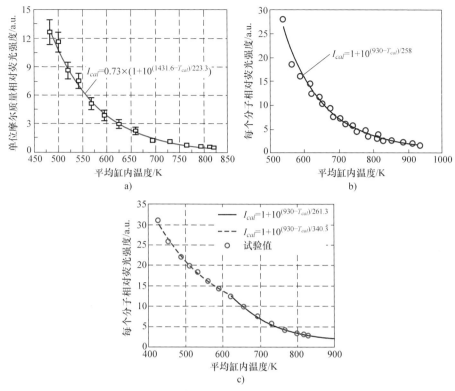

图 5.6 不同缸内温度下荧光强度修正曲线

a）天津大学[9]　b）威斯康星大学[8]　c）埃因霍温理工大学[11]

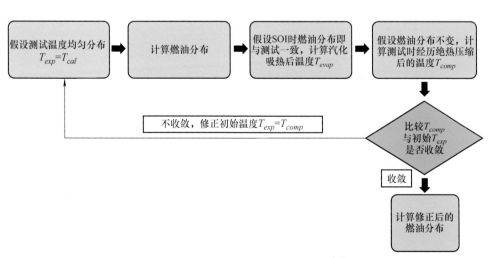

图 5.7　温度不均匀性修正迭代流程[9]

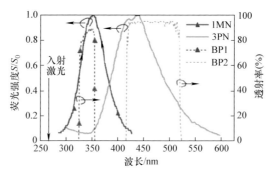

图 5.8　荧光光谱以及带通滤波片的透射率

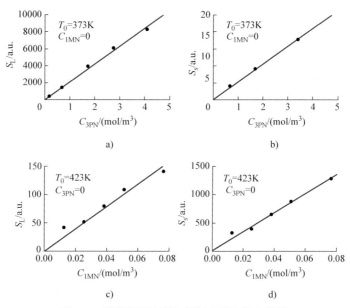

a)

b)

c)

d)

图 5.9　示踪粒子浓度与辐射光强的标定曲线

a）3PN 产生的 S_L　b）3PN 产生的 S_s　c）1MN 产生的 S_L　d）1MN 产生的 S_s

图 5.10　LAS 测试原理示意图[17]

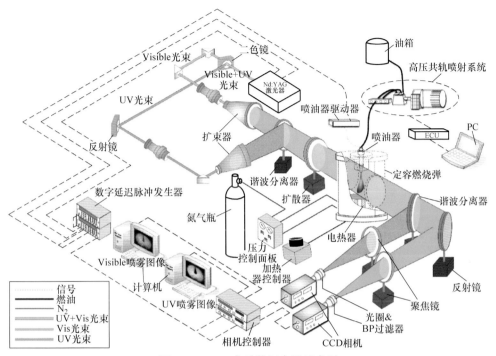

图 5.12 LAS 实验装置布置示意图

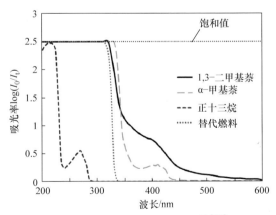

图 5.13 不同燃料的吸收光谱[22]

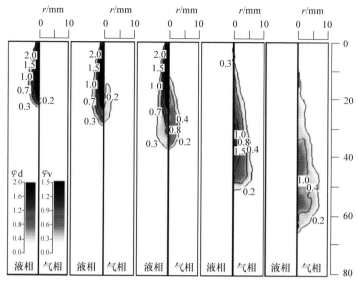

图 5.16 通过 LAS 测得的液相与气相燃油浓度分布示例

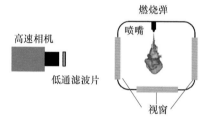

图 6.1 高速自然发光法示意图

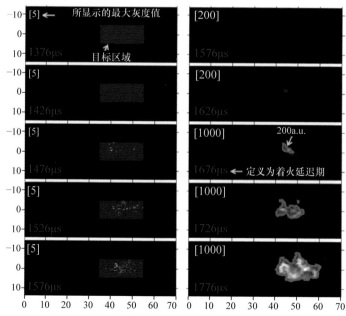

图 6.2 高速自然发光法图片示例（环境温度 750K）

注：图像左上角数值所示为图片灰色区域内最大灰度值[1]

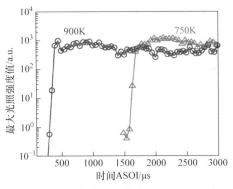

图 6.3　两种环境温度（900K，750K）

注：下灰色区域最大强度值随时间变化[1]

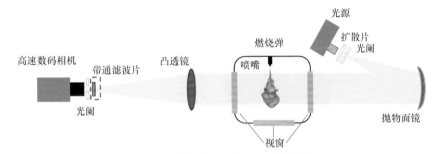

图 6.4　燃烧状态下的高速纹影光路

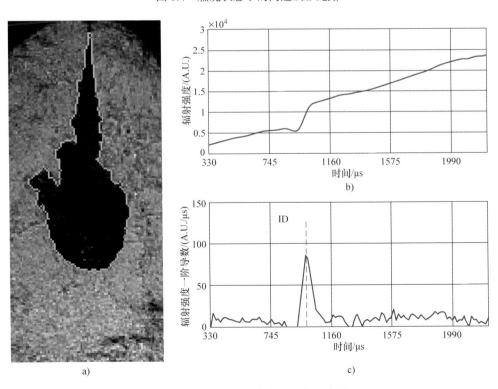

图 6.6　纹影法定义着火延迟期示意图

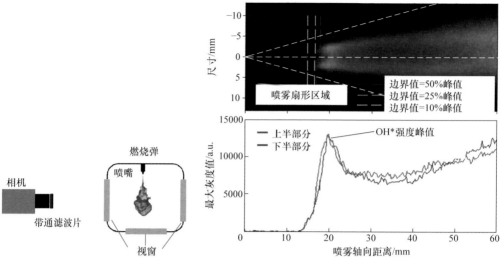

图 6.7   化学发光法光路示意图   图 6.8   OH* 化学发光图像和火焰浮起长度获得方法[11]

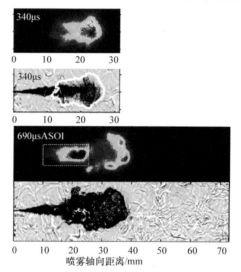

图 6.9   甲醛 /PAH-PLIF 和对应工况下的纹影图

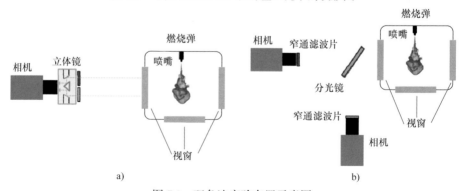

图 7.1   双色法实验布置示意图

a）单个相机 + 立体镜   b）两个相机同步拍摄

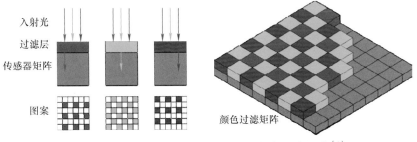

入射光

过滤层

传感器矩阵

图案

颜色过滤矩阵

图 7.2　彩色高速数码相机芯片上的颜色过滤矩阵[4]

图 7.3　燃烧弹中钨带灯进行双色法标定

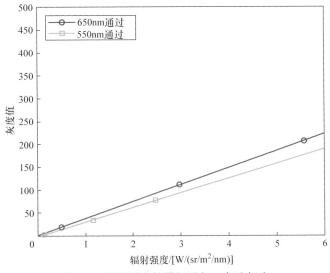

图 7.4　燃烧弹中钨带灯进行双色法标定

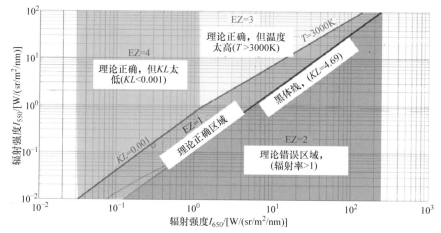

图 7.5 双色法波长在 550nm 和 650nm 的求解区域[14]

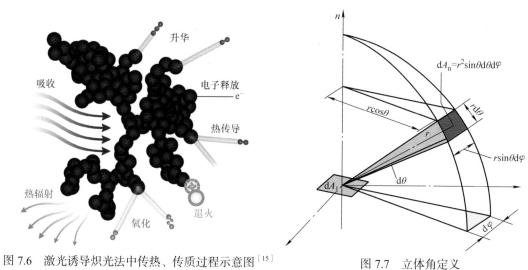

图 7.6 激光诱导炽光法中传热、传质过程示意图[15]

图 7.7 立体角定义

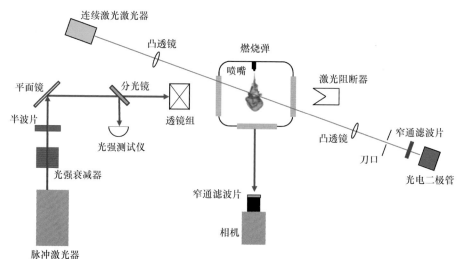

图 7.8 激光诱导炽光法光路布置示意图

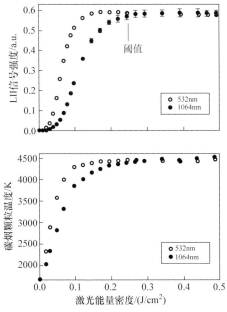

图 7.9　LII 信号强度和碳烟温度与激光能量密度的关系[15]

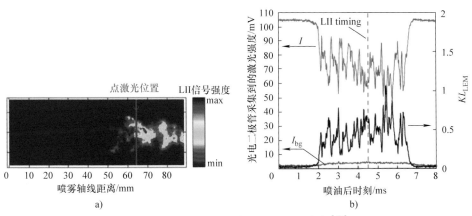

a)

b)

图 7.10　柴油火焰中碳烟浓度二维分布[17]

a）瞬态下的碳烟浓度二维分布和连续点激光相对喷油器的位置

b）喷油过程中光电二极管捕捉到的点激光强度以及对应的 KL_{LEM} 值

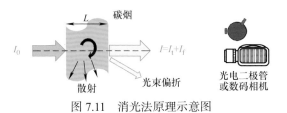

图 7.11　消光法原理示意图

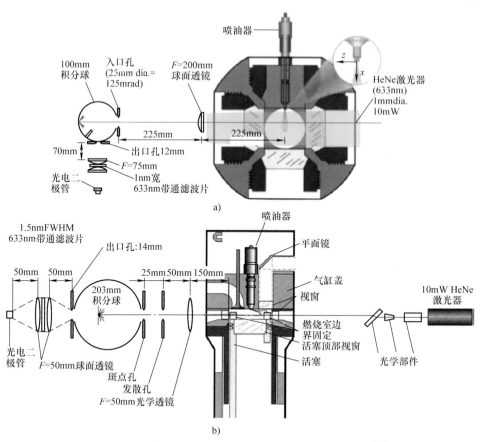

图 7.12　定容燃烧弹和光学发动机中 LEM 实验布置图[23]

a）燃烧弹　b）光学发动机

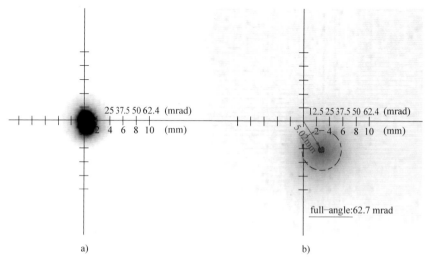

图 7.13　倒拖工况下和对应燃烧工况下激光投影到屏幕上的图像[23]

a）倒拖工况　b）燃烧工况

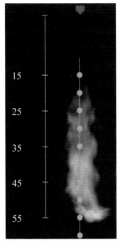

图 7.14 LEM 喷雾轴线测量[14]

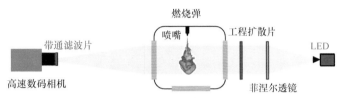

图 7.15 DBI 光学布置示意图

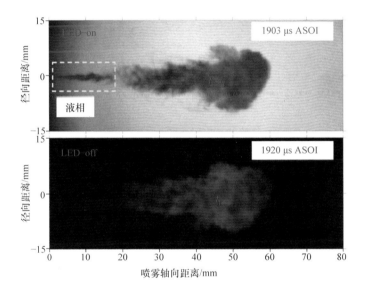

图 7.16 LED 灯打开、关闭相邻两张照片示例

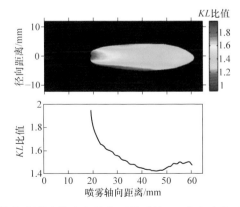

图 7.18 背景光分别为蓝光和绿光而得到的 KL 分布比值（$KL_{蓝光}$ / $KL_{绿光}$）[25]

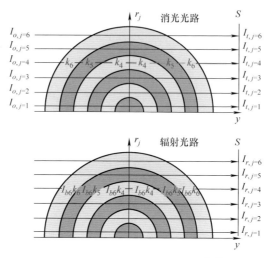

图 7.19　CER 技术原理示意图[26]

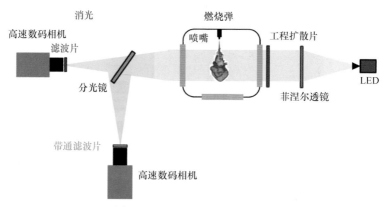

图 7.20　CER 技术光路示意图

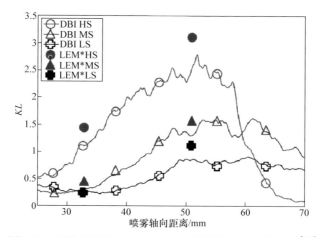

图 7.21　三种工况下 DBI 和 LEM 喷雾轴线上 KL 值比较[27]

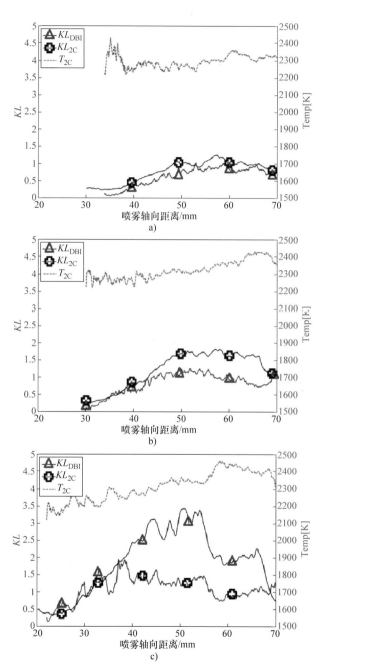

图 7.22　三种工况下 DBI 和双色法喷雾轴线上的 KL 值比较（4000μs ASOE）[27]

a）LS　b）MS　c）HS

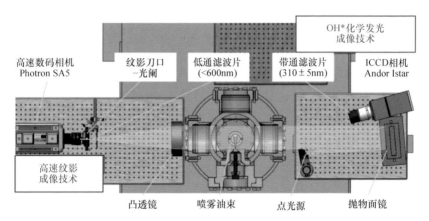

图 8.1 光路布置示意图

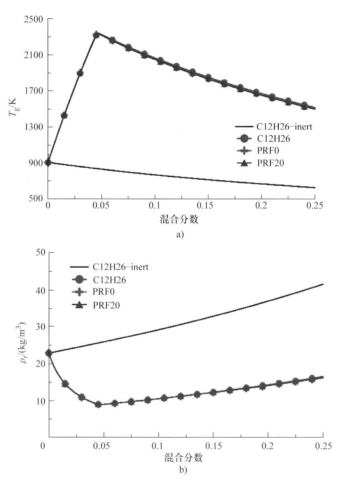

a)

b)

图 8.2 三种燃料的状态关系（T_g=900K，ρ_g=22.8kg/m³）实线表示 $C_{12}H_{26}$ 非燃烧工况

a）为温度与混合分数的关系　b）为密度与混合分数的关系

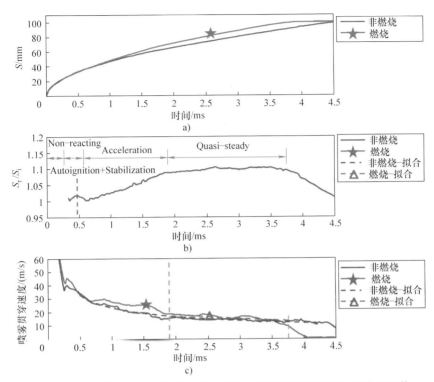

图8.3 纹影图像处理得到的非燃烧和燃烧工况下喷雾贯穿距、贯穿距比值
和贯穿速度，竖直虚线表示着火时刻（Spray A 工况）

a）喷雾贯穿距 b）贯穿距比值 c）贯穿速度

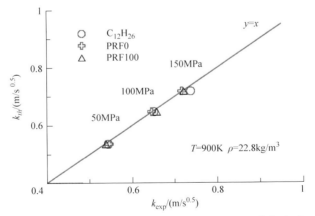

图8.4 非燃烧工况下由式（8-2）得到的理论 k 值与实验
拟合值的比较。喷雾锥角 $\theta = 24°$

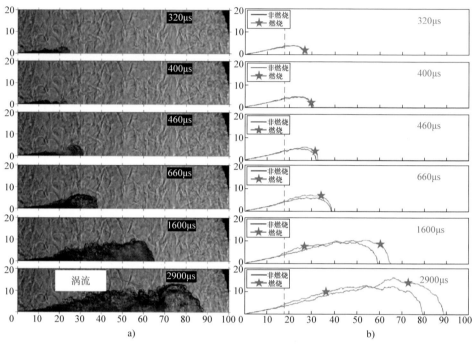

图 8.5　不同时刻下燃烧喷雾纹影轮廓和非燃烧与燃烧喷雾径向宽度（Spray A 工况）

a）纹影轮廓　b）径向宽度

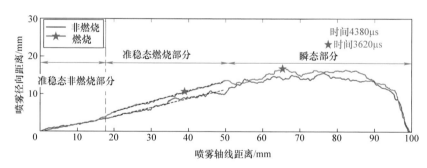

图 8.6　Spray A 工况下燃烧与非燃烧喷雾的径向半径（喷雾贯穿距 97mm）

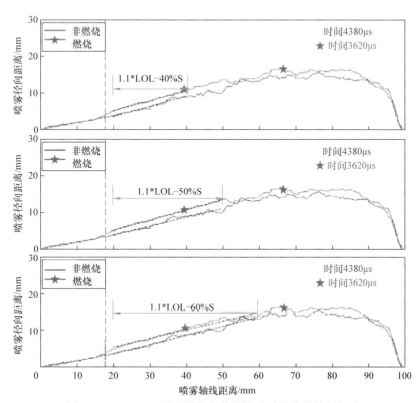

图 8.7 Spray A 工况下燃烧与非燃烧喷雾轮廓的线性拟合

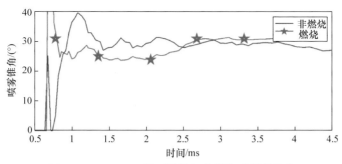

图 8.8 Spray A 工况下燃烧与非燃烧喷雾的锥角

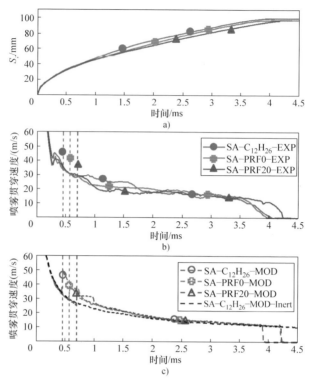

图 8.9 Spray A 工况下燃油特性对喷雾贯穿速度的影响。竖直虚线为试验着火时刻

a）贯穿距　b）试验贯穿速度　c）模拟贯穿速度

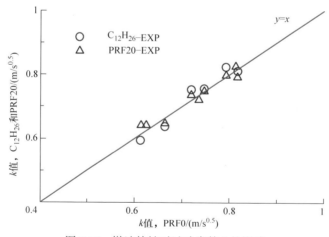

图 8.10 燃油特性对试验常数 k 的影响

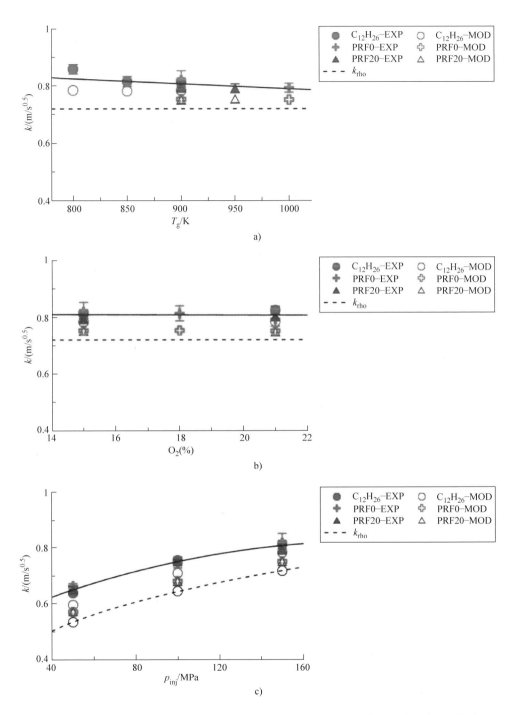

图 8.11　环境气体温度、氧体积分数和喷油压力对喷雾贯穿速度 k 值的影响。实心图标为试
验值，空心图标为模拟值

a）温度　b）氧体积分数　c）喷油压力

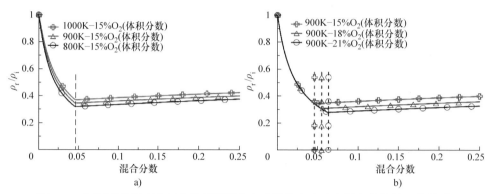

图 8.12 不同环境温度和氧含量局部燃烧与非燃烧密度比和混合分数的函数关系。
燃油 PRF0，密度 $\rho_g = 22.8 \text{kg/m}^3$

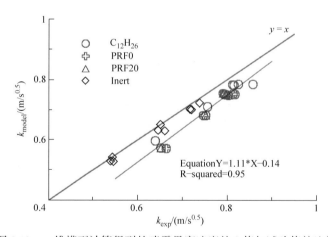

图 8.13 一维模型计算得到的喷雾贯穿速度的 k 值与试验值的比较

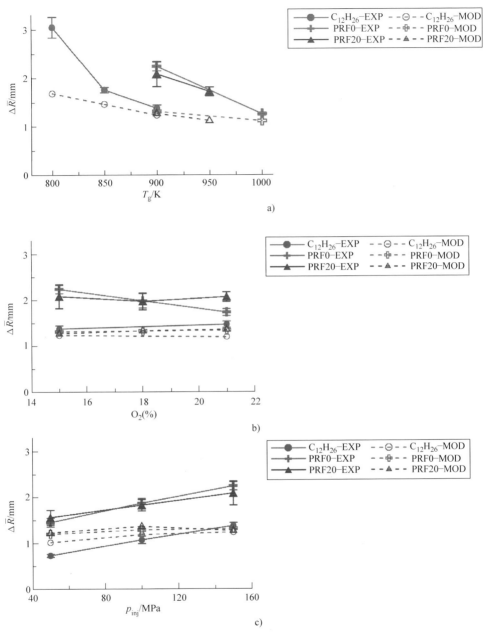

图 8.14 $\Delta \overline{R}$ 随环境温度氧体积分数和喷油压力的变化。实线表示试验值，虚线表示模拟值

a）环境温度 b）氧体积分数 c）喷油压力

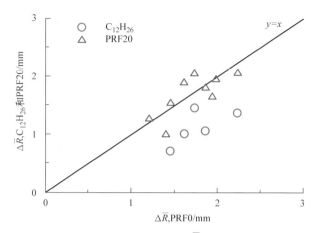

图 8.15 燃油特性对 $\Delta \bar{R}$ 的影响

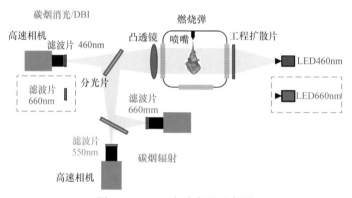

图 8.16 CER 实验布置示意图

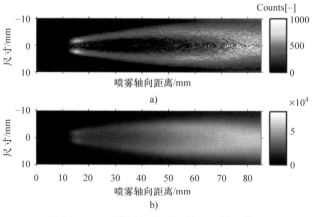

图 8.17 OH* 层析重建图像和原始图像

(p_{inj}=150MPa, ρ_g=22.8kg/m³, T_g=1000K, [O₂]=15%)

a) 重建图像 b) 原始图像

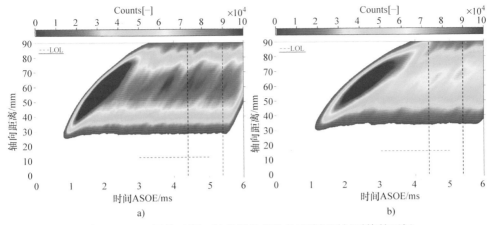

图 8.18   IXT 图像示例。竖直黑色虚线表示碳烟时间平均的区间

a）p_{inj}=150MPa，ρ_g=22.8kg/m^3，T_g=1000K，[O_2]=15%

b）p_{inj}=100MPa，ρ_g=22.8kg/m^3，T_g=900K，[O_2]=15%

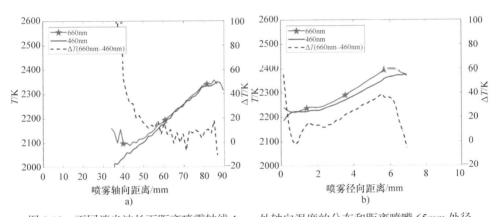

图 8.19   不同消光波长下距离喷雾轴线 1mm 处轴向温度的分布和距离喷嘴 65mm 处径向温度分布（p_{inj}=150MPa，ρ_g=22.8kg/m^3，T_g=1000K，[O_2]=15%）

a）轴向温度分布   b）径向温度分布

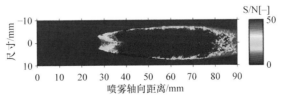

图 8.20   消光波长和辐射波长都为 660nm 时的信噪比
（p_{inj}=150MPa，ρ_g=22.8kg/m^3，T_g=1000K，[O_2]=15%）

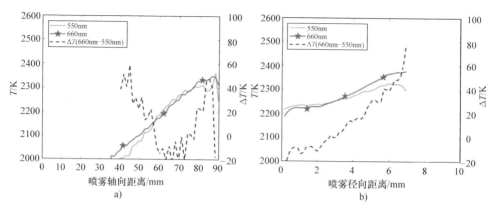

图 8.21　不同辐射波长下距离喷雾轴线 1mm 处轴向温度的分布和距离喷嘴 65mm 处径向温度
分布（p_{inj}=150MPa，ρ_g=22.8kg/m³，T_g=1000K，$[O_2]$=15%）

a）轴向温度分布　b）径向温度分布

图 8.22　假设的在喷雾中心对称面上 K 的分布和投影的辐射强度，
以及在喷雾中心对称面假设的和重建的碳烟温度分布

a）辐射强度　b）温度

图 8.23　重建的碳烟体积分数和碳烟温度与原始输入数据的关系

a）碳烟体积分数　b）碳烟温度

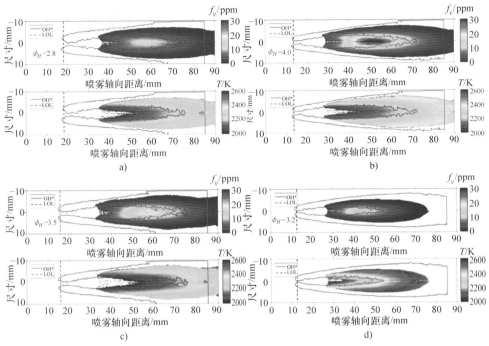

图 8.24 火焰对称面碳烟体积分数（f_v）和温度（T）分布。竖直虚线表示火焰浮起长度，红色曲线表示 OH* 轮廓

a）$p_{inj}=150MPa$，$\rho_g=22.8kg/m^3$，$T_g=900K$，$[O_2]=15\%$

b）$p_{inj}=1500bar$，$\rho_g=22.8kg/m^3$，$T_g=1000K$，$[O_2]=15\%$

c）$p_{inj}=100MPa$，$\rho_g=22.8kg/m^3$，$T_g=900K$，$[O_2]=15\%$

d）$p_{inj}=150MPa$，$\rho_g=22.8kg/m^3$，$T_g=900K$，$[O_2]=21\%$

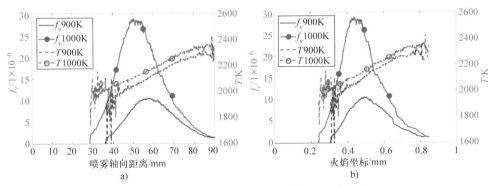

图 8.25 喷雾轴线上碳烟体积分数和温度的分布

a）物理绝对坐标 b）火焰坐标

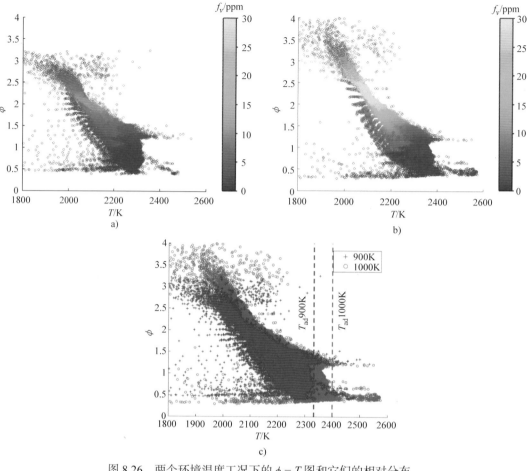

图 8.26　两个环境温度工况下的 $\phi - T$ 图和它们的相对分布

（p_{inj}=1500bar，ρ_g=22.8kg/m³，[O₂]=15%）

a）T=900K　b）T=1000K　c）碳烟相对分布

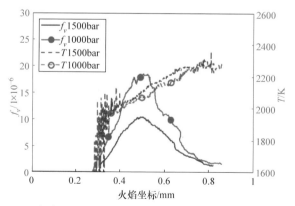

图 8.27　两个喷油压力工况下轴线上碳烟体积分数和碳烟温度分布

（T_g=900K，ρ_g=22.8kg/m³，[O₂]=15%）

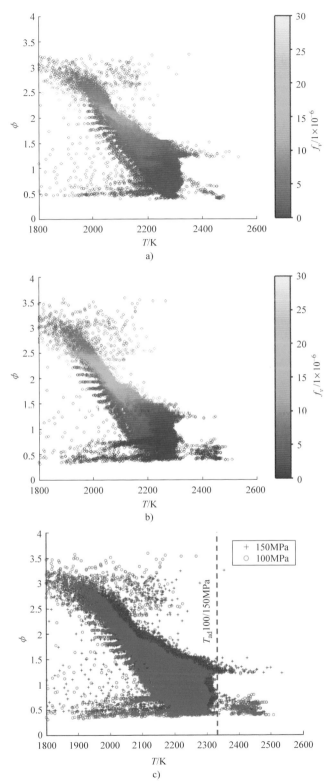

图 8.28 两个喷油压力工况下的 $\phi - T$ 图和它们的相对分布
（ $T_g = 900K$ ， ρ_g =22.8kg/m³， [O_2] =15% ）
a） p_{inj} =150MPa b） p_{inj} =100MPa c）碳烟相对分布

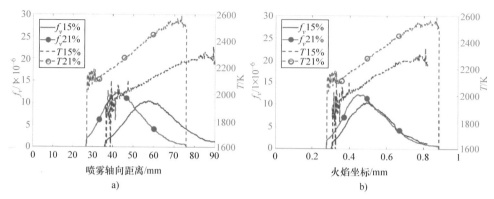

图 8.29　不同氧体积分数下喷雾轴线上碳烟体积分数和温度的分布

a）物理绝对坐标　b）火焰坐标

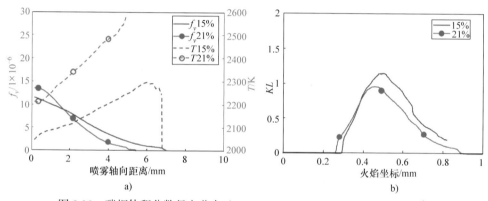

图 8.30　碳烟体积分数径向分布（p_{inj}=150MPa，T_g=900K，ρ_g=22.8kg/m³）

a）不同氧浓度下，在 0.42 火焰坐标处碳烟体积分数径向分布　b）火焰坐标下 KL 的轴向分布

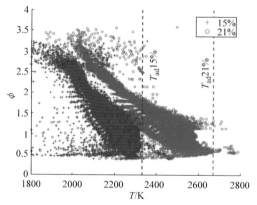

图 8.31　两个氧浓度工况下的 $\phi-T$ 图

（p_{inj}=150MPa，T_g=900K，ρ_g=22.8kg/m³）

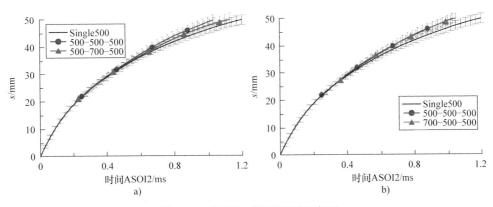

图 8.32　非燃烧工况下喷雾贯穿距

a）喷雾间隔的影响　b）第一次喷雾脉宽的影响

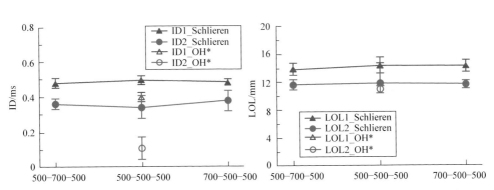

图 8.33　纹影法和 OH* 化学发光法得到的两个喷雾脉冲的着火延迟期和火焰浮起长度。
蓝色代表第一次喷雾结果，红色表示第二次喷雾结果

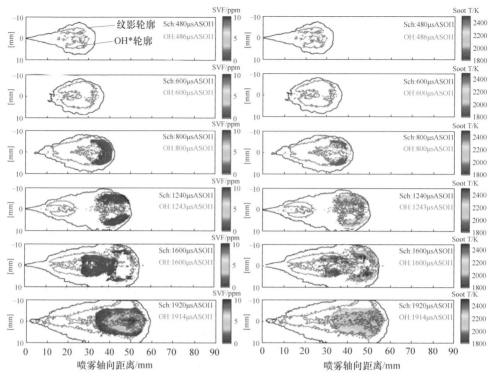

图 8.34　标准工况（500－500－500）下燃烧喷雾发展过程。黑色曲线代表纹影图像得到的喷雾轮廓，红色曲线代表由 OH* 图像得到的对称面上的 OH* 自由基轮廓

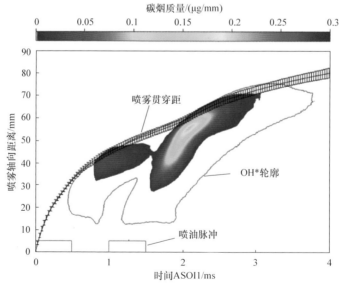

图 8.35　标准工况（500－500－500）的 $m_{soot}(x, t)$ 云图、$I_{OH}(x, t)$ 图轮廓以及喷雾贯穿距

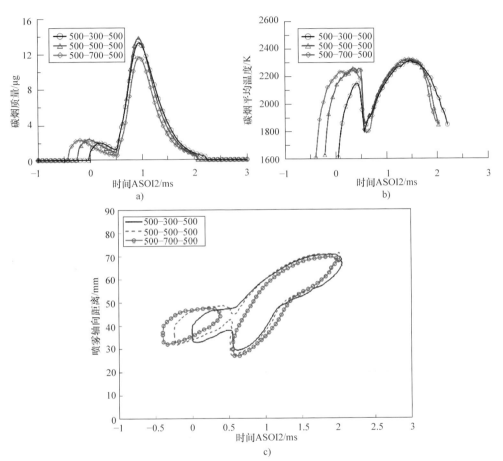

图 8.36 喷雾间隔不同工况，总体碳烟量，平均碳烟温度和 m_{soot}（x, t）云图轮廓

（基于时间 ASOI2）

a）总体碳烟量　b）平均碳烟温度　c）云图

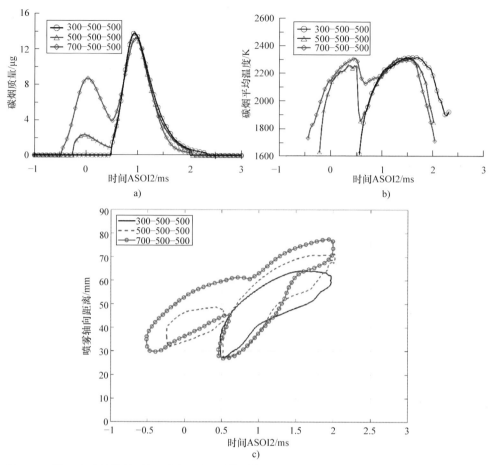

图 8.37　第一次喷雾持续时间不同工况下总体碳烟量，平均碳烟温度和 $m_{soot}(x, t)$ 云图轮廓
（基于时间 ASOI2）

a）总体碳烟量　b）平均碳烟温度　c）云图

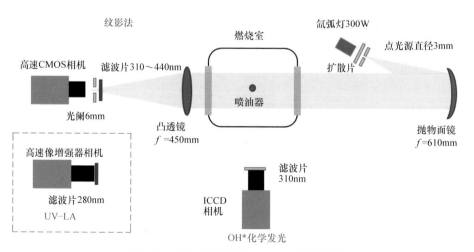

图 8.38　纹影成像和 UV - LA 的光路布置

图 8.39 PIV 光路布置示意图

图 8.40 PIV 测试面的分布

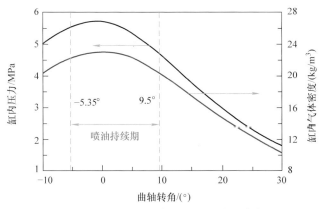

图 8.41 NO 工况下气缸内的热力学条件

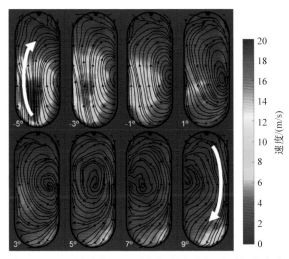

图 8.42 CC 测试截面上平均气流速度场随时间的变化

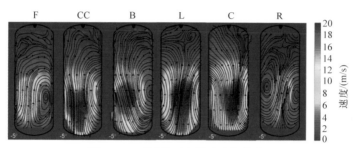

图 8.43 不同截面上的速度场分布

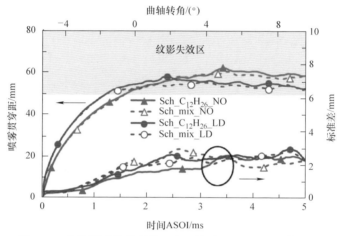

图 8.44 由纹影成像得到的正十二烷（$C_{12}H_{26}$）和混合燃油
（mix）在 NO1500 和 LD1500 工况下的喷雾贯穿距

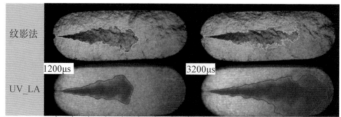

图 8.45 NO1500 工况下纹影成像和 UV－LA 技术的比较

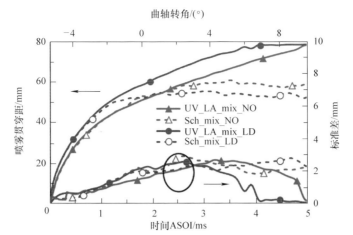

图 8.46 NO 工况下纹影法和 UV－LA 测得的喷雾贯穿距的比较
（T_g＝ 870K，O_2=0，p_{inj}=150MPa，ρ_g=22.8kg/m^3）

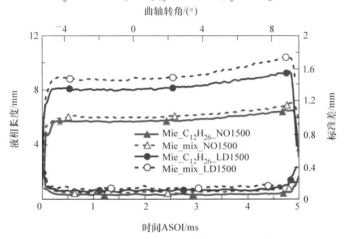

图 8.47 正十二烷（$C_{12}H_{26}$）和混合燃油（mix）在 NO1500 和
LD1500 工况下的液相长度

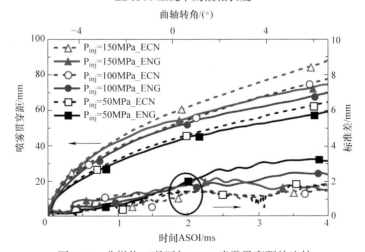

图 8.48 非燃烧工况下与 ECN 喷雾贯穿距的比较

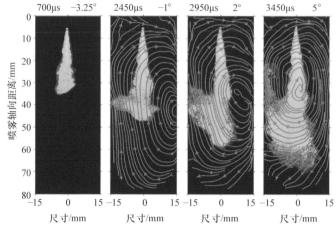

图 8.49　UV－LA 测得的喷雾轮廓随时间变化以及 PIV 测得速度流线（SA1500）

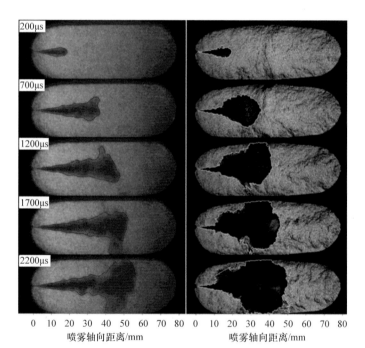

图 8.50　SA1500 工况下非燃烧喷雾（左图）和燃烧喷雾（右图）的瞬态发展

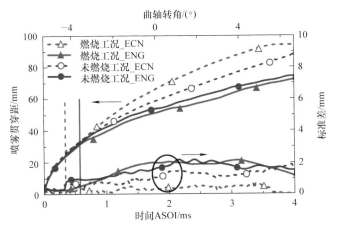

图 8.51　SA1500 工况下的燃烧喷雾贯穿距与 ECN 数据的对比

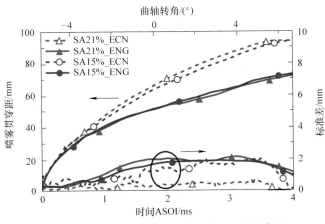

图 8.52　SA 工况喷雾贯穿距与氧浓度的敏感性
（ p_{inj}=150MPa， T_g=900K， ρ_g=22.8kg/m^3 ）

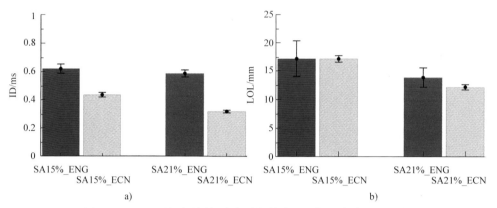

图 8.53 SA 工况下不同氧浓度时的着火延迟期和火焰浮起长度

（p_{inj}=150Mpa，T_g=900K，ρ_g=22.8kg/m³）

a）着火延迟期 b）火焰浮起长度

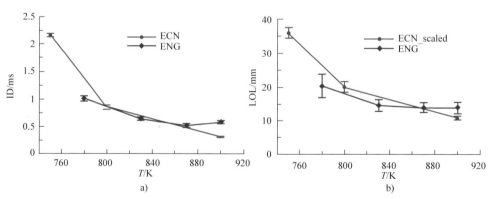

图 8.54 不同环境温度下的着火延迟期和火焰浮起长度

（p_{inj}=150MPa，O_2=21%，ρ_g=22.8kg/m³）

a）着火延迟期 b）火焰浮起长度

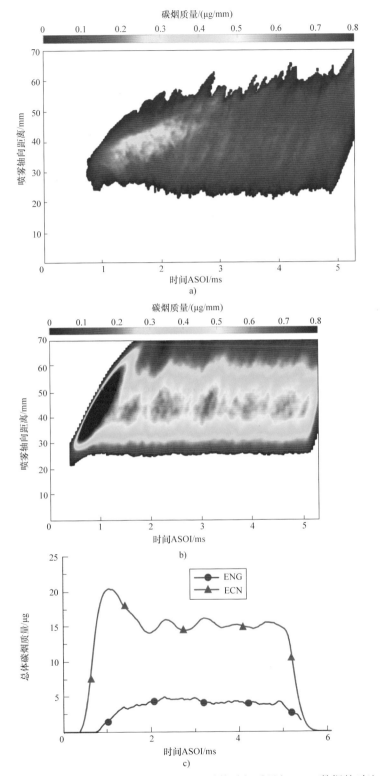

图 8.55　SA 工况下 m_{soot}（x，t）云图和总体碳烟质量与 ECN 数据的对比

（p_{inj}=150MPa，T_g=900K，O_2=21%，ρ_g=22.8kg/m³）

a）发动机　b）ECN　c）总体碳烟质量

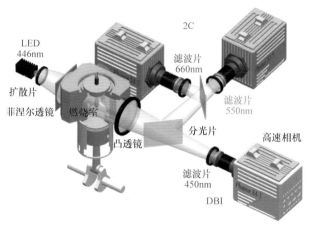

图 8.56　碳烟测试光路示意图

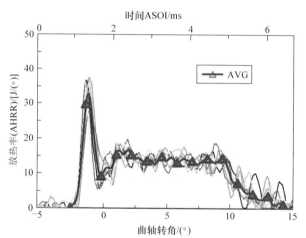

图 8.58　与图 8.57 对应循环的放热率（AHRR）曲线和
40 次循环的平均值 t（C12，LT500）

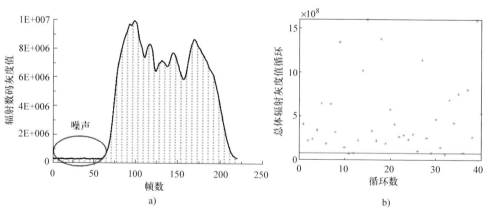

a)　　　　　　　　　　　　　　b)

图 8.59　应用辐射图像判断碳烟／非碳烟循环的步骤（C12，LT500）

a）单个喷油循环每帧图像的灰度值的积分　b）不同循环的总体辐射强度

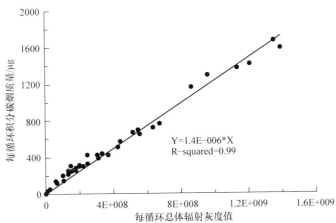

图 8.60　每循环总体碳烟量与总体碳烟辐射强度的关系
（C12，LT500）

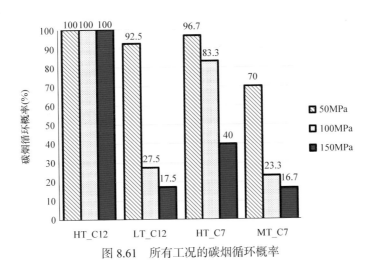

图 8.61　所有工况的碳烟循环概率

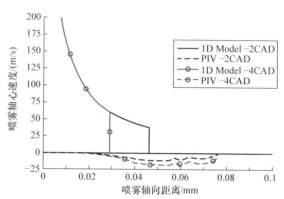

图 8.62 喷雾轴向速度（实线）与环境气体轴向速度
（虚线）的对比（$T_a = 760K$，$\rho_a = 19.3kg/m^3$）

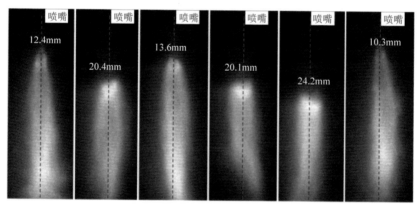

图 8.63 正十二烷在 LT500 工况下 OH* 图像六次喷雾的示例

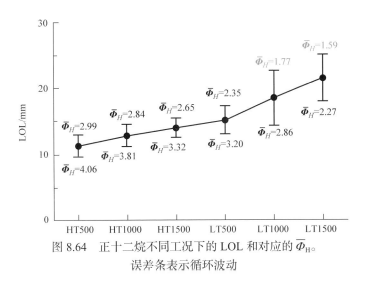

图 8.64   正十二烷不同工况下的 LOL 和对应的 $\overline{\Phi}_H$。
误差条表示循环波动

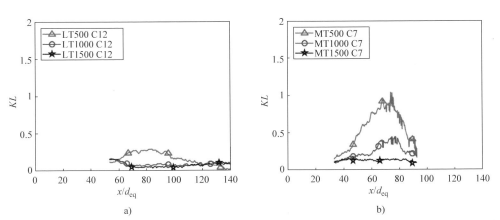

图 8.65   由 DBI 图像所有循环平均得到的三种喷油压力下的喷雾轴线上的 KL 值（3800μs ASOI）
a）LT，正十二烷   b）MT，正庚烷

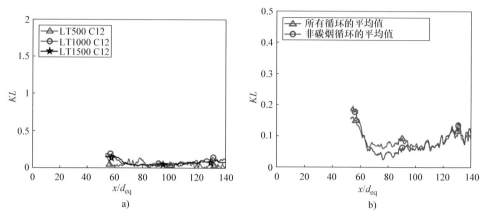

图 8.66　光路偏折效应对正庚烷 *KL* 值的影响（3800μs ASOI，LT 工况）

a）所有碳烟循环平均得到的轴线上 *KL* 值　b）LT1000 工况下的轴线上 *KL* 值

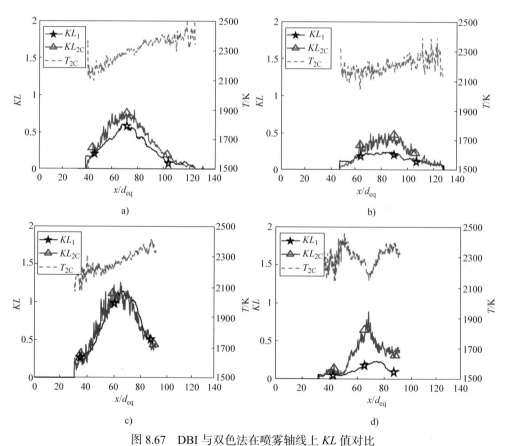

图 8.67　DBI 与双色法在喷雾轴线上 *KL* 值对比

a）HT500，C12（碳烟循环概率 =100%）　b）LT500，C12（碳烟循环概率 =92.5%）

c）HT500，C7（碳烟循环概率 =96.7%）　d）MT1000，C7（碳烟循环概率 =23.3%）

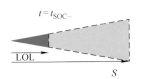 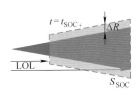

图 8.68　模型中简化的非燃烧喷雾（左图，$t = t_{SOC-}$）在着火时刻向燃烧喷雾（右图 $t = t_{SOC+}$）瞬态变化的过程

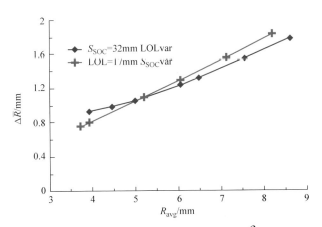

图 8.69　由公式计算得到的关于径向膨胀的简化描述（$\dfrac{\rho_{inert}}{\rho_{react}}=1.45$, $=24°$）。膨胀参考区间，分别假定 LOL=17mm 不变，S_{SOC} 变化，以及假定 $S_{SOC}=32$mm 不变，LOL 变化